問題中心

치유농업사 핵심 총정리 1000문항 수록

치유농업사 천제

1000

조 록 환

서울대학교와 동 대학원(교육학박사)을 졸업하고 농촌진흥청에서 치유 및 관광산업 분야에 33년 6개월 재직하였으며, 세한대와 대구한의대 교수로 재직하였다. 독일 크나이프 치료사 자격을 취득한 후 현재는 대구대학교 교수로 재직하고 있다. 저서로 농촌치유프로그램, 농업인 직무스트레스치유가이드, 크나이프 치유(공저), 치유산업경제론(공저) 등 다수가 있다.

전 성 군

전북대학교와 동 대학원(경제학박사)를 졸업한 후 캐나다 빅토리아대학과 미국 샌디에이고 ASTD를 연수했다. 현재는 전북대 및 농협대에서 학생들을 가르치고 있다. 주요 저서로 〈생명자원경제론〉, 〈협동조합교육론〉, 〈치유산업경제론(공저)〉, 〈치유농업사300(비매품)〉, 〈농촌컨설팅지도〉 등 28권의 저서가 있다.

김 학 성

서울대학교 대학원 박사과정(농산업교육) 수료 후 수원대학교 대학원(경영학박사)을 졸업했다. 농촌진흥청, 지방농촌진흥기관 및 농촌개발컨설팅 회사에서 교육 및 컨설팅을 하였다. 현재는 세한대 겸임교수와 한국치유산업연구원 원장으로 재직 중이다. 주요 강의주제는 "치유산업캡스톤디자인" "사회적농업캡스톤디자인" 등이다.

치유농업사 교재발간 사유

1. 치유농업의 대두

▶ 현대인들의 과도한 스트레스로 힐링에 대한 관심이 증가하고 있으며, **'자연 회귀'와 '잃어버린 인간성 회복'**은 매우 중요한 사회적 가치로 받아들여지고 있음.

▶ 치열한 경쟁, 빠른 변화에 지친 도시인들이 농촌에서 치유 받기를 원함에 따라 **치유농업이 새로운 분야로 대두**되고 있음.

▶ **치유농업법(2021년 3월 25일부터 시행)**에 따라 국가 및 지방자치단체가 치유농업 육성을 위해 기술·재정적 지원을 마련하고 있으므로 **치유농업이 활성화**될 것임.

▶ **치유농업**은 국민의 건강을 유지·증진하기 위해 **농업과 농촌자원을 활용하여 사회·경제적 부가가치를 창출**하는 산업으로 그 **효과는 약 3.7조원**에 이를 것으로 전망됨.

▶ 향후 치유농업에 대한 수요는 크게 늘어 날것으로 예상되나, **전문인력 양성은 미미한 수준임**

2. 치유농업사

▶ 농업 분야에서 힐링(Healing)을 찾는 것이 치유농업임.

▶ 동식물을 벗삼아 농촌 문화를 즐기는 새로운 개념의 치유농업을 이끄는 사람을 치유농업사라 함.

▶ 치유농업 프로그램 개발 및 실행 등 전문적인 업무를 수행할 치유농업사 국가 자격 제도가 실시되었음.

▶ 치유농업사가 하는 일
- 농사일을 통해 몸과 마음의 건강을 회복할 수 있도록 도와줌.
- 유아, 청소년, 신체/심리적 환자, 소외계층, 중독자, 장애인, 노인 등 치유가 필요한 모든 사람들이 삶의 질을 높일 수 있도록 프로그램을 기획하고 제공함.
- 동식물 자원 개발, 농촌 문화 재정립 등 인지·정서·심리적 건강을 도모함.

3. 대구한의대 및 전주기전대학 관련학과 개설

▶ 대구한의대학의 치유산업학과는 치유산업의 미래를 선도해나갈 글로벌 치유 전문인력을 양성하는 세계적인 치유산업의 교육메카를 목적으로 하고 있음.

▶ 치유산업학과 교육과정
- 치유산업학개론, 크나이프치유론, 치유농업, 치유공간이론, 인간해부생리학, 산림치유론, 소리치유론, 치유자원론, 치유정원론, 운동생리학, 원예치료학, 해양치유학, 치유건강심리학, 치유산업창업실무, 작물생리 및 재배학, 동물매개치유, 자연대체의학, 치유산업마케팅 등
- 국내외 치유농업 사업장 현장 견학 등

▶ 전주기전대학의 치유농업과는 허브조경과를 비롯한 사회복지상담과, 재활상담과, 사회복지과, 애완동물관리과, 동물보건과, 융합학과, 말산업스포츠과, 운동재활과, 작업치료과, 호텔제과제빵과 등과 연계하여 수업 가능함.

▶ 치유농업과는 농업·농촌의 치유자원을 활용한 프로그램 개발 지원으로 현장 전문 인력 양성을 목적으로 함.

▶ 치유농업과 교육과정
- 원예, 정원, 도시농업, 치유농업, 농촌의 환경적 치유자원 및 사업화 전략 등
- 국내외 치유농업 사업장 현장 견학

▶ 취득가능자격증
- 치유농업과는 **치유농업사**, 도시농업관리사, 유아숲지도사, 원예심리상담사, 정원디자이너, 허브테라피스트
- 치유산업학과는 대학교 정규 4년제 학사과정으로서 치유산업학 학사 학위도 취득하고 크나이프치유, 싱잉볼치유, 영국의 아로마테라피, 몸살림치유, 2급 치유농업사, 농업인건강안전보건기사 등의 자격도 취득하게 되는 1석2조의 효과를 얻는 좋은 기회임.

▶ 졸업 후 진로
- 치유농업과는 치유농업센터, 치유농장, 요양원, 치매안심센터, 보건소, 병원 등의 치유농업사로 활동 등
- 치유산업학과는 졸업 후 취업은 치유관련 국가기관 공무원, 치유 복지 공기관, 치유 및 요양기관, 복지기관, 힐링센터 등이 있다. 창업은 치유농장, 치유랜드, 치유센터, 크나이프 호텔, 크나이프 유치원, 크나이프 농장, 아로마테라피센터 등이 가능

머리말

자연과 인간의 바른 순환을 알아나가는 즐거운 체험이 농촌치유체험이다.

농촌을 체험한다는 단순히 하루 이틀 색다른 일을 해본다는 의미에 그치는 것이 아니다. 도시에서 이루어지는 수많은 소비행태에 따르는 자연으로 되돌리려는 노력과 그 순환구조를 배우고 생각해본다는 진정한 의미가 있다.

농촌체험은 주로 몸을 움직이는 일이 많다. 자연과 인간을 순환시키는 값진 일에는 그만큼 많은 노력과 땀이 필요하다는 뜻이다. 그런 농촌의 중심에 땅을 어머니같이 생각하는 치유농업이 있다.

그동안 전 세계가 팬데믹의 장기화로 갇혀있던 우리들의 마음을 사람들은 '치유'라는 키워드로 그 방법을 묻고 있다. '치료(Therapy)'와 치유(Heal)는 둘 다 궁극적으로는 '낫게 함'을 뜻하지만, 병원에서 치료는 받을 수 있지만 치유까지 받을 수는 없다. 치료가 질병에 방점이 찍혀있다면 치유는 사람이 중심이다. 치유가 필요한 사람이 간혹 병원에서 '치료'만 받는 경우가 있다. 치유가 필요한 사람은 오히려 농촌체험을 떠나는 게 바람직하다.

때마침 세계적으로 '치유'와 '건강'을 목적으로 한 '웰니스관광'이 트랜드로 뜨고 있다. 한국 관광산업에서도 일찍이 붐이 일면서 안착 단계에 있다. 새로운 산업이 안착하기 위해서는 전문인력의 수급이 뒷받침되어야 한다. 웰니스 관광과 연계된 많은 민간자격증이 생겨나면서 국가기관도 산림청을 필두로 공인 국가자격증 제도를 시행하고 있다. 이에 '치유'라는 트랜드로 향후 전망이 밝은 웰니스 관광에서 국가자격증화된 치유농업사가 있다. 또 해양수산부에서도 해양치유사를 준비하고 있다.

사실 아픈사람을 치유한다는 것은 매우 힘들다. 더구나 이것이 봉사가 아니라 경제적인 부분과 연결되면 크게 스트레스가 생긴다. 하지만, 자연환경 속에서는 자연히 치유되는 직·간접적인 경험을 떠올려보면, 자연과 같이 치유하면 힘도 덜 들고 치유 효과도 좋다는 결론에 도달한다. 이에 정부는 2021년에 치유농업법을 만들고 본격적으로 치유농업의 발전을 위하여 치유농업사 국가자격시험을 시행하여 2023년 제3회차 시험까지 끝났다.

치유농업사 전문과정은 총 142시간으로 치유농업 개론, 치유서비스의 대상자 진단, 치유농업 자원의 관리, 치유프로그램의 기획 및 개발·평가 등 치유농업사의 역할과 실무 내용으로 구성돼 있다. 2023년도 제2회 치유농업사 자격취득 시험은 1차 시험 9월, 2차 면접은 10월에 치러졌다. 치유농업사 자격증 시험 응시에 필수 요건으로 교육 수료자에 한해 시험에 응시할 수 있는 자격이 주어지게 된다.

치유농업사란 다양한 농업·농촌자원을 활용한 활동을 통해 사회적 또는 경제적 부가가치를 창출하는 치유농업에 관한 프로그램 개발 및 실행 등 업무를 수행하는 자를 말한다.

치유농업사 천제는 좋은 문제를 수록하기 위해 모듈별로 전문화된 집필진의 자문을 받아 꼼꼼하게 검토하였다. 또한 시험에 대비할 수 있도록 최근 3년간 출제된 모든 문제 유형을 세심하게 분석하여 문제를 개발하고 내용 구성을 개선하였다. 그리하여 실제 시험과 비슷한 유형의 적중도 높은 문제를 개발하여 가독성 높은 책을 만들고자 하였다.

아무쪼록 이 도서가 치유농업사 2급자격증 취득시험 대비를 위한 최적의 교재가 되었으면 한다. 그리고 이 책을 스터디 하는 수험생 여러분도 모두 합격을 통해서 치유농업 미래의 교두보를 마련하길 진심으로 기원합니다.

2025년 6월 저자일동

목차

제1장. 치유농업사 소개 및 기본상식 이해 ······················· 07

  01. 치유농업사 소개 ······················· 09

  02. 치유농업사 기본상식 이해 ······················· 12

제2장. 치유농업과 치유농업서비스의 이해 ······················· 25

  01. 01차시 출제예상문제 및 해설 ······················· 27

  02. 02차시 출제예상문제 및 해설 ······················· 35

  03. 03차시 출제예상문제 및 해설 ······················· 43

  04. 04차시 출제예상문제 및 해설 ······················· 50

  05. 05차시 출제예상문제 및 해설 ······················· 59

  06. 06차시 출제예상문제 및 해설 ······················· 66

  07. 07차시 출제예상문제 및 해설 ······················· 75

  08. 08차시 출제예상문제 및 해설 ······················· 83

  09. 09차시 출제예상문제 및 해설 ······················· 92

  10. 10차시 출제예상문제 및 해설 ······················· 102

  11. 11차시 출제예상문제 및 해설 ······················· 112

  12. 12차시 출제예상문제 및 해설 ······················· 123

제3장. 치유농업자원의 이해와 관리 137

　01. 01차시 출제예상문제 및 해설 139

　02. 02차시 출제예상문제 및 해설 147

　03. 03차시 출제예상문제 및 해설 155

　04. 04차시 출제예상문제 및 해설 163

　05. 05차시 출제예상문제 및 해설 170

　06. 06차시 출제예상문제 및 해설 176

　07. 07차시 출제예상문제 및 해설 185

　08. 08차시 출제예상문제 및 해설 194

　09. 09차시 출제예상문제 및 해설 201

　10. 10차시 출제예상문제 및 해설 209

　11. 11차시 출제예상문제 및 해설 218

　12. 12차시 출제예상문제 및 해설 225

　13. 13차시 출제예상문제 및 해설 236

　14. 14차시 출제예상문제 및 해설 243

제4장. 치유농업서비스의 운영과 관리 251

　01. 01차시 출제예상문제 및 해설 253

　02. 02차시 출제예상문제 및 해설 262

　03. 03차시 출제예상문제 및 해설 273

　04. 04차시 출제예상문제 및 해설 282

　05. 05차시 출제예상문제 및 해설 292

　06. 06차시 출제예상문제 및 해설 300

07. 07차시 출제예상문제 및 해설 ——— 308

08. 08차시 출제예상문제 및 해설 ——— 315

09. 09차시 출제예상문제 및 해설 ——— 323

10. 10차시 출제예상문제 및 해설 ——— 333

11. 11차시 출제예상문제 및 해설 ——— 341

12. 12차시 출제예상문제 및 해설 ——— 348

13. 13차시 출제예상문제 및 해설 ——— 356

14. 14차시 출제예상문제 및 해설 ——— 363

참고문헌 ——— 370

제1장

치유농업사 핵심 총정리 1000문항 수록

치유농업사 소개 및 기본상식 이해

제1장. 치유농업사 소개 및 기본상식 이해

01. 치유농업사 소개

[취득 개요]

정부의 치유농업사가 되기 위한 과정은 2025년 현재 전국의 19개 치유농업사양성기관(40명정원 총 760명)이 선정되고 여기서 142시간의 교육을 이수하고 1차 객관식시험(3과목, 평균 60점이상, 과락 40점)과 2차 주관식시험(60점이상)을 통과해야 한다. 교재는 총 3권으로 1권은 치유농업과 치유농업서비스의 이해(① 이해, ② 정책과 제도, ③ 사례, ④ 대상자의 이해, ⑤ 대상자의 치유) 2권 치유농업자원의 이해와 관리(① 식물, ② 동물, ③ 농촌환경, ④ 시설 조성제도, ⑤ 시설 환경조성) 3권 치유농업서비스의 운영과 관리(치유농업프로그램 이해, 실제, 실행, 평가)로 구성되어 있다.

참고로 치유농업사 자격시험에 합격하는 것보다도 치유농업양성기관에 들어가기가 어렵다는 말이 있듯이 자소서 쓰는 것도 심혈을 기울여야 한다. 면접을 통과하면 본격적으로 교육을 받을 수 있다. 치유농업양성기관의 선발기준은 대구한의대의 경우 모집요강은 1차서류 60점(치유농업 경력 및 교육, 자격증, 자기소개서)와 면접 40점으로 되어있다.

교육시간은 매주 금요일 오후, 토요일에 수업이 편성되어 주말에 나름 열심히 공부하면 된다. 수료가 가까워지면서 1차시험을 대비하게 되는데 보통은 자체적인 스터디 그룹을 형성하여 분야별로 그 역할을 맡아서 나름 교과서파트를 나누고 담당분야를 배당하는 작업을 한다. 스터디의 핵심은 본인이 잘하는 교과파트를 담당하여 재능나눔으로 각각의 교과서 파트의 내용정리와 문제를 취합하여 공유하여 같이 공부하는 방법인데 그 과정에서 집단지성의 발현으로 합격확률을 높이는 방법이다.

전체적으로 스터디를 잘 마치고 1차 시험을 보게 되는데 대구한의대 경우, 36명이 응시하여 18명이 합격하여 나름대로 타양성기관에 비해 높은 합격률을 보여 재능나눔으로 상부상조하는 방법이 효과적인 방법이었다고 자평할 수 있다.

2차 시험은 주관식으로 12문제를 100분안에 풀어야하는 시험인데 2개월이라는 준비기간 밖에 없어 시간이 부족하고 또한 주관식 시험은 경험이 대부분 없기 때문에 난감해 하는 사람들이 많다. 이를 위해 보통 학교측에서 합격한 선배들이 진행하는 시험대비 특강을 마련해 준다. 2차 준비는 암기식 보다는 치유농업과 관련하여 내용을 연결할 수 있는 종합능력이 필요하다. 예컨대 국가에서 치유농업을 장려하고, 치유농업사를 양성하려는 이유를 알면 답이 보인다. 1차 때 준비했던 것처럼 재능나눔과 집단지성의 원리를 적용하여 서로 재능나눔한 학습자료를 통해 꾸준히 준비하고, 선배 멘토의 학습지도를 잘 따라가면 좋은 결과를 얻을 수 있다.

[면접 질의 내용]

Q1. 성장배경 및 자신의 장단점

Q2. 치유농업사 양성과정 지원동기

Q3. 만약 교육생 선발에 합격하게 되면 자격증을 따는 것이 중요할 텐데 어떻게 공부 해 나갈 것 인지 말해보시오. [학습의지]

Q4. 치유농업사 자격증을 최종 합격 하면 어떻게 활용 / 어떤 일을 할 것인지?
[취득 후 계획]

Q5. 교육생 결석이 많을 수 있는데 수업에 어떻게 참여할건지, 또 왜 본인이 이 면접에 합격해야 하는지 말해보시오.

● **말의 내용**

자신이 하고자 하는 말의 주제와 화제 거리를 정리 한다.

'말문은 무엇으로 열까?' '누구의 주장을 인용할까?' '어떤 사례를 들어볼까?' '그래 끝은 이렇게 맺으면 좋겠다' 하고 면접 스피치 하기 전에 곰곰이 생각하고 간단히 메모를 하는 것이 좋다. 머릿속으로만 스피치를 준비할 때는 좋은 화제 거리가 떠오르고 능숙하게 말할 수 있겠다는 자신감도 가질 수 있지만 막상 말을 시작하려면 아무 것도 생각나지 않아 당황하는 경우가 있다. 처음에 생각한 대로 말이 풀리지 않고 내용도 지리멸렬하게 되어 실패하고 만다. 이러한 실수를 하지 않기 위해서는 스피치하기 전에 반드시 말하고 싶은 내용과 화제거리를 메모하여 정리하는 것이 필요하다.

답변을 꾸며서 말하기 보다는 평소 가지고 있는 생각을 솔직하게 말한다.

예를 들어, 저는 여러 자격증 시험을 많이 도전해봤기 때문에 시험 합격은 정말 자신 있고, 저의 농업 경험과 치유농업 교육에서 배우는 내용을 접목시켜 어떤 프로그램을 개발하고 활용해야 할지를 깊이 고민하는 계기를 갖겠다.

02. 치유농업사 기본상식 이해

치유농업 배경

저출산·고령화 등 인구구조 변화와 건강에 대한 새로운 요구가 전 사회적으로 증가했다. 2018년 자료에 의하면 건강에 대한 욕구 증가로 건강수명(70.4세)과 기대수명(82.7세) 간의 괴리는 12년의 차이가 난다.

스트레스와 우울증 등 현대병에 시달리는 시민들은 농촌의 친환경적 환경에 관심을 두게 됐고 베이비붐 세대는 퇴직 후 귀농 귀촌을 유행처럼 꿈꾸게 되었다. 정부도 완치가 어려운 만성고혈압, 노인성 치매, 환경성 비염에 대한 대책이 필요했다. 사회적 요구에 부응하기 위해 마침내 2021년 3월 '치유농업 연구개발, 육성을 위한 법률'(이하 치유농업법)이 시행됐다. 농업이 단지 식량 생산에 그치는 게 아니라 국민건강 증진이라는 사회문제 해결에 나선 것이다.

● 치유농업의 등장은 우리 사회가 직면한 여러 문제, 특히 보건·복지·사회 관련 문제를 해결하는 데 농업의 다원적 기능이 도움을 줄 수 있다는 생각에 기반하고 있음
  • 고령 사회로 대표되는 사회인구학적 변화에 대한 대응은 이미 국가적으로 핵심적 사안임. 아울러 빠르게 변화하는 경쟁 사회를 사는 현대인의 정신건강문제에 대한 대책의 필요성이 꾸준히 제기되고 있음

해외 치유농업 동향

해외에서는 일찍이 농업의 다원적 기능을 인정했다. 농업에서 치유, 교육, 삶의 질 향상을 경험한 농업인들이 중심이 되고 국가가 체계화하며 지원한다. 농가 소득향상과 국민건강 회복이란 두 마리 토끼를 잡는 셈이다. 또 몇몇 국가에서는 건강보험제도와 장애인 직업재활에도 연계하고 있다.

- 유럽에서는 치유농업을 노인, 장애인을 포함한 다양한 사회적 취약계층을 대상으로 돌봄, 교육, 재활 등의 서비스를 제공하여 보건복지 관련 비용 부담을 줄이면서도 더 나은 품질의 대안적인 서비스를 제공하는 방식으로 받아들이고 있음
  - 네덜란드에서는 각종 노인성 질환 등으로 돌봄이 필요한 노인들이 데이케어를 위해 치유농장을 이용할 수 있으며, 이를 통해 노인들이 시설에 들어가는 것을 늦추며 살던 집에서 최대한 오래 살 수 있게 함으로서 장기요양 서비스의 품질은 높이고 비용 부담을 줄이고 있음
  - 또한 네덜란드에서는 우울증, 번아웃증후군, 외상후스트레스장애 등 정신건강에 어려움을 겪는 경우 지방정부의 복지급여 지원으로 치유농업을 활용하여 건강 회복의 기회를 가질 수 있음
- 치유농업은 현대사회에서 농업의 다원화와 보건복지 분야의 새로운 요구에 잘 부합하는 형태의 활동임.
  - 치유농업은 농업, 농촌자원을 먹거리 생산이 아닌 국민 건강증진 및 회복을

위해 활용하는 것으로 농업의 다원적 기능 중 대표적인 형태의 하나임

- 유럽에서도 치유농업이 가장 잘 발전된 국가로 꼽히는 네덜란드에서는, 치유농업을 특히 소농업인들의 다원화 필요성과 보건복지 분야 개혁 요구에 잘 부합하는 형태의 활동으로 보고 정부가 초기의 발전을 지원하였음

● 치유농업의 서비스를 노인, 장애인 등 사회적 약자에 대한 돌봄, 재활, 교육과 같은 공공서비스의 성격으로 규정하고 보건복지, 특수교육, 고용 등 타 영역과 적극적으로 연계할 필요가 있음

- 보건복지, 교육, 고용 영역과의 연계를 통해 농장에서 제공되는 서비스의 질적 수준을 높이고 신뢰성을 확보할 수 있음

- 또한, 농장에서 제공하는 서비스가 복지급여의 대상이 되는 사회서비스로 인정되면 복지 재정을 통한 운영이 가능해지고, 이를 통해 사회적 취약계층의 접근성을 높이고 치유농업 시설의 지속가능한 운영이 가능해질 수 있음

- 치유농업을 공공서비스의 성격보다 개인의 여가 및 건강 추구 활동으로 규정하면 상대적으로 공공 재원 투입의 당위성 및 타 영역과의 연계 필요성이 약해짐

● 현재 국내 치유농업 현황에 대한 구체적 자료는 아직 공개된 것이 없음

- 2021년 10월 기준으로 국내에 치유농장 설립 및 운영을 위한 등록, 허가 등 별도의 시스템은 마련되어 있지 않아 '치유농업', '치유농장'등의 용어는 누구나 자유롭게 사용할 수 있음

- 현재 전국적으로 수백 개에 이르는 농장들이 치유농업 관련 활동을 하는 것으로 추산되며, 이들의 성격은 매우 다양함

- 치유농업법은 치유농업 관련 현황조사를 농촌진흥청장의 의무로 명시하고

있으므로 관련 현황 자료가 발표될 것으로 예상됨

● 국내 치유농업은 정부와 여러 민간영역에서 해석하는 개념이 다양하고, 전 국민을 대상으로 하는 만큼 폭넓은 스펙트럼을 보임

- 서로 성격이 다른 여러 형태의 활동들이 모두 치유농업이라는 용어로 불리면서 치유농업에 대한 합의가 이루어져 있지 않음
- 치유농업에 대해 다양한 개념과 이해가 등장한 이유 중 하나는 '치유'라는 단어가 여러 가지 해석의 여지를 주는 데 있는 것으로 보임
- 이렇게 각자 편의에 맞는 해석을 한 결과 힐링을 위한 체험과 건강기능식품 섭취 등 휴식 관련 목적에서부터 현대인들의 신체적, 정신적 질환의 개선을 위한 활동, 원예치료 및 사회적 약자와 함께하는 보건복지 서비스적 성격까지 다양한 성격의 활동들이 모두 치유농업이라는 이름으로 불리고 있음
- 따라서 치유농업의 발전과 적절한 지원을 위해서는 치유농업의 개념과 지향점에 대한 공론화를 통해 이에 대한 이해와 합의가 필요함

● 치유농업과 유사한 개념으로 사회적 농업이 있으며, 농림축산식품부는 2018년부터 '사회적 농업 활성화 지원사업'을 시행해오고 있음

- 현 정부의 100대 국정과제 중 '누구나 살고 싶은 복지 농산어촌 조성'에 사회적 농업이 포함되며 농림축산식품부에서 활성화 지원사업을 매년 진행해오고 있음
- 농림축산식품부는 사회적 농업을 "농업활동을 통해 장애인, 고령자 등 취약계층에게 돌봄, 교육, 고용 등 다양한 서비스를 공급"하는 활동으로 정의했음

● 여러 지방자치단체에서 치유농업 및 사회적 농업 관련 조례 제정, 지원금 지급, 시범사업 등을 추진하고 있음

- 치유농업법은 치유농업에 대한 국가 및 지자체의 지원을 명시하고 있고 지방농촌진흥기관을 통해 치유농업 시범사업을 시행하는 지자체가 늘어나고 있음
- 조례 제정은 치유농업 및 사회적 농업 추진에 대한 지방정부의 강력한 의지로 보이나 치유농업의 개념이나 지향점이 명확하지 않고, 또 사회적 농업과 치유농업의 구분이 불분명한 상황에서 성급한 움직임이라는 지적도 있음

치유농업법

치유농업법 제2조 1호에는 치유농업에 대한 정의를 "국민의 건강회복 및 유지·증진을 도모하기 위하여 다양한 농업·농촌자원의 활용과 이와 관련한 활동을 통해 사회적 또는 경제적 부가가치를 창출하는 산업"이라고 정의하고 있다. 또 법 5조 1항에 의하면 정부는 5년 단위로 법정 종합계획을 수립해야 한다. 2022년은 치유농업 종합계획의 첫해이다. 2026년까지 5년간 농업과 농촌의 지속 가능한 성장을 위한 치유농업 종합발전을 시행해야 한다.

● 현 정부에서 추구하고 있는 장애인 탈시설 정책, 지역사회 통합 돌봄과 같은 보건복지정책과 관련해서 일부에서는 유럽의 케어팜(Care Farm) 모델을 언급하기도 함
- 네덜란드에서는 장애인, 노인 등 장기요양 대상자들이 시설 수용 없이 집에서 지내면서도 충분한 보호와 돌봄을 받는데 케어팜이 큰 역할을 하고 있음
- 국내 일부 장애인 관련 단체들과 요양 기관 등에서는 유럽의 케어팜 모델이

우리나라에서 추진 중인 탈시설화와 지역사회 통합 돌봄이 추구하는 바에 부합한다는 의견을 내고 있음

치유농업사 전망

치유농업의 유형은 크게 건강회복, 교육, 사회적 재활(통합), 고용으로 구분된다. 지금까지 치유농업 운영 주체는 복지기관 39.9%, 교육기관 26.7% 순으로 높고, 프로그램 제공 및 운영자는 농업관련자 33.3%, 교육자 34.2%, 치유전문가 21.6%, 복지사 또는 상담사 9.0% 순으로 나타났다. 이는 치유농업이 농업과 복지, 교육의 통합적 접근이 중요한 영역임을 알 수 있다.

따라서 치유농업사의 직무 수행의 장(場)은 농장, 의료보건, 복지, 교육기관 등 다양한 기관이 될 수 있으며 각 기관의 고객 특성에 따라 활용하거나 접근하는 형태가 달라질 수 있다.

현재 치유농업법에 의하면 정부나 지자체의 치유농업 시설에는 치유농업사를 1인 이상 의무 배치하게 되어있다. 정부의 종합계획에 의하면 2026년까지 165명을 고용할 계획이다. 또 민간 치유농업 시설(농장, 마을, 기관) 등에 235명의 치유농업사 일자리를 마련할 계획이다.

현재 91명의 치유농업사가 배출 되었지만, 관련기관에 의무배치된 경우는 아직 없다. 농업진흥청의 치유농업추진단 이창현 사무관은 "농업치유사는 이제 시작 단계입니다. 향후 사회적 경제가 창출 되고 산업화가 된다면 농업치유사의 고용 일자리도 확대되리라 봅니다"라 말하며 실제 1기 합격자 중 기존 치유농장을 갖고 있거나 치유농업의 강의를 나가는 분들도 꽤 있다고 전한다.

- 앞으로 치유농업이 발전하려면, 치유농업의 지향점을 명확히 해야 하고 이를 위한 공론화가 필요함
  - 치유농업은 농산물을 생산하여 판매하는 활동이 아니라 서비스를 제공하는 활동이기 때문에 비용부담 주체에 대한 논의가 필연적임
  - 치유농업을 치료 효과를 제공하는 활동으로 규정한다면, 효과를 규명한 후 의료보험과 연계하여 비용을 지급하는 방안을 논의할 수 있을 것이다. 다만, 이 경우 기존 의료계와의 갈등이 예상되므로 대안으로 한의학 혹은 대체의학과 접목하는 방향을 검토해볼 수 있음
  - 유럽의 사례와 같이 취약계층의 돌봄, 교육 및 재활 등을 목적으로 하는 활동은 장기요양보험이나 사회서비스와 연계를 통한 지속가능한 운영 방식이 바람직하므로 이의 제도화를 위해 정부의 직접적인 개입이 필요함
  - 농업자원을 활용한 체험을 통해 힐링 효과를 얻는 것을 치유농업의 지향점으로 삼는다면, 보건복지 영역과의 연계는 쉽지 않을 것임
  - 농촌진흥청을 중심으로 지속적으로 이루어지고 있는 치유농업의 의·과학적 효과 연구는 보건복지영역과의 연계를 위한 근거 자료로도 활용될 수 있으나 그 한계 역시 충분히 고려해야 할 것임
  - 치유농업 시행이 농업생산 환경을 개선하는데 기여하여 건강한 먹거리 생산과 유통환경 구축 등 생산자 중심의 농산업으로 전환하는데도 도움이 될 것으로 보는 관점도 있음
- 앞으로 치유농업이 발전하려면, 농업 이외 분야와의 적극적인 연계가 절실함
  - 치유농업은 농업의 하드웨어를 활용하여 건강증진을 위한 서비스라는 소프트웨어를 제공하는 활동이므로, 농업은 물론 보건복지, 교육, 고용 등 여러

부처의 협력과 지원이 필수적이나 아직은 농업 이외의 영역에서의 관심이 충분하지 않음

- 협력의 목표는 치유를 위한 농업의 인프라 및 자원 활용 비용을 보건복지 및 교육서비스 재원으로 부담하는 시스템을 구축하는 데 있음
- 이를 위해서는 앞서 언급한 대로 치유농업의 개념과 지향점이 먼저 분명해져야 한다. 예를 들어 도시인들의 힐링을 목적으로 하는 활동인 경우와 정신장애인을 대상으로 하는 활동은 각기 다른 지원제도와 연계되어야 할 것임
- 현재 주로 이루어지고 있는 농업영역의 지원금을 통한 시설 개선 및 컨설팅 등은 초기 농장 조성에는 도움이 될 수 있지만 지속가능한 운영을 위해서는 일회성 지원금이 아닌 농장에서 제공되는 서비스에 대한 정당한 대가가 안정적으로 지급될 수 있는 구조가 필요함
- 보건복지 영역과 연계되면 장기요양보험 및 사회서비스 등의 제도를 치유농업 서비스에 적용할 수 있게 되어 치유농업 시설은 안정적으로 재원을 마련할 수 있음

● 앞으로 치유농업이 발전하려면, 치유농업법에 치유농업시설 설립 및 운영과 관련한 내용을 포함하는 법 보완이 필요함

- 치유농업 활성화를 위해 필요한 것은 단기적인 지원사업보다도 치유농업시설과 활동을 가로막는 각종 규제를 적절하게 변경하는 것임
- 치유농업 서비스가 다양한 취약계층을 대상으로 하는 경우 제공되는 서비스는 공적인 성격이므로 공적 영역에서 이에 대한 비용을 부담할 수 있는 제도적 기반 마련이 필요함

● 앞으로 치유농업이 발전하려면, 사회적 농업과 연계해야 효율적인 정책 수행이 가능해짐
  • 사회적 농업을 추진하고 있는 농식품부는 2020년 보건복지부를 비롯한 타 부처들과 MOU를 통한 협력사업을 진행 중임
  • 따라서 치유농업을 위해 타 부처와 새로운 협력을 추진하기보다 사회적 농업과 중복되는 영역 (돌봄, 복지, 재활, 교육 등)에 대해서 사업을 함께 하는 것이 효율적 일 수 있음.

치유농업 활성화 방안

치유농장이 활성화된 유럽 국가에 비해 아직 국내 시장은 활성화가 미흡하다. 전문가들은 향후 치유농업이 활성화되기 위해서는 여러 인프라 구축이 필요하다며 다음 네 가지를 주장 한다.

첫째로 치유농업에 대한 보다 과학적이고 객관적인 접근. 둘째, 이용자 특성에 맞는 프로그램 개발을 할 수 있는 전문 치유농업사 양성. 셋째, 예방 중심형 치유농업을 위한 인식개선. 넷째, 지역사회뿐 아니라 국가 차원에서의 협력체계 구축이다.

전문가들도 주장하듯이 치유농업사 양성이 치유농업 활성화의 절대 전제이지만 빈소리만 요란하고 힘겹게 취득한 자격증이 장롱에 들어가지 않으려면 농수산부뿐이 아니라 네덜란드나 이탈리아처럼 보건복지부나 관광공사 등 여러 정부 기관이 유기적으로 결합할 필요가 있다. 특히 부처 간의 협업을 통해 사회적 비용을 줄이면서도 국민이 건강하고 행복하게 하려면, 우리 사회의 일원인 사회적 약자와의 상생 프로그램도 고민하여야 한다. 그런 의미에서 치유농업사라는 전문인력의 양성은 매우 중요하다.

- 기타 치유농업 중장기 발전방안 마련 시 정책제언사항으로는 법률보완 필요, 전문인력양성체계 마련, 민관 거버넌스 구축, 치유농업 확산 및 선점을 위한 지자체형 사회보장제도 도입, 치유농업관련 추진사업 중간 모니터링시스템마련, 중앙부처 사업, 지자체사업 주체 간 협력체계 구축, 지자체 푸드플랜과 연계, 유사정책사업과의 연계를 위한 전략 등이 중요

- 중장기적으로는 치유농업을 규율하는 현행 '치유농업연구개발 및 육성에 관한 법률'과 시행령을 새로이 보완할 필요 있음. 현행 법률안에는 중간조직의 활동 및 기관과 연계시 어떤 규정이 필요한지, 중간지원조직에 대한 경제적 지원 여부에 대한 조항이 빠져있는 실정임

  - 또한, 법률보완 작업 시에도 치유농업이 지니는 연대와 사회통합 가치를 유지하려면 소관부처인 농촌진흥청뿐만 아니라 농림축산식품부 등 여러 행정기관들이 협의하고 치유농업, 사회적 농장을 운영하는 정책대상 농가들이 참여하여 법률개정에 의견이 반영될 수 있어야 함

- 2021년부터 치유농업사 2급 자격시험이 시행되고 있음. 하지만 아직 치유농업사가 배출되었을 때 구체적으로 어떻게 고용할 것인가에 대한 청사진이 마련되어 있지 않음. 치유농업사, 치유 가드너 등 전문인력 양성에 관한 세부지침을 마련 필요

  - 특히 사회적 농장에 기반을 둔 치유농업 추진 시에 의료기관(정신과 진료)과의 연계, 기관과 농장 간 협약 등 다양한 사안에 대하여 운영 매뉴얼이 제시되기 위해서는 기존 법령, 시행령과 조례제정 및 개정이 필요함

  - 일본의 경우 장애인을 농장에서 고용할 경우 필요한 절차를 지침서화하여 다운로드가 가능하도록 게시하고 있음

- 지자체 주무부서는 치유농업 발전방안 마련 시 유관기관 및 참여 주체(시민, 농민, 장애인, 보건소, 시도광역정신건강센터, 시군 치매안심센터, 학교급식위원회, 교육지청, 농촌진흥청, 행정자치부 마을만들기사업, 고용노동부 일자리사업 등)들 간 민관 거버넌스가 필요함

- 사회혁신 개념이 포함된 치유농업 사업계획 수립 시에 사업 대상자인 주민이 참여하여 지역 문제를 해결하는 리빙랩 운영을 시도할 필요 있음. 청소년 자살율 증가와 학교폭력 증가 현실을 고려할 때, 관계 기관들 간 소통과 협력이 필수적임

- 세계에서 치유농업이 가장 활성화되어 있는 네덜란드의 성공 요인은 사회지원법을 통해 돌봄이 필요한 사람들에게 재정지원을 하고 있으며, 케어팜도 돌봄서비스 제공처로 등록할 수 있게 되어 있음

- 하지만 국내에서 의료보험제도와 연계하여 치유농장을 지원하기 위해서는 국민적 합의, 중앙부처 간 조율 등 풀어야 할 과제가 많아서 시간이 많이 소요될 것으로 보임

- 따라서 각 지자체가 앞장서 치유농장 품질 인증제 요건에 통과한 치유농장을 돌봄기관으로 인정하고 재정적 지원을 할 경우 국내 치유농장 시장을 선점할 것임

- 우선적으로 장애인과 치매환자를 대상으로 지역형 바우처카드 발급하여 치유농장에서 치유서비스를 제공받을 수 있는 시스템을 구축하면 국가적 차원의 사회보장제도과 치유 농업과의 연계할 수 있는 시기를 단축하는데 촉진제가 될 수 있을 것으로 보임

- 치유농업 관련 사업을 추진하는 경우 매년 결과보고가 이루어지고 있으나 해

당 사업이 추진 목표에 맞게 진행되고 있는지에 대한 모니터링 작업이 필수적임

● 치유농업 사업에 대한 성인지적 모니터링 체크리스트에 대한 선행연구를 제시함. 계획 수립단계, 집행단계, 평가단계별 성인지적 관점에서 모니터링 할 수 있는 지표가 제시되어 있음

● 돌봄, 치유, 재활 등 다양한 분야의 치유농업 사업을 추진하려면 중앙부처 사업추진 주체나 지역의 다양한 사업과 협력하여 추진해야 함

● 푸드플랜은 농산물의 생산, 가공, 유통뿐만 아니라 소비, 식생활, 영양 등 먹거리 관련 모든 분야를 통합 관리하는 종합계획임. '푸드플랜 패키지 지원사업'은 이 같은 종합계획을 바탕으로 먹거리의 공공성 강화와 지역 농산물의 지역 내 선순환 시스템을 구축하는 사업임

● 부처별로 치유와 관련된 유사정책사업이 추진되고 있음. 대표적으로 '용계산 치유의 숲', 남해안권 발효식품산업지원센터' 등이 있음

● 부처별로 사업이 별도로 진행되고 있고, 예산규모의 차이가 커서 치유농업과의 연계에는 한계가 많음

● 유럽의 치유농업 선진국가 중 노르웨이는 치유농업 관련 정부부처 통합위원회 구축을 통해 부처 간 관련 사업을 조정해 주는 역할을 하고 있음

제2장

치유농업사 핵심 총정리 1000문항 수록

치유농업과 치유농업서비스의 이해

제2장. 치유농업과 치유농업서비스의 이해

01. 01차시 출제예상문제 및 해설

1. 치유농업법 제2조에 게재된 치유농업 정의 중 아래에 빈칸에 들어갈 단어는?

> "치유농업"이란 국민의 건강회복 및 유지·증진을 도모하기 위하여 이용되는 다양한 농업·농촌자원의 활용과 이와 관련한 활동을 통해 (   ) 또는 (   ) 부가가치를 창출하는 산업을 말한다.

① 사회적, 문화적 ② 사회적, 경제적 ③ 문화적, 경제적 ④ 경제적, 지역적

정답 및 해설: ②

2. 농업·농촌의 다원적 기능과 관계가 없는 것은?

① 국토환경 및 자연경관의 보전 ② 토양유실 및 홍수의 방지
③ 생태계의 보전 ④ 일자리창출

정답 및 해설: ④

3. 농업·농촌의 다원적 기능 중 환경보전 기능과 관계가 없는 것은?

① 식량공급 ② 수자원 함양 ③ 대기정화 ④ 생태계 유지

정답 및 해설: ①

4. 치유농업의 기능과 관계없는 것은?

① 공공의 건강 ② 교육과 훈련 ③ 도시개발 ④ 사회통합과 포용

정답 및 해설: ③

5. 치유농업의 가치평가 방법 중 직접적 편익 추정 방법은?

① 대체법 ② 컨조인트분석법 ③ 조건부 가치측정법 ④ 특성가격법

정답 및 해설: ③

6. 농업/농촌의 다원적 기능 중 환경보전기능에 속하지 않는 것은?

① 수자원함양 ② 생태계 유지 ③ 식량활용 ④ 수질 및 대기정화

정답 및 해설: ③

> 식량활용은 농촌의 식량안보기능에 속한다. 식량안보기능에는 식량공급, 식량안정성, 식량활용 기능이 있다. 농촌의 환경보전기능 : 홍수조절기능, 수자원함양기능, 수질 및 대기 정화 기능, 토양유실 방지 기능, 생태계 유지 기능 등임.

7. 치유농업 관련 정책도입 배경중 사회적 비용의 증가 내용과 관련이 먼 것은?

① 건강에 관한 관심 증가 ② 환경성 질환 증가
③ 환경 스트레스 증가 ④ 산업과 고용의 창출

정답 및 해설: ④, 산업과 고용의 창출은 사회적 비용의 증가와는 관계가 적음

구분		세부내용
농촌융복합산업(6차 산업) 확대		일자리 창출을 위한 산업구조의 확대(3차 산업 비중의 확대와 서비스산업 촉진), 농업의 새로운 활로와 건강/자연에 대한 관심 증가로 농촌융복합산업에 대한 요구 증가
사회적 비용의 증가	고령사회로의 진입	우리나라는 이미 2000년부터 고령화사회로 진입하였으며, 2018년에는 고령사회로, 그리고 2026년에는 초고령사회로 진입할 것이 예상
	건강에 관한 관심 증가	환경오염으로 인한 건강에 관한 관심 증가 등
	의료비 부담 증가	우리나라는 2010년 이후 매년 OECD국가 중 1인당 의료비 증가율이 최고 수준
	환경성질환 증가	생활양식 변화에 따라 아토피, 천식 등 환경성질환 크게 증가
	환경스트레스 증가	각종 공해와 환경오염 그리고 소음과 같은 환경적 스트레스와 작업환경에 따른 직무스트레스 등에 노출
산업과 고용의 창출		단순 농업체험 목적이 아닌 교육, 휴양 및 치유 등과 연계 수요 증대

8. 다음에서 설명하는 사회적 비용 증가문제는?

> 생활양식 변화에 따라 아토피, 천식 등 환경성 질환 크게 증가

① 건강에 관한 관심 증가
② 환경성 질환 증가
③ 환경 스트레스 증가
④ 의료비 부담 증가

정답 및 해설: ②

9. 다음 중 농업농촌의 공익적 기능이 아닌 것은 ?

① 식량의 안정적 공급
② 수자원 함양
③ 생태계의 보전
④ 지역사회유지 및 전통문화보존

정답 및 해설: ④

10. 다음과 같은 인간의 사회적 발달을 제시한 사람은 누구인가?

> 성격에서 이드 보다는 자아의 역할을 중시한 자아-심리학의 창시자로 어린이가 사는 환경은 성장과 발달에 결정적인 자아 정체성의 원천이 된다고 주장하였다. 이 이론의 각 발달단계는 긍정과 부정의 대립되는 두항으로 구성되어 있다.

① 프로이드 ② 피아제 ③ 에릭스 ④ 매슬로우

정답 및 해설: ③

11. 치유농업의 가치평가 방법 중 가치평가의 과대 추정을 예방하는데 적합한 편익 추정 방법은?

① 대체법 ② 조건부 가치측정법 ③ 컨조인트분석법 ④ 특성가격법

정답 및 해설: ②

12. 치유농업법 제2조(정의)에서 사용하는 용어에 대한 정의 중 아래의 빈칸에 들어갈 말은?

> "치유농업시설" 이란 치유농업과 관련된 활동을 할 수 있도록 이용자의 (   )와 (   )을 고려하여 적합하게 조성한 시설(장비를 포함한다)을 말한다.

① 치유효과, 안전 ② 편의, 안전 ③ 치유효과, 만족감 ④ 편의, 만족감

정답 및 해설: ①

13. 치유농업 제5조에서 농촌진흥청장은 치유농업을 육성하기 위해 몇 년 주기로 치유농업 연구개발 및 육성에 관한 종합계획을 수립해야 하는가?

① 3년 ② 4년 ③ 5년 ④ 6년

정답 및 해설: ③

14. 다음 중 치유농업사가 될 수 없는 자는?

① 피성년후견인 또는 피한정후견인
② 금고이상의 형을 선고받고 그 집행이 종료된 후 2년이 경과된 자
③ 금고이상의 형을 선고받고 집행을 받지 아니하기로 확정된 후 3년이 경과된 자
④ 금고이상의 형의 집행유예를 선고받고 그 유예기간이 종료된 자

정답 및 해설: ①

15. 치유농업사 1급 자격에 응시할 수 있는 자격요건으로 올바르지 않은 것은?

① 2급 치유농업사 자격을 취득한 후 치유농업과 관련된 업무에서 5년 이상 종사한 경

력이 있 는 자

② 「국가기술자격법」에 따라 농업, 축산, 임업, 조경 분야의 기술사 자격을 취득한 자
③ 보건·의료 분야 임상심리사 1급 자격을 취득한 후 관련 치유농업관련 업무에 1년 이상 종사 한 경력이 있는 자
④ 고등교육법 제2조제1호의 대학에서 관광 관련 학과의 학사 학위 이상을 취득한 후 치유농업관련 업무에 3년 이상 종사한 경력이 있는 자

정답 및 해설: ③, 보건·의료 분야 임상심리사 1급 자격을 취득한 후 관련 치유농업관련 업무에 3년 이상 종사 한 경력이 있는 자

16. 인체를 구성하는 4대 기본조직에 속하지 않는 것은?

① 신경조직 ② 근육조직 ③ 결합조직 ④ 뼈대조직

정답 및 해설: ④

17. 인체를 구성하는 계통에 대한 설명으로 틀린 것은?

① 신경계는 내부와 외부로부터 정보를 수집하고 적절한 출력, 즉 표현이나 운동을 할 수 있 도록 신호를 만든다.
② 내분비계는 인체 내부의 환경을 일정하게 유지하는 항상성과는 관계가 없다.
③ 호흡계는 에너지 생성에 필요한 산소를 공급하고 이산화탄소를 배출한다.
④ 순환계는 심장과 혈관으로 구성되며 인체 전체에 영양물질과 신호물질 등을 운반한다.

정답 및 해설: ②, 항상성은 모든 인체(기관계)와 관계가 있다.

18. 다음 인체 기능의 통합에 대한 설명으로 맞는 것은?

① 출력장치인 감각은 특수감각과 체감각으로 크게 나눌 수 있다.
② 특수감각은 체감각에 비해 상대적으로 느리게 처리되는 입력신호다.
③ 체감각의 편중되고 지나친 사용은 감각기의 예민도를 떨어트린다.
④ 체감각은 몸 전체에서 입력되는 촉각, 통각, 냉각, 온각, 압각, 몸의 자세나 위치 정보에 대한 감각이다.

정답 및 해설: ④

19. 다음은 인체 생리에 대한 설명이다. 가장 올바르게 설명한 것은?

① 기관계란 기능적으로 상호관련성을 가지고 상호작용을 하는 구조물을 함께 가리키는 기관의 계통을 말한다.
② 외분비계는 호르몬을 생성하는 기관들 전체를 아우르는 용어이다.
③ 호르몬을 통한 인체 내부환경의 유지, 학습 후 기억의 생성도 입력에 해당한다.
④ 스트레스는 과잉 출력으로 처리가 지연되는 상태를, 피로는 잦은 입력으로 입력이 지연되는 상태를 말한다.

정답 및 해설: ①

20. 프로이트가 주장한 인간의 세가지 성격 체계에 해당되지 않는 것은?

① 본능(id) ② 자아(ego) ③ 잠재적 자아(self ego) ④ 초자아(superego)

정답 및 해설: ③

21. 치유농업에 대한 설명으로 틀린 것은?

① 건강이나 웰빙은 사회문화의 틀 속에서 결정된다는 믿음에 기초한다.
② 치유농장에서 이루어지는 치유서비스가 의료나 심리측면에서 타당성을 인증받으려면 전문 가의 참여가 필요하다.
③ 치유농장에서의 교육과 훈련으로 직업능력을 회복시키거나 관심분야를 발견할 수 있도록 돕 는다.
④ 치유농업은 농업의 다원적 기능에 포함되나 반드시 농장에서 이루어지는 산물은 아니다.

정답 및 해설: ④, 농장에서 이루어져야 한다.

22. 심리적 방어 기제와 관련된 용어를 바르게 예시한 것을 모두 선택하세요?

> 가. 퇴행(regression) : 동생을 본 아동이 나이에 어울리지 않게 응석을 부리는 것
> 나. 투사(projection) : 자기가 화가 나 있는 것은 의식하지 못하고 상대방이 자기에게 화를 냈다고 생각하는 것
> 다. 승화(sublimation): 우울한 감정을 예술작품으로, 공격적 충동을 정육점이나 외과 의사라는 직업 선택으로 이어지는 것
> 라. 보상(compensation) : 동대문에서 뺨 맞고 서대문에서 화풀이 한다

① 가-나-다-라 ② 가-나-다 ③ 가-나 ④ 나-다-라

정답 및 해설: ②, '동대문에서 뺨 맞고 서대문에서 화풀이 한다'는 치환에 대한 예시이다.

23. 매슬로우(Maslow)의 욕구단계이론 중 2단계 욕구에 해당되는 것은?

① 자아실현 욕구 ② 안전에 대한 욕구 ③ 애정 및 소속의 욕구 ④ 생리적 욕구

정답 및 해설: ②

24. 매슬로우(Maslow)의 욕구단계이론에 대한 설명으로 옳은 것은?

① 낮은 단계일수록 욕구 강도가 강하다.
② 자아실현 욕구는 청소년기부터 나타난다.
③ 상위단계의 욕구는 개인의 생존에 중요한 역할을 한다.
④ 자아실현의 욕구는 내적 만족 요인보다는 외적 보상요인이 충족될 때 실현된다.

정답 및 해설: ①

25. 다음 예시를 매슬로우(Maslow)의 욕구 5단계설에 대응하여 순서대로 바르게 나열한 것은?

가. 정원은 신선한 공기, 햇볕, 신선하고 양분이 듬뿍 든 음식물을 제공한다.

나. 정원은 심리적으로 긴장을 완화 시켜 스트레스를 경감시키는 경관을 제공함으로써 치유농업 서비스 대상에게 안정감과 편안함을 느끼게 할 수 있을 것이다.

다. 치유농업 활동을 통하여 다른 사람과 경험을 나누고, 농작물에 대한 애정이 길러지면 그 들에 대한 책임감과 필요성을 느낄 수 있다.

라. 정원을 포함한 농업활동은 아름다움을 감상하고 식물의 생장사를 간접적으로 경험할 수 있으며 식물과 동물을 돌보는 과정에서 인간 삶의 과정을 이해하고 알아가는 지각을 가 질 수 있다.

마. 정원을 포함한 농업활동은 개인적인 목표를 성취하는 것을 도우며, 일에 대한 피드백을 제공함으로써 스스로와 동료에 대한 존중을 획득할 수 있는 기회를 줄 수 있다.

① 가-나-다-라-마 ② 가-다-나-라-마
③ 가-나-다-마-라 ④ 나-가-다-마-라

정답 및 해설: ③

02. 02차시 출제예상문제 및 해설

1. 치유농업의 역사와 관계가 없는 것은?

① 1950년대 현대적 의미의 치유농업의 출현
② 영국: 빅토리아 시대의 요양원의 재활 기록
③ 미국: 벤자민 러쉬의 원예 활동이 정신 건강에 긍정적인 영향을 준다는 연구
④ 네덜란드: 국가의 지원으로 치유농장 수가 급격히 증가

정답 및 해설: ①, 1960년대 현대적 의미의 치유농업의 출현

2. 다음 치유농업의 영역에 해당하지 않는 것은?

① 사회적 농업 ② 원예치료 ③ 장애의 치료 ④ 동물치료

정답 및 해설: ③

3. 다음에서 설명하는 개념으로 알맞은 것은?

> (   )은 개인의 필요성과 공공 지출 감소의 관점에서 사회·보건 서비스를 강화하기 위해 농업(식물과 동물)과 농장의 자원을 사용하는 것이다.

① 치유농업 ② 사회적농업 ③ 다원적농업 ④ 도시농업

정답 및 해설: ②

4. 다음은 치유농업의 효과를 설명한 것이다. 설명하는 개념으로 적절한 것은?

> 치유농업의 직접적인 효과에 해당하는 내용으로 치유농업의 목적 유형과 상통한다. 치유농업의 목적 유형은 (   ), (   ), (   )로 구분할 수 있다.

① 예방-치료-복지 ② 상담-치료-복지 ③ 예방-치료-재활 ④ 상담-치료-재활

정답 및 해설: ③

5. 치유농업에서 농업·농촌의 다원적 기능이 아닌 것은?

① 생태계 유지 기능 ② 식량안전성 기능 ③ 전통문화 보존 기능 ④ 가뭄 대비 기능

정답 및 해설: ④

6. 치유농업사 자격 취소 요건에 해당되지 않는 것은?

① 거짓으로 그 밖의 부정한 방법으로 치유농업사 자격을 취득한 자
② 치유농업사 자격증을 빌려준 자로 행정처분 2차 위반자
③ 자격정지기간에 업무를 수행한 자
④ 금고이상의 형의 집행유예를 선고받고 그 유예기간에 있는 자

정답 및 해설: ②

7. 치유농업사 양성기관으로 지정될 수 없는 기관은?

① 경기도 농업기술원 ② 파주시농업기술센터
③ 고려대학교 산학협력단 ④ 수원농생명과학고등학교

정답 및 해설: ④

8. 치유농업사 2급이 할 수 있는 전문적인 업무에 해당하는 것을 모두 선택하시오?

> ⓐ 치유농업 프로그램의 개발 및 실행 ⓑ 치유농업서비스의 운영 및 관리 ⓒ 치유농업서비스의 기획 및 경영 ⓓ 치유농업 분야의 교육 및 관리 ⓔ 치유농업자원과 치유농업시설의 운영과 관리

① ⓐ, ⓓ, ⓔ   ② ⓑ, ⓒ, ⓓ   ③ ⓐ, ⓑ, ⓔ   ④ ⓒ, ⓓ, ⓔ

정답 및 해설: ③

9. 치유농업사 1급이 할 수 있는 전문적인 업무에 해당하는 것을 모두 선택하시오?

> ⓐ 치유농업 프로그램의 개발 및 실행 ⓑ 치유농업서비스의 운영 및 관리 ⓒ 치유농업서비스의 기획 및 경영 ⓓ 치유농업 분야의 교육 및 관리 ⓔ 치유농업자원과 치유농업시설의 운영과 관리

① ⓐ, ⓓ, ⓔ   ② ⓑ, ⓒ, ⓓ   ③ ⓐ, ⓑ, ⓒ, ⓔ   ④ ⓐ, ⓑ, ⓒ, ⓓ, ⓔ

정답 및 해설: ④

10. 농촌진흥청장은 치유농업 연구개발 및 육성에 관한 종합계획을 수립하였거나 변경하였을 경우 관계 중앙행정기관의 장과 지방자치단체의 장에게 알리고, 지체 없이 국회 소관 상임 위원회에 제출하여야 한다. 단 대통령령으로 정하는 경미한 사항에 대한 변경에 해당하는 사항에 대해서는 예외사항으로 적용하고 있다. 다음 중 경미한 사항에 해당되지 않는 것은?

① 종합계획 또는 시행계획에서 정한 사업기관을 3년의 범위에서 단축하거나 연장하였을 경우
② 종합계획 또는 시행계획의 사업내용을 변경하지 않은 범위에서 추진방법을 변경했을 경우
③ 다른 법령의 제정·개정 또는 폐지에 따라 변경된 내용을 반영했을 경우
④ 단순한 착오, 오기, 누락 또는 이에 준하는 명백한 오류를 수정했을 경우

정답 및 해설: ①

11. 치유농업의 가치와 윤리에 관한 설명으로 가장 거리가 먼 것은?

① 고단백의 곤충이 환자회복식으로 활용되는 것은 넓은 의미에서의 치유농업 활동으로 허용 된다.

② 치유농업에서는 식물을 생명존중개체의 관점으로 바라보기보다 농업의 일환으로 활용한다.
③ 균형을 유지한 공감을 위해 진실성이나 직면의 상황을 활용하기도 한다.
④ 치유농업에 활용하는 농장동물과 곤충은 축산물제공이나 식용 목적으로 사용되어서는 안 된다.

정답 및 해설: ①, 고단백의 식용곤충이 환자 회복식으로 활용되는 사례를 확대하여 치유농업이라 주장하는 일부 사례도 있으나 현재 치유농업에서 허용하는 범위가 아니다

12. 다음 중 치유농업 연구개발 및 육성에 관한 법률의 관계부처와 역할이 바르지 않은 것은?

① 치유농업 연구개발 및 육성에 관한 법률 시행령은 대통령령으로 제정한다.
② 치유농업 연구개발 및 육성에 관한 법률 시행규칙은 농촌진흥청이 제정한다.
③ 치유농업 연구개발 및 육성에 관한 법률 종합계획은 농촌진흥청장이 수립한다.
④ 치유농업 연구개발 및 육성에 필요한 기반마련을 위해 국가 및 지방자치단체는 시책수립 및 시행의 책무를 가진다.

정답 및 해설: ②, 치유농업 연구개발 및 육성에 관한 법률 시행규칙은 농림축산식품부에서 제정

13. 치유농업 연구개발 및 육성에 관한 법률 제2조 제4호에서 "치유농업프로그램 개발 및 실행 등 대통령령으로 정하는 전문적인 업무"에 해당되지 않는 하나는?

① 치유농업 프로그램의 개발 및 실행 ② 치유농업 서비스의 운영 및 관리
③ 치유농업 종합계획의 수립 및 실행 ④ 치유농업자원 및 치유농업시설의 운영과 관리

정답 및 해설: ③, ①②④는 2급 치유농업사의 의무 조항. 그 외 1급 치유농업사의 의무 조항으로는 치유농업서비스의 기획 및 경영, 치유농업분야 인력의 교육 및 관리 가 있다.

14. 다음 중 노르웨이의 치유농업 발달과정과 가장 거리가 먼 것을 선택하시오.

① 치유농업 활성화를 위한 정부부치 통합위원회를 구축 및 운영하고 있으며 농식품부가 주관 부처로 기능하고 있다.
② 제도 영역에서는 치유농업 자문제도, 품질관리 및 보증제도, 치유농장 협약제도를 운영한다.
③ 농업대학을 통해 녹색치유와 관련된 학사학위 과정을 운영한다.
④ 1999년 치유농업 국가지원센터에서 시작하여 2010년에는 치유농업 경영자를 위한 전국적인 연합이 형성되었다.

정답 및 해설: ④

15. 다음 중 스트레스에 대응하는 인체의 환경 적응에 관한 설명으로 거리가 먼 것은?

① 뇌가 자극을 인지하는 역치를 넘으면 뇌는 적극적 대처가 필요함을 신체로 보내고 뇌의 신호에 응답한 결과로 나타나는 것이 투쟁과 도피반응이다.
② 행동반응과 동시에 일어나는 반응이 자율신경을 통한 반응이며 자율신경은 급성의 투쟁과 도피 반응을 주도한다.
③ SAM축의 최종 분비물은 아드레날린과 노어아드레날린이며 이들 신경전달물질이 매개함으로써 혈중 포도당 양이 늘어난다.
④ HPA축의 최종 분비물은 코티졸이며, 코티졸이 지속해서 축적됨으로써 신체의 항상성은 높아진다.

정답 및 해설: ④, 코티졸의 비정상적인 축적은 점차 신체의 항상성을 파괴한다.

16. 아래의 빈칸에 맞는 기간 또는 시간을 선택하시오?

ⓐ 농촌진흥청장은 치유농업사 자격시험을 실시하려는 경우에는 시험일 (   )일 전까지 시험일시, 시험장소, 응시원서 제출기간 그 밖에 시험에 필요한 사항을 농촌진흥청 인터넷 홈페이지에 공고해야 한다. ⓑ 치유농업사의 안전·위생의 교육시간은 연간 (   )시간 이상으로 한다.

① 30, 2 ② 30, 4 ③ 60, 2 ④ 60, 4

정답 및 해설: ④

17. 치유농업사 양성기관 지정을 받기 위한 인력 요건 중 교수요원 자격으로 적합하지 않는 자는?

① 농업, 관광, 조경 분야 석사 이상의 학위를 취득한 자
② 보건·의료분야 임상심리사 1급 또는 국제의료관광코디네이터 자격을 취득한 자
③ 2급 치유농업사 자격을 취득한 자
④ 「국가기술자격법」에 따른 사회복지·상담 분야 기사 이상의 자격을 취득한 자

정답 및 해설: ④

18. 다음은 어느 나라의 치유농업 정책에 관한 내용인지 선택하시오?

※ 치유농업이 국민건강보험과 연계
※ 치유농업 관련 협회에 대한 국가지원, 질 관리체계(치유농장주 협회 등)
※ 치유농업법 제정
※ 치유농업 연구 프로젝트 등

① 프랑스 ② 네덜란드 ③ 벨기에 ④ 노르웨이

정답 및 해설: ②

19. 다음은 어느 나라의 치유농업 정책에 관한 내용인지 선택하시오?

※ 치유농업 관련 정부 부처 통합위원회 구축(농림부 주관)
※ 품질관리 및 보증제도 운영
※ 치유농업 학위과정 및 평생교육
※ 치유농업 협약제도 등

① 노르웨이 ② 이탈리아 ③ 독일 ④ 영국

정답 및 해설: ①

20. 다음 중 녹색치유에서의 치유농업의 범위에 해당하지 않는 것은?

① 관행농업 ② 도시농업 ③ 치유농업 ④ 사회적 농업

정답 및 해설: ①

21. 초등학생 아이가 친구와 함께 놀다가 넘어졌다. 넘어진 아이는 친구에게 "너 때문에 내가 넘어진 거야!" 라고 말했다. 이것은 어떤 방어기재인가?

① 합리화 ② 투사 ③ 반동형성 ④ 치환

정답 및 해설: ①, 투사는 남의 탓, 용납할 수 없는 자신의 무의식적 본능이나 불안, 실패 등의 이유를 다른 사람에게서 찾거나 다른 사람이 그런 욕구를 가지고 있다고 생각. 예를들어⇒자기가 화가 나 있는 것을 의식하지 못하고 상대방이 자기에게 화를 냈다고 생각하는 것임.

22. 치유농업서비스의 대상자 진단에 관한 설명으로 가장 바람직한 것은?

① 치료는 몸과 마음이 처한 곤란한 상황에서 벗어나게 하는 회복력 증진 과정이라고 할 수 있다.
② 치유의 생리는 생체의 리듬을 복원하여 몸과 마음의 조화를 가지게 하는 것에서 출발한다.
③ 치유는 특정 질병을 목표로 하며, 치유의 대상자가 직면한 곤란한 상황에서 벗어나게 직접 도와준다.
④ 치유는 치유대상에 따른 차별적 치유가 매우 중요하다.

정답 및 해설: ②

23. 국제노년학회의 노인에 대한 정의로 맞지 않는 것은?

① 일반적으로 '70세 이상인 사람'

② 환경변화에 대해 알맞게 대응할 신체 조직이 불완전한 사람
③ 자아통합감의 능력이 감퇴되어 가고 있는 사람
④ 생활 적응력이 감퇴되어 가는 사람

정답 및 해설: ①

24. 인간성장 발달에 관한 설명으로 가장 올바른 것은?

① 신생아의 감각은 미각이 가장 먼저 발달하며 시각은 가장 늦게 발달한다.
② 영아기는 훈육에 의해 사회화의 기초가 형성되는 시기로 2차 정서로 발달하게 된다.
③ 영유아기는 운동기능, 정서, 사회성, 인지, 언어가 발달하는 중요한 시기이다.
④ 성인기에는 생리적으로나 해부학적으로 변화가 심하다.

정답 및 해설: ③

25. 다음 인체의 환경적응에 대한 설명으로 가장 바람직한 것은?

① 항상성은 신체의 환경 적응과 외부환경 유지 기능을 가진 신경계와 외분비계의 작용 때문에 유지된다.
② 내분비계는 신체조절에 있어서 통신망과 같이 직접적이며 빠른 조절에 이용된다.
③ 행동 반응과 동시에 일어나는 반응이 자율신경을 통한 반응이다.
④ 우리 몸은 행동 반응, 자율신경 반응, 투쟁과 도피 반응 등 세가지 경로를 통해 반응한다.

정답 및 해설: ③

03. 03차시 출제예상문제 및 해설

1. 치유농업의 가치를 평가하는 방법 중 성격이 다른 하나는?

① 조건부 가치측정법 ② 대체법 ③ 컨조인트분석법 ④ 특성가격법

정답 및 해설: ①

2. 다음은 치유농업의 효과를 설명한 것이다. 설명하는 개념으로 적절한 것은?

> 치유농업의 직접적인 효과에 해당하는 내용으로 치유농업의 목적 유형과 상통한다. 치유농업의 목적 유형은 (　　　), (　　　), (　　　)로 구분할 수 있다.

① 예방-치료-복지 ② 상담-치료-복지 ③ 예방-치료-재활 ④ 상담-치료-재활

정답 및 해설: ③

3. 치유농업사 소진에 대한 설명으로 옳은 것은?

① 미래에 대한 불안감에서 발생
② 스트레스를 더 이상 처리하지 못할 때 발생하는 직무스트레스 반응
③ 소진을 관리하기 위해 타인 돌봄이 필요
④ 치유농업사의 소진에 대한 연구가 활발하게 진행 됨

정답 및 해설: ②

4. 치유농업사의 직업윤리에 고려 대상이 아닌 것은?

① 치유농업자원의 식용화와 식물의 약용에 대한 연구
② 치유농업서비스 대상으로서의 인간과 돌봄의 이해
③ 동물과 곤충 습성 이해와 동물 복지에 대한 책임감
④ 농촌어메니티 자원 발굴 및 활용에 대한 이해

정답 및 해설: ①

5. 치유농업의 도입 배경으로 옳지 않은 것은?

① 농촌융복합산업의 확대
② 고령사회로의 진입, 건강에 관한 관심 증가 등에 따른 사회적 비용 증가
③ 농촌관광에 대한 공급 증대
④ 농촌·농업의 다원적기능에 대한 인식 변화

정답 및 해설: ③

6. 아래 예시 중 치유농업에 대하여 바르게 설명한 것을 모은 것은?

> 가. 신체적·정신적 건강 및 사회적 관계개선 효과가 있다.
> 나. 녹색식물을 통해 안정감과 신뢰감이 증가한다.
> 다. 반복 프로그램을 통하여 효과가 신속히 나타난다.
> 라. 질병 자체의 치료보다는 주로 개인의 대처능력 강화에 초점을 맞춘다.
> 마. 농장에서 이루어지므로 유관기관과의 협력은 중요하지 않다.
> 바. 우리나라의 치유농업은 주로 영리를 목적으로 한다.

① 가-나-다-라 ② 가-나-라-바 ③ 가-나-라 ④ 다-라-마-바

정답 및 해설: ②, 다. 반복 프로그램을 실시해도 효과가 나타나는데 오래걸린다.
　　　　　　마. 농장인증 및 품질관리, 행재정 지원, 고객유치 등 유관기관과의 네트웍이 중요하다.

7. 아래 예시 중 치유농업과 사회적 농업, 도시농업을 바르게 설명한 것을 모은 것은?

> 가. 치유농업의 주요 대상은 장애인, 고령자 등 사회적 약자이다.
> 나. 사회적 농업은 사회적 약자를 대상으로 영리목적으로 운영한다.
> 다. 치유농업자원에는 동식물과 농촌 경관뿐만 아니라 농촌 문화도 포함된다.
> 라. 치유농업의 사회적 관계증진효과는 참여자가 많을수록 효과적이다.
> 마. 도시농업 프로그램으로도 치유농업의 목적을 달성할 수 있다.

① 가-다-마 ② 나-다-마 ③ 다-마 ④ 다-라-마

정답 및 해설: ③

    가. 사회적 농업에 대한 설명이다.
    나. 사회적 농업은 사회적 약자를 대상으로 비영리목적으로 운영한다.
    라. 참여자가 많으면 부정적일 가능성이 높음

8. 치유농업의 투자효과분석 방법으로 가장 적절한 방법은?

① 손익분기점 분석 ② 순현가법
③ 내부수익률법 ④ 비용대비 편익법(B/C 분석법)

정답 및 해설: ④, 치유농업은 공공투자사업이므로 비용대비 혜택(또는 편익)법이 적절함

9. 우리나라 치유농업의 세 가지 시설유형을 바르게 열거한 것은?

① 농장형-마을형-기관형 ② 농장형-마을형-사회형
③ 농장형-거점형-광역형 ④ 농장형-마을형-거점형

정답 및 해설: ①

10. 치유농업 목적 유형을 바르게 열거한 것은?

① 예방, 치료, 재활 ② 교육, 체험, 복지
③ 예방, 복지, 관광 ④ 예방, 복지, 재활

정답 및 해설: ①

11. 한국형 치유농업 운영 프로세스를 바르게 열거한 것은?

① 목적유형 결정 → 서비스 실행 → 진단 및 효과평가
② 프로그램 기획 → 서비스 실행 → 효과평가
③ 프로그램 기획 → 사전진단 → 서비스 실행
④ 사전진단 → 서비스 실행 → 효과평가

정답 및 해설: ④

12. 다음 치유농업사의 업무 중 치유농업사 2급의 업무에 해당되는 것은?

> 가. 치유농업 프로그램의 개발 및 실행
> 나. 치유농업서비스의 운영 및 관리
> 다. 치유농업서비스의 기획 및 경영
> 라. 치유농업 분야 인력의 교육 및 관리
> 마. 치유농업자원 및 치유농업시설의 운영과 관리

① 가-다-마 ② 가-나-마 ③ 가-나-다 ④ 나-라-마

정답 및 해설: ②

13. 심리적·사회적·신체적 건강을 회복하고 증진시키기 위하여 치유농업자원, 치유농업 시설 등을 이용하여 교육을 하거나 설계한 프로그램을 체계적으로 수행하는 것을 무엇이라 하는가?

① 치유농업 프로그램 개발 ② 치유농업 프로그램 기획
③ 치유농업 프로그램 평가 ④ 치유농업 서비스

정답 및 해설: ④

14. 법률에 따라 치유농업사의 자격을 취소하는 경우를 바르게 선택한 것은?

> 가. 금고 이상의 형을 선고받고 그 집행이 종료되거나 집행을 받지 아니하기로 확정된 후 2년이 경과되지 아니한 사람
> 나. 거짓이나 그 밖의 부정한 방법으로 치유농업사의 자격을 취득한 경우
> 다. 자격정지기간에 업무를 수행한 경우
> 라. 치유농업사 자격증을 빌려준 경우
> 마. 치유농업사 자격증의 대여를 알선한 경우

① 가-나 ② 가-나-다 ③ 가-나-다-라 ④ 가-나-다-라-마

정답 및 해설: ④

15. 법률에 따라 치유농업사의 자격을 3년간 정지하는 경우를 바르게 선택한 것은?

> 가. 금고 이상의 형을 선고받고 그 집행이 종료되거나 집행을 받지 아니하기로 확정된 후 2년이 경과되지 아니한 사람
> 나. 거짓이나 그 밖의 부정한 방법으로 치유농업사의 자격을 취득한 경우
> 다. 자격정지기간에 업무를 수행한 경우
> 라. 치유농업사 자격증을 빌려준 경우
> 마. 치유농업사 자격증의 대여를 알선한 경우

① 라 ② 다-라-마 ③ 나-다-라-마 ④ 가-나-다-라-마

정답 및 해설: ①

16. 다음은 어느 나라의 치유농업을 설명하는 내용인가?

> 지방자치단체에서 치유농장의 서비스와 전문성에 대한 품질관리 및 보증제도와 치유농장 협약제도를 운영

① 노르웨이 ② 네덜란드 ③ 영국 ④ 벨기에

정답 및 해설: ①

17. 다음은 어느 나라의 치유농업을 설명하는 내용인가?

> 가. 2000년 초에는 치유농업국가지원센터가 초기 성장을 선도하였으며, 최근에는 치유농업연합체가 자체적으로 농장의 품질, 안전, 위생, 보건 등을 관리함
> 나. 치유농업이 사회복지의 대안으로 정착하였음

① 노르웨이 ② 네덜란드 ③ 영국 ④ 벨기에

정답 및 참조: ②

18. 다음은 어느 나라의 치유농업을 설명하는 내용인가?

> 가. 치유농업 관련 기관, 위원회, 전문가로 구성된 파트너십을 구축하여 치유농장을 운영하는데 필요한 기반 시설에 대한 지원 실시
>
> 나. 사회적 치유 서비스, 정신건강 프로그램, 교육 및 보호관찰 프로그램 등을 추천기관을 통해 제공

① 노르웨이 ② 네덜란드 ③ 영국 ④ 벨기에

정답 및 해설: ③

19. 다음은 어느 나라의 치유농업을 설명하는 내용인가?

> 가. 농림수산식품부의 치유농업에 대한 행·재정적 지원
>
> 나. 치유농업 촉진을 목적으로 민간기관 형태의 치유농업 지원센터 설립

① 노르웨이 ② 네덜란드 ③ 영국 ④ 벨기에

정답 및 해설: ④

20. 다음은 어느 나라의 치유농업을 설명하는 내용인가?

> 복지와 건강 및 교육 서비스를 추구하는 서비스협동조합(A형)과 사회적 약자의 일터 복귀를 지원하는 노동통합협동조합(B형)이 있음

① 노르웨이 ② 네덜란드 ③ 이탈리아 ④ 벨기에

정답 및 해설: ③

21. 치유농업 관련 정책 도입배경과 관계가 없는 것은?

① 농촌융복합산업의 확대 ② 사회적 비용의 증가
③ 농업인의 소득 증대 ④ 산업과 고용의 창출

정답 및 해설: ③

22. 사회적 비용 증가 요인과 관계없는 것은?

① 고령화 ② 스트레스 감소 ③ 환경오염 ④ 사회적 약자의 사회복귀

정답 및 해설: ②

23. 치유농업 실태조사에 대한 내용 중 올바른 것은?

① 정기조사는 4년마다 실시한다.
② 치유농업 연구개발 및 육성에 관한 종합계획을 수립하기 직전 연도에 실시하는 조사를 말 한다.
③ 실태조사는 서면조사 방법으로만 조사할 수 있다.
④ 실태조사 결과는 비공개를 원칙으로 한다.

정답 및 해설: ②

24. 치유농업시설의 운영자의 안전·위생교육에 대한 내용 중 틀린 것은?

① 교육시행에 관한 자료를 작성하고, 이를 1년간 보관·관리해야 한다.
② 교육시간은 연간 4시간 이상으로 한다.
③ 교육을 이수한 자에게는 이수증을 발급해야 한다.
④ 심폐소생술 등 응급조치 요령 등에 대한 내용으로 교육한다.

정답 및 해설: ①, 교육시행에 관한 자료를 작성하고, 이를 2년간 보관·관리해야 한다.

25. 치유농업 관련 법령 중 치유농업 관련법에 해당되지 않는 것은?

① 농지법 ② 관광진흥법 ③ 농촌융복합산업 육성 및 지원에 관한 법률 ④ 농어업재해대책법

정답 및 해설: ④

04. 04차시 출제예상문제 및 해설

1. 치유농업에 대한 설명이다. 옳은 것은?

① 치유농업의 개념 - 치유농업은 농업·농촌의 다원적 기능을 바탕으로 다양한 농업활동을 통해 대상자의 정신건강의 회복을 목적으로 하는 농업 활동을 말한다.
② 치유농업의 역사 - 미국은 빅토리아 시대 요양원에서는 부속 농장이나 정원을 두어 농산물을 생산하고 남은 것은 팔기도 하며, 농사와 정원 가꾸기가 환자의 정신·신체 재활에 도움을 준다는 기록이 존재한다.
③ 치유농업법에 규정한 치유농업 - 국민의 건강 회복 및 유지·증진을 도모하기 위하여 이용되는 다양한 농업·농촌자원(치유농업자원)의 활용과 이와 관련한 활동을 통해 사회적 또는 경제적 부가가치를 창출하는 산업(치유농업법 제2조)
④ 치유농업사 - 치유농업 프로그램 개발 및 실행 등 대통령령으로 정하는 기초적인 업무를 수행하는 자로 관련 법조항에 따라 자격을 취득 한자

정답 및 해설: ③

치유농업
① 개념 - 치유농업은 농업·농촌의 다원적 기능을 바탕으로 다양한 농업활동을 통해 대상자의 건강의 유지·회복·증진을 목적으로 하는 농업활동을 말한다.
② 치유농업의 역사 - 영국은 빅토리아 시대 요양원에서는 부속 농장이나 정원을 두어 농산물을 생산하고 남은 것은 팔기도 하며, 농사와 정원 가꾸기가 환자의 정신·신체 재활에 도움을 준다는 기록이 존재한다.
③ 치유농업법에 규정한 치유농업 - 국민의 건강 회복 및 유지·증진을 도모하기 위하여 이용되는 다양한 농업·농촌자원(치유농업자원)의 활용과 이와 관련한 활동을 통해 사회적 또는 경제적 부가가치를 창출하는 산업(치유농업법 제2조)
④ 치유농업사 - 치유농업 프로그램 개발 및 실행 등 대통령령으로 정하는 전문적인 업무를 수행하는 자로 *제11조 제1항에 따라 자격을 취득 한자

2. 다음은 해외 치유농업 사례이다, 설명으로 옳은 것은?

① 노르웨이 - 농업인 교육훈련센터, 치유농장 인정 방안마련, 치유농장 400여개이상
② 영국 - 국가치유농업계획 수립, 치유농업 프로그램(멘토링, 퍼실리테이터), 개인, 도시연계 농장
③ 이탈리아 - 400개 병원과 사회재활센터, 180여개 커뮤니티, 500여개 녹색작업장에 건강보험 직업병 치료 항목에서 예산 지원, 청소년, 고용·재활 중점
④ 일본 - 정부부처 통합위원회 구축(농림부 주관), 품질관리 및 보증제도 운영, 치유농장 협약제도, 치유농업 학위과정 및 평생교육, 국가재정 지원

정답 및 해설: ②
① 벨기에 - 농업인 교육훈련센터, 치유농장 인정 방안마련, 치유농장 400여개이상
③ 독일 - 400개 병원과 사회재활센터, 180여개 커뮤니티, 500여개 녹색작업장에 건강보험 직업병 치료 항목에서 예산 지원, 청소년, 고용·재활 중점
④ 노르웨이 - 정부부처 통합위원회 구축(농림부 주관), 품질관리 및 보증제도 운영, 치유농장 협약제도, 치유농업 학위과정 및 평생교육, 국가재정 지원

3. 프로이드의 정신성적 발달 단계 설명으로 옳지 않은 것은?

① 구강기 - 출생~1세 / 리비도가 입과 구강 부위등에 집중
② 항문기 - 1~3세 / 유아는 배변을 참거나, 배설하면서 긴장감과 배설의 쾌감을 경험한다.
③ 남근기 - 3~6세 / 리비도가 항문에서 성기로 바뀌며, 이성 부모에 대한 관심과 갈등이 성인기에 겪게 되는 신경증을 유발하는 중요 원인
④ 생식기 - 6~사춘기 이전 / 오이디푸스 콤플렉스를 성공적으로 해결한 하동은 성적 충동의 폭풍기가 지나면서 비교적 평온한 시기인 생식기에 들어선다.

정답 및 해설 ④
① 구강기 - 출생~1세 / 리비도가 입과 구강 부위 등에 집중
② 항문기 - 1~3세 / 유아는 배변을 참거나, 배설하면서 긴장감과 배설의 쾌감을 경험
③ 남근기 - 3~6세 / 리비도가 항문에서 성기로 바뀌며, 이성 부모에 대한 관심과 갈등이 성인기에 겪게 되는 신경증을 유발하는 중요 원인
④ 잠복기 - 6~사춘기 이전 / 오이디푸스 콤플렉스를 성공적으로 해결한

하동은 성적 충동의 폭풍 기가 지나면서 비교적 평온한 시기인 잠복기에 들어선다. 자아가 성숙하고 초자아가 확립되는 시기
⑤ 생식기 - 사춘기 이후/ 리비도가 이성에게 집중, 이성과의 연인 관계를 통해서 성적 욕구를 충 족 시키고자 한다. 자기정체성을 확립해야 하는 중요한 발달과제를 안고 있는 시기

4. 매슬로우 욕구위계의 단계 설명으로 옳지 않은 것은?
① 1단계 : 육체 및 생리적 욕구 ② 2단계 : 안전의 욕구
③ 3단계 : 자기 존중의 욕구   ④ 5단계 : 자아실현의 욕구

정답 및 해설: ③

매슬로우 욕구위계의 단계
1단계 : 육체 및 생리적 욕구
2단계 : 안전의 욕구
3단계 : 애정 및 소속의 욕구
4단계 : 자기존중의 욕구
5단계 : 자아실현의 욕구

5. 자폐성 장애의 설명으로 옳지 않은 것은?
① 의사소통에 어려움이 있을 수 있으므로 스스로 의사를 표현할 수 있는 비담화적 지원방법을 고려하여야 한다.
② 유창성장애를 가진 경우 심리적으로 위축되거나 긴장하면 더욱 문제를 보여 심해지므로 이에 상황에 대한 고려가 필요하다.
③ 변화대처에 어려움이 있으므로 변화가 적은 환경이나 변화에 대처할 수 있도록 행동관리 및 변화에 대한 명확한 설명이 필요하다.
④ 언어나 행동에 대한 지지가 자폐성 장애인의 활동에 매우 큰 영향을 미침으로 이에 대한 고려가 필요하다.

정답 및 해설: ②, 언어장애의 특성에 대한 설명이다.

① 언어장애의 특성별로 고려사항이 다르지만 말의 소리나 발음이 정확하지 않기 때문에 의사소통시 의미전달이 잘 되었는지 확인하는 절차가 필요하다.
② 전화통화와 같은 간접적인 소리전달 통로나 소음이 많은 곳에서는 가급적 활동을 하지 않아야 한다.

③ 유창성장애를 가진 경우 심리적으로 위축되거나 긴장하면 유창성에 더 많은 문제를 보여 심해지므로, 이 상황에 대한 고려가 필요하다.

6. 청소년 문제행동의 심리적 영역에 대해 옳지 않은 것은?

① 섭식장애 ② 대인기피 ③ 가출 ④ 자살

정답 및 해설: ③

* 청소년 문제행동의 심리적 영역으로는 불안, 우울, 섭식장애, 정신분열, 자살, 자기비하, 성격고민, 대인기피, 정신적 장애 등이 있다.
* 가정부적응 영역 : 형제간의 갈등, 부모와의 갈등, 가출, 결손가정, 과잉보호, 지나친 무관심

7. 인간의 부적응행동 또는 이상심리는 환경이나 무의식 따위에서 유발 되는 게 아니고, 그 사 람이 지닌 왜곡되고 부정확한 신념체계, 즉 비합리적 신념 때문에 발생한다고 보는 모델의 이름은?

① 파블로프 모델 ② 프로이트 모델 ③ 에릭에릭슨 모델 ④ ABCDE 모델

정답 및 해설: ④

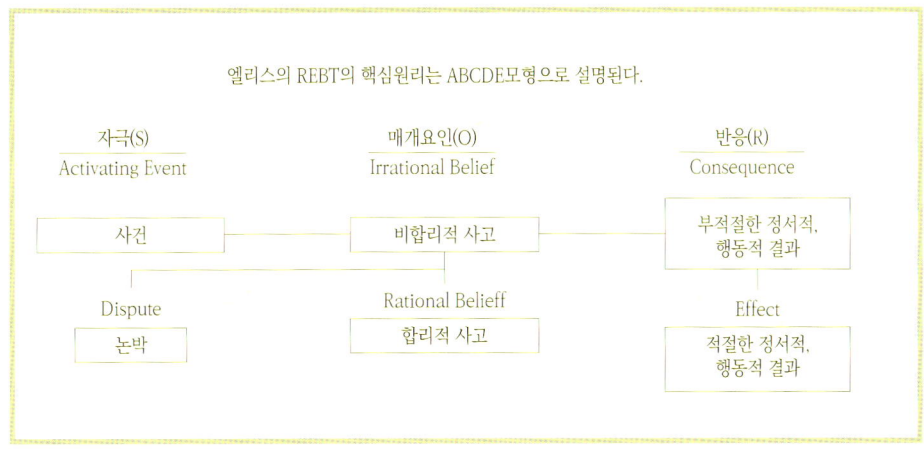

8. 스키너의 행동수정이론 중 다음 설명에 맞는 원리는?

> 바람직한 행동을 여러 단계로 나누어 강화함으로써 점진적으로 바람직한 행동에 접근하도록 유도하는 방법이다. 교사가 아동의 분주한 행동에는 무관심한 반응을 보이고, 교사의 설명에 주의를 기울일 때 반드시 관심 또는 칭찬을 보임으로써 점차 바람직한 행동으로 유도하는 것을 그 예로 들 수 있다.

① 조작적 조건형성 ② 자기표현훈련 ③ 행동조성 ④ 행동수정 상담기법의 중재

정답 및 해설: ③, 행동수정이론 기법에는 행동수정 외에 조작적 조건형성, 자기표현훈련, 행동수정 상담기법이 있다.

9. 개체가 자신의 욕구나 감정, 신체, 감각, 행동이 서로 분리된게 아니라 하나의 의미있는 전체로 조직화하여 자각하는 것으로 보고 인간과 환경사이의 통합에 대한 개인적 자각을 중요시하는 이론은?

① 게슈탈트 ② 행동주의 ③ 인본주의 ④ 인지주의

정답 및 해설: ①, 게슈탈트 이론은 ① 전경과 배경, ② 미해결과제, ③ 지금-여기, ④ 알아차림과 접촉주기 등으로 설명된다.

10. 치유농업의 사회·경제적 가치평가 방법에 해당되지 않는 것은?

① 여행비용법 ② SWOT 분석법 ③ 대체법 ④ 조건부 가치측정법

정답 및 해설: ②

11. 다음과 같은 「마음의 지형학적 모델」을 주장한 사람은?

> [   ]은(는) 물 표면에 떠 있는 작은 부분을 의식, 물속에 잠겨 있는 큰 부분을 무의식, 그리고 파도치는 물결에 의해서 물 표면으로 나타났다 다시 잠겼다 하는 부분을 전의식으로 보았다.

① 로저스(Rogers) ② 프로이트(S. Freud)
③ 에릭 에릭슨(Erik Erikson) ④ 파블로프(Ivan P. Pavlov)

정답 및 해설: ②

12. 다음 프로이트(S. Freud)의 심리성적 발달단계 순서가 올바른 것은?

> ⓐ 항문기 ⓑ 구강기 ⓒ 성기기 ⓓ 생식기 ⓔ 남근기 ⓕ 잠복기 ⓖ 통합기

① ⓐ, ⓓ, ⓔ, ⓑ, ⓒ   ② ⓑ, ⓒ, ⓓ, ⓔ, ⓕ   ③ ⓐ, ⓑ, ⓒ, ⓔ, ⓖ   ④ ⓑ, ⓐ, ⓔ, ⓕ, ⓓ

정답 및 해설: ④

13. 심리적 방어기제(defense mechanism)는 불안을 감소시키기 위해서 무의식적으로 작동하는 자아의 기능이다. 이런 방어기제의 유형이 아닌 것은?

① 비합리화 ② 동일시 ③ 반동형성 ④ 퇴행

정답 및 해설: ①, 합리화

14. 매슬로우(Maslow)욕구 5단계 위계설의 단계별 순서가 올바른 것은?

> ⓐ 육체 및 생리적 욕구 ⓑ 안전의 욕구 ⓒ 애정 및 소속의 욕구
> ⓓ 자아실현의 욕구 ⓔ 자기존중의 욕구

① ⓐ, ⓑ, ⓒ, ⓔ, ⓓ   ② ⓑ, ⓐ, ⓒ, ⓓ, ⓔ   ③ ⓐ, ⓑ, ⓒ, ⓓ, ⓔ   ④ ⓑ, ⓐ, ⓓ, ⓒ, ⓔ

정답 및 해설: ①

15. Erikson(1950)의 심리·사회적 발달의 8단계와 각 단계에서 성취해야 할 발달과업과 극복해야 할 위기에 관한 내용이 바르지 못한 것은?

① 1단계 : 신뢰감 대 불신감(Trust vs. Mistrust)

② 3단계 : 주도성 대 죄책감(Initiative vs. Guilt)
③ 5단계 : 정체감 대 정체감 혼미(Identity vs. Identity confusion
④ 7단계 : 생산성 대 절망감(Generativity vs. Despair))

정답 및 해설: ④

16. 다음과 같은 인지발달 이론을 주장한 사람은 누구인가?

> [   ]는 우리의 신체 구조가 환경에 적응하는 것과 마찬가지로 우리의 사고 구조도 외부 환경에 맞도록 적응해 나간다고 보았다. 따라서 인간의 지적 능력을 개인이 주어진 환경에 효율적으로 적응할 수 있는 능력이라고 정의하였다.

① 프로이트(Freud) ② 피아제(Piaget) ③ 반두라(Bandura) ④ 나이서(Neisser)

정답 및 해설: ②

17. 다음 중 사람과 이론이 연결이 잘못 된 것을 고르시오?

① 로저스(Rogers) ·············· 인간중심 이론
② 엘리스(Ellis) ················· 합리정서행동치료 이론
③ 에릭 에릭슨(Erik Erikson) ······· 자연치료중심 이론
④ 펄스(Perls) ·················· 게슈탈트치료 이론

정답 및 해설: ③, 에릭 에릭슨(Erik Erikson)은 심리·사회적 발달 이론임

18. 사회복지에 관한 다음 설명으로 옳지 않은 것은?

① 인간이라면 누구나 다 같이 동등하게 인간으로서의 삶의 행복을 누릴 수 있는 권리가 있다는 가치를 내포하고 있다.
② 사회복지의 주요 개념을 잔여주의 대 제도주의 대 선별주의 대 보편주의로 구분할 수 있다.
③ 사회복지는 그 개념의 준거가 모호하며, 명확한 개념을 정리하기에 부족해서 응용학문이라 할 수 있다.
④ 사회보장이란 사회보험, 공공부조, 사회복지서비스 및 관련 복지제도를 말한다.

정답 및 해설: ①, 인간이라면 누구나 다 같이 동등하게 인간으로서의 삶의 행복을 누릴 수 있는 권리가 있다는 가치를 내포하고 있다.

19. 사회보장의 개념(사회보장기본법 제3조)에 관한 설명으로 옳은 것은?

① 사회보장이란 사회보험, 공공부조, 사회보건서비스 및 관련 복지제도를 말한다.
② 공공부조(公共扶助)란 국가와 지방자치단체의 책임 하에 생활유지 능력이 없거나 생활이 어려운 국민의 최저생활을 보장하고 자립을 지원하는 제도를 말한다.
③ 사회보험이란 국민에게 발생하는 사회적 위험을 보험의 방식으로 대처함으로써 국민의 건강과 위험을 보장하는 제도를 말한다.
④ 사회복지서비스란 질병·장애·노령·실업·사망 등 각종 사회적 위험으로부터 모든 국민을 보호하고 빈곤을 해소하는데 있다.

정답 및 해설: ②

20. 사회복지실천 및 사회복지서비스 전달체계에 대한 설명으로 옳지 않은 것은?

① 중증장애인 요양시설은 장애의 정도가 심하여 항상 도움이 필요한 사람을 입소하게 하여 상담, 치료 또는 요양 서비스를 제공하는 시설이다.
② 정신보건시설은 정신의료기관, 정신요양시설, 사회복귀시설로 나누어지며, 노숙인 시설은 노숙인복지시설, 노숙인종합지원센터가 있다.
③ 사회복지서비스는 있으며, 사회복지서비스의 전달자(공급자)와 수급자를 연결하기 위한 조직적 연결로 정의할 수 있다.
④ 노인복지는 노인의 생존권보장, 건강한 노후생활 보장, 사회통합의 유지라는 점에서 그 의미를 찾을 수 있다.

정답 및 해설: ③

21. 제1차 치유농업 연구개발 및 육성 종합계획이 2021년 수립되었을 경우에 정기 실태조사는 언제 실시해야 하는가?

① 2023년 ② 2024년 ③ 2025년 ④ 2026년

정답 및 해설: ③

22. 치유농업의 효과 중 직접적인 효과가 관련이 없는 것은?

① 재활 ② 치료 ③ 예방 ④ 교육

정답 및 해설: ④

23. 치유농업사의 자격 취소 요건에 해당되지 않는 것은?

① 타인에게 치유농업사 자격증을 빌려주어 1차 행정처분을 받은 경우
② 거짓이나 그 밖의 부정한 방법으로 치유농업사의 자격을 취득한 경우
③ 자격정지기간에 업무를 수행한 경우
④ 금고이상의 형의 집행유예를 선고받고 그 유예기간에 있는 자

정답 및 해설: ①

24. 해외 치유농업 네트워크 사례 중 아래 내용과 관계있는 국가는?

> 가. 지역사회 토지 자문 서비스
> 나. 정원사 교육
> 다. 학교 농장 네트워크

① 프랑스 ② 이탈리아 ③ 영국 ④ 독일

정답 및 해설: ③

25. 개인의 건강과 질병 발생에 영향을 가장 많이 주는 결정요인은?

① 유전적 요인 ② 사회경제적 요인 ③ 생활습관 요인 ④ 환경요인

정답 및 해설: ③

05. 05차시 출제예상문제 및 해설

1. 치유농업법에 규정한 치유농업(agro-healing)이란 '국민의 건강 (   ) 및 (   )·(   )을 도모하기 위하여 이용되는 다양한 농업·농촌자원(이하 '치유농업자원')의 활용과 이와 관련한 활동을 통해 사회적 또는 경제적 부가가치를 창출하는 산업'을 의미하는데 이에 해당하지 않는 것은?

① 유지 ② 회복 ③ 증진 ④ 극복

정답 및 해설: ④

치유농업법에 규정한 치유농업(agro-healing)이란 '국민의 건강 회복 및 유지·증진을 도모하기 위하여 이용되는 다양한 농업·농촌자원(이하 '치유농업자원')의 활용과 이와 관련한 활동을 통해 사회적 또는 경제적 부가가치를 창출하는 산업'을 의미한다(치유농업법 제2조).

2. 우리나라 농업·농촌의 다원적 기능에서 농업·농촌 및 식품산업 기본법 제2조 '기본이념'에 해당되지 않는 것은?

① 농업은 국민에게 안전한 농산물과 품질 좋은 식품을 안정적으로 공급한다.
② 농촌사회는 농촌의 고유한 전통과 도시문화도 함께 보전한다.
③ 국토환경의 보전에 이바지하는 등 경제적·공익적 기능을 수행하는 기간산업으로서 국민의 경제·사회·문화발전의 기반이 되도록 한다.
④ 농업인은 자율과 창의를 바탕으로 다른 산업종사자와 균형된 소득을 실현하는 경제주체로 성장하여 나가도록 한다.

정답 및 해설: ②, 농촌은 고유한 전통과 문화를 보전하고, 국민에게 쾌적한 환경을 제공한다.

3. 농업·농촌의 식량안보 기능은 세부적으로 식량공급 기능, 식량안전성 기능, 식량활용 기능으로 구분되는데 그 중 식량안전성 기능에 해당하지 않는 것은?

① 식량은 인간의 생명과 건강을 지탱하는데 필수적인 요소이기 때문에 식량공급은 인간의 생존과 관련하여 매우 중요한 일이다.
② 세계의 식량 체계는 값싸고 다양한 음식을 공급하는 정책을 통해 우리나라뿐만 아니라 다양한 국가와의 FTA(자유무역협정)을 통해 이를 추진하고 있다.
③ 수입된 먹거리는 유통시간이 소요되므로 상품의 보존을 위해 인체에 유해한 방부제 살포나 방사선 조사를 하는 등의 문제가 있다.
④ 농촌은 신선한 농산물을 믿고 먹을 수 있는 안전한 먹거리로 제공하는 기능을 수행하고 있다.

정답 및 해설: ①

4. 치유농업의 경우 농업과 마찬가지로 생산적인 측면을 제외하면 비시장적 재화에 해당하 며, 이 경우 주로 간접적 편익 추정 방법과 직접적 편익 추정 방법을 활용하여 가치를 추정하고 있는데 이중 직접적 편익 추정 방법에서 사용하는 방법은?

① 대체법 ② 조건부 가치 측정법 ③ 컨조인트 분석법 ④ 특성가격법

정답 및 해설: ②, 직접적 편익 추정 방법을 사용할 경우 조건부 가치 측정법이 가장 많이 활용

5. 치유농업의 편익 추정 방법 중 간접적 추정 방법에 해당하지 않는 것은?

① 여행비용법 ② 조건부 가치 측정법 ③ 컨조인트 분석법 ④ 특성가격법

정답 및 해설: ②

6. 노인복지를 특징으로 하는 사회복지 실천내용을 모두 고른 것은?

ㄱ. 양로시설　ㄴ. 단기보호서비스　ㄷ. 방문요양서비스　ㄹ. 자립지원시설

① ㄱ, ㄷ　② ㄴ, ㄹ　③ ㄱ, ㄴ, ㄷ　④ ㄴ, ㄷ, ㄹ

정답 및 해설: ③

7. 재가노인복지시설(노인복지법 제38조)에 관한 설명으로 옳은 것은?

> ㄱ. 가정봉사원파견시설: 일상생활이 어려운 노인의 가정에 가정봉사원을 파견하여 노인의 일상생활(신체수발, 일상생활지원 및 상담·교육 포함)에 필요한 각종 서비스를 제공한다.
>
> ㄴ. 주야간보호서비스: 일상생활이 어려운 노인을 낮과 밤 동안 시설에 입소시켜 필요한 각종 서비스를 제공한다.
>
> ㄷ. 양로시설: 노인을 입소시켜 급식과 그 밖에 일상생활에 필요한 편의를 제공한다. 노인주거복지시설(노인복지법 제32조)
>
> ㄹ. 단기보호서비스: 일상생활이 어려운 노인을 시설에 단기간(1회 45일, 최장 90일) 입소시켜 필요한 각종 서비스를 제공한다.

① ㄱ, ㄷ   ② ㄴ, ㄹ   ③ ㄱ, ㄴ, ㄹ   ④ ㄴ, ㄷ, ㄹ

정답 및 해설: ②, 가정봉사원 파견시설은 과거 개념으로 현재는 사용하지 않음.

8. 다음 아동복지시설(아동복지법 제52조)의 종류에 적합하지 않는 것은?

① 점자도서관시설   ② 자립지원시설   ③ 아동권리보장원   ④ 공동생활가정

정답 및 해설: ①

9. 장애인복지에 관한 설명으로 옳은 것은?

① 점자도서관은 시각장애인에게 점자 간행물 및 녹음서를 열람하게 하는 시설이다.
② 장애인복지는 사회통합적기본권 사상에 기초하여 장애인의 자아를 실현하는데 있다.
③ 장애영유아 생활시설은 6세 이하의 장애영유아를 입소 또는 통원하게 하여 보호함에 있다.
④ 청각, 언어장애인을 위한 시설은 원칙적으로 중복장애는 제외한다.

정답 및 해설: ①

10. 다음 중 장애인 직업재활시설의 종류에 해당되지 않는 것은?

① 장애인 보호작업장 ② 장애인 무료 복지시설
③ 장애인 근로 사업장 ④ 장애인 직업적응 훈련시설

정답 및 해설: ②

11. 다음 중 대상에 따른 치유적 접근에 관한 설명으로 옳은 것은?

① 여성복지란 성평등의 실현이라는 이념적 목적임으로 가부장적 사회제도 및 입법 체계를 개선하는 구체적인 측면은 제외한다.
② 정신보건시설은 정신의료기관, 정신요양시설, 사회복지 시설로 나누어지며, 노숙인시 설은 노숙인복지시설, 노숙인종합지원센터가 있다.
③ 여성복지란 여성이 국가나 사회로부터 인간의 존엄성과 인간다운 생활을 할 권리를 동등 하게 보장받는데 있다.
④ 장애인복지 서비스는 장애로 인한 사회적, 정서적, 심리적 불편을 보완·지원하여 주는 민간과 정부의 총체적 활동이다.

정답 및 해설: ③

12. 치유적 접근에 관한 사회서비스 체계에 대한 설명으로 옳은 것은?

① 치유서비스는 소득보장과 함께 사회보장제도의 양대 축이다.
② 사회서비스는 시장에서 충분히 공급되기 쉬운 서비스를 의미한다.
③ 사회서비스는 최근 2000년 이후 급속히 질적 증가 추세를 보이고 있다.
④ 우리나라 사회서비스는 영유아, 노인, 장애인에 대한 보편적 돌봄 서비스는 증가 추세에 있다.

정답 및 해설: ④

13. 인간 행동의 도덕성과 책임성에 중점을 두고 강조하는 치료방법은?

① 게슈탈트 ② 현실치료(RT) ③ 정서적 행동치료 ④ 선택치료

정답 및 해설: ②

14. 다음을 설명하는 모델의 이름은?

[   ]모델은 활동이 가능한 비교적 취약한 노인을 대상으로 지원하는 사업으로 치유농업 서비스연계 시 체감도 높은 서비스 제공이 가능하다.

① 노인맞춤 돌봄서비스-치유농업시설 연계 모델
② 발달장애인 주간활동 지원서비스-치유농업시설 연계 모델
③ Wee클래스-치유농업시설 연계 모델
④ ABC(DEF) 모델

정답 및 해설: ①

15. 다음을 설명하는 아동복지시설(아동복지법 제52조)은?

[   ]은(는)아동정책에 대한 종합적인 수행과 아동복지 관련 사업의 효과적인 추진을 위하여 필요한 정책의 수립을 지원하고 사업평가 등의 업무를 수행한다.

① 지역아동센터 ② 드림스타트 ③ 가정위탁지원센터 ④ 아동권리보장원

정답 및 해설: ④

16. WHO의 건강의 정의가 아닌 것은?

① 문화적 ② 사회적 ③ 육체적 ④ 정신적

정답 및 해설: ①, 건강이란, 육체적 정신적 사회적으로 완전히 안녕한 상태

17. 1998년 세계보건기구에서 건강의 의미에 추가한 내용은?

① 사회적 건강 ② 육체적 건강 ③ 영적 건강 ④ 정신적 건강

정답 및 해설: ③

18. 다음은 치료적 의사소통 중 무엇에 해당하는가?

> 대상자의 이야기한 말중에 명확하게 표현하지 않은 모호한 생각을 치유농업사의 논리로 짧고 명료하게 피드백해 주는 것이다. 특히 추상적인 표현과 현학적 이야기를 좋아하는 대상자에게 유용하며, 대상자 문제를 깊게 탐색한다.

① 일반적 주제 ② 명료화 ③ 감정의 반영 ④ 침묵

정답 및 해설: ②, 명료화

19. 외부환경의 변화에 대하여 개체 스스로 체온, 수분, 삼투압, pH 등을 항상 일정하게 조절하는 것을 무엇이라 하는가?

① 자동성 ② 항상성 ③ 적용성 ④ 순응성

정답 및 해설: ②

20. 인체의 구조적 단계 중에서 특정한 기능을 수행하기 시작하는 단계는?

① 세포 ② 조직 ③ 기관 ④ 계통

정답 및 해설: ②

21. 인체를 구성하는 4대 기본조직에 속하지 않는 것은?

① 신경조직 ② 근육조직 ③ 결합조직 ④ 뼈대조직

정답 및 해설: ④

22. 근육계통의 기능과 관계 없는 것은?

① 항체생산 ② 자세유지 ③ 혈액순환 ④ 체열생산

정답 및 해설: ①

23. 인체를 구성하는 계통에 대한 설명으로 틀린 것은?

① 신경계통은 감각기관에서 받은 자극을 뇌에 전달하거나 뇌의 명령을 몸의 여러 기관에 전 달한다.
② 내분비계통은 체내의 대사산물인 질소 노폐물 등을 배출시킨다.
③ 호흡계통을 구성하는 기관은 몸 안팎으로 공기를 이동시키고 혈액과 공기 사이에 가스를 교환하는 역할을 담당한다.
④ 순환계통은 혈액을 몸 구석구석으로 보내며 조직에 영양분과산소, 호르몬 등을 공급하고, 체온을 유지하는 역할을 한다.

정답 및 해설: ②

24. 다음중 비치료적 의사소통에 속하지 않는 것은?

① 재진술
② 불필요한 칭찬
③ 충고
④ 탐지

정답 및 해설: ①, 재진술

25. 도덕성 형성과 발달을 설명하는 이론으로 틀린 것은?

① 자아존중감이론
② 정신분석이론
③ 사회학습이론
④ 인지발달이론

정답 및 해설: ②

06. 06차시 출제예상문제 및 해설

1. 다음 ( )안에 들어갈 알맞은 것을 고르시오

> ① (㉠)은 도시에 있는 토지, 건축물 또는 다양한 생활공간을 활용하여 농작물을 경작 또는 재배하는 행위이다
> ② (㉡)은 개인의 필요성과 공공지출 감소를 목적으로 사회적 약자에게 사회적 및 보건적 서비스를 강화하기 위해 농업과 농장의 자원을 사용하는 것이다
> ③ (㉢)은 체험기반의 농장활동과 (㉠)기반 활동의 연계 및 (㉡)까지 모두 수렴한다

① ㉠ 사회적 농업 ㉡ 도시농업 ㉢ 치유농업
② ㉠ 도시농업 ㉡ 사회적 농업 ㉢ 치유농업
③ ㉠ 사회적 농업 ㉡ 치유농업 ㉢ 도시농업
④ ㉠ 도시농업 ㉡ 치유농업 ㉢ 사회적 농업

정답 및 해설: ②

- * 도시농업은 도시농업의 육성 및 지원에 관한 법률에 따라 도시지역에 있는 토지, 건축물 또는 다양한 생활공간을 활용하여 농작물을 경작 또는 재배하는 행위로써 대통령령으로 정하는 행위를 말한다.
- * 사회적 농업은 개인의 필요성과 공공지출 감소를 목적으로 사회적 약자에게 사회적 및 보건적 서비스를 강화하기 위해 농업(식물과 동물)과 농장의 자원을 사용하는 것이다.
- * 치유농업은 체험 기반의 농장 활동과 도시농업 기반활동의 연계 및 사회적 농업까지 모두 수렴한다.

2. 다음은 '치유농업법'에 규정한 치유농업의 개념이다. ( ) 안에 알맞은 말은?

> 치유농업이란 국민의 건강 (㉠) 및 유지·증진을 도모하기 위하여 이용되는 다양한 농업 · 농촌자원 (이하 '치유농업자원' 이라 한다)의 활용과 이와 관련한 활동을 통해 (㉡) 또는 (㉢) 부가가치를 창출하는 산업

① ㉠ 회복 ㉡ 사회적 ㉢ 경제적
② ㉠ 치유 ㉡ 사회적 ㉢ 경제적
③ ㉠ 회복 ㉡ 심리적 ㉢ 경제적
④ ㉠ 치유 ㉡ 심리적 ㉢ 경제적

정답 및 해설: ①

치유농업이란 국민의 건강 회복 및 유지·증진을 도모하기 위하여 이용되는 다양한 농업 · 농촌자원 (이하 '치유농업자원' 이라 한다)의 활용과 이와 관련한 활동을 통해 사회적 또는 경제적 부가가치를 창출하는 산업

3. 치유농업의 사회·경제적 가치 측정법에 대한 설명 중 알맞지 않은 것은?

① 조건부 가치 측정법은 직접법으로 비시장적 재화의 변화에 대한 가상적 상황을 설정하고 여러 조건을 부여한 후 각각의 상황변화에 대해 어느 정도 지불의도가 있는지에 대한 응답 분석이며 가장 많이 활용되고 가치평가 금액의 과대추정을 예방할 수 있다.
② 대체법은 간접법으로 비시장적 재화의 가치를 대체 가능한 재화나 용역에 대해 기술적이고 공학적인 방법을 계산하는 평가법으로 대체제에 대한 엄격한 선정이 중요하다.
③ 컨조인트 분석법은 간접법으로 특정 재화의 화폐가치를 평가하는 질문을 직접적으로 제기하지 않고 하나 이상의 특정 속성 대안들을 포함하는 선택이나 선택 집합을 제시하여 다중속성과 피조사자의 지불의사액 간의 상충관계까지 추정 가능하다.
④ 특성가격법은 간접법으로 특정지역에서 지출하는 비용을 분석하여 비시장적 재화의 가치를 평가하는 방법으로 다양한 영향요인을 고려한 과학적 접근이 필요하다.

정답 및 해설: ④

4. 치유농업 관련 정책의 도입 배경에 대한 설명 중 틀린 것은?

① 농촌 융복합산업의 확대　② 사회적 비용 증가
③ 농업·농촌의 소득증대촉진　④ 산업과 고용의 창출

정답 및 해설: ③

5. 6차 산업의 특징에 해당하는 것을 고르시오

> ㉠ 지역농업 지향적
> ㉡ 소비자 및 농촌 지향적
> ㉢ 협업체계 구축 및 네트워크 강화
> ㉣ 경영관리 역량
> ㉤ ICT 도입을 통한 고도화 촉진

① ㉡, ㉢, ㉣, ㉤　② ㉠, ㉢, ㉣, ㉤　③ ㉠, ㉡, ㉣, ㉤　④ ㉠, ㉡, ㉢, ㉤

정답 및 해설: ②

6. 한국형 치유농업의 특징으로 틀린 것은?

① 유·아동, 청소년, 성인, 노인을 대상으로 예방·보완·치료·재활전문 치유농업서비스로 유형화 하고 있다.
② 의·과학적 효과기반 프로그램 운영 프로세스를 구축하여 사회적 농업 및 농촌관광 등 유사 사업과는 차별화된 구조를 갖추고 있다.
③ 공공·민간 재정과 제도적으로 연계하여 농업인의 안정적 수익창출 방안을 마련하는 정책을 추진하고 있다.
④ 전문성을 갖춘 전문인력을 양성하여 치유농업 분야 신규 일자리를 창출하는 방안을 추진하고자 한다.

정답 및 해설: ①
　　　　　　유·아동, 청소년,성인, 노인 등 일반대상 뿐만 아니라, 치료 및 재활이 필요한 특수목적 대상도 해당된다.

7. 치유농업사의 자격취소 또는 자격정지에 관한 행정처분 기준이 다른 것은?

① 법 제11조 제5항을 위반하여 치유농업사 자격증을 빌려준 경우
② 자격정지 기간에 업무를 수행한 경우
③ 법 제11조3항 각호에 따른 결격사유에 해당하게 된 경우
④ 거짓이나 그 밖의 부정한 방법으로 치유농업사의 자격을 취득한 경우

정답 및 해설: ①
　　　　　법 제11조 제5항을 위반하여 치유농업사 자격증을 빌려준 경우는 1차 위반
　　　　　* 자격정지 2년, 2차 위반- 자격정지 3년, 3차이상 위반- 자격취소.

8. 치유농업 연구개발 및 육성에 관한 법률 시행령에서 과태료의 2분의 1 범위에서 그 금액을 줄여 부과할 수 있는것?

① 위반의 내용·정도가 중대하여 이로 인한 피해가 크다고 인정되는 경우
② 법 위반상태의 기간이 6개월 이상인 경우
③ 위반행위가 사소한 부주의나 오류로 인한 것으로 인정되는 경우
④ 과태료를 체납하고 있는 위반행위자

정답 및 해설: ③, ① ② ④ - 2분의 1 범위에서 그 금액을 늘려 부과할 수 있다.

9. 농촌진흥청장이 치유농업 관련 기술을 사업화하거나 창업을 하고자 하는 자에게 지원할 수 있는 내용이 아닌 것은?

① 치유농업 관련 기술 등 연구개발 성과의 제공
② 지역의 치유농업자원을 활용한 치유농업 관련 기술개발·보급
③ 치유농업서비스 제공을 위한 장비와 시설의 설치 및 운영에 필요한 자금 지원
④ 창업에 필요한 전문 기술, 법률 등에 관한 컨설팅

정답 및 해설: ②
　　　　　지방자치단체의 장은 치유농업을 육성하고 그 발전기반을 마련하기 위하여 다음 각 호의 사업을 수행할 수 있다.

· 지역의 치유농업자원을 활용한 치유농업 관련 기술개발·보급
· 지역별 특화 치유농업서비스 제공
· 지역별 특화 치유농업서비스 관련 교육, 체험, 홍보시설의 설치 및 운영
· 제9조제1항 각 호의 창업지원 등에 관한 사항
· 그 밖에 지방자치단체의 장이 필요하다고 인정하는 사업

10. 다음은 어느 국가의 치유농업을 나타낸 것인가?

> 가. 치유농업 활성화를 위한 정부 부처들 통합 위원회 구축 및 운영
> 나. 정부 부처 통합위원회 구축은 농림부, 교육연구부, 사회부, 보건아동가족부, 지역개발부가 참여하는 위원회를 구축하여 치유농업과 치유농장 활성화를 위해 운영하고 있다.
> 다. 농식품부에서 녹색치유 서비스에 대한 컨설팅을 제공하고 치유농장 품질보장 도구 제공

① 네덜란드 ② 벨기에 ③ 영국 ④ 노르웨이

정답 및 해설: ④

11. 펄스(Perls)에 의하여 개발된 상담이론인 게슈탈트 치료에 대한 설명 중 잘못된 것은?

① 개체와 환경을 하나의 통합체로 보는 유기체적 시각에서 출발하여 정신분석기법, 장이론, 사이코드라마, 여러 예술기법 등의 영향을 받아 통합된 이론이다.
② 주요 기법으로 역할놀이, 이중자아, 역할교대, 거울기법, 빈의자기법, 독백, 시간과 공간기 법, 상황기법 등이 활용된다.
③ 개체가 게슈탈트 형성을 방해받거나 상황적 여건으로 이를 해결하지 못했을때 미해결과제 로 남게 되고 개체의 성장을 저해한다.
④ 주요 기법으로 별칭 짓기, 식물 되어보기, 책임지기, 숙제, 특별했던 경험 나누기, 어린 시절 로 되돌아가기, 자신의 하루 일과 표현하기, 감정에 머물기 등이 있다.

정답 및 해설: ②, 사이코드라마 상담의 주요 기법으로 역할놀이, 이중자아, 역할교대, 거울기법, 빈의자기법, 독백, 시간과 공간기법, 상황기법 등이 활용됨

12. 아동기에 관한 설명으로 옳은 것은?

① 자아중심적 사고 특성을 나타낸다.
② 동성 또래관계를 통해 사회화를 경험한다.
③ 신뢰감 대 불신감이 형성되는 시기이다.
④ 경험하지 않고도 추론이 가능해진다.

정답 및 해설: ②

13. 청소년기에 관한 설명으로 옳지 않은 것은?

① 구체적 조작기에 해당한다.
② 부모의 권위에 도전하며 잦은 갈등을 겪는 시기이다.
③ 동년배 집단에 참여하여 다양한 경험을 한다.
④ 애착대상이 부모에서 친구로 이동한다.

정답 및 해설: ①

14. 성인기에 관한 설명으로 옳지 않은 것은?

① 주요 발달과업은 진로 및 직업 선택, 혼인 준비 등이다.
② 발달과업에서 신체적 요소보다는 사회문화적 요소를 중요시한다.
③ 아동기 이후 인생의 과도기로서 신체적·성적 성숙이 빠르게 진행된다.
④ 에릭슨(E. Erikson)의 발달단계에서 친밀감 대 고립감에 해당하는 시기이다.

정답 및 해설: ③

15. 노년기의 특징으로 옳은 것은?

① 경제적으로 안정된 시기이므로 심리적 위기를 경험하지 않는다.
② 심리사회적 위기는 친밀감 대 고립감이다.

③ IQ 검사에서 젊은 사람과 점수 차이를 보이지 않는다.
④ 단기기억보다 장기기억의 감퇴 속도가 느리다.

정답 및 해설: ④

16. 장애 범주에 속하지 않는 것은?

① 지체 장애 ② 지적 장애 ③ 정신 장애 ④ 소화 장애

정답 및 해설: ④

17. 지체 장애의 주요 원인이 아닌 것은?

① 호흡계 원인 ② 골격계 원인 ③ 신경계 원인 ④ 근육계 원인

정답 및 해설: ①

18. 뇌병변장애의 원인이 아닌 것은?

① 뇌성마비 ② 외상성 뇌손상 ③ 소아마비 ④ 뇌졸중

정답 및 해설: ③

19. 뇌병변장애 치유농업 시 고려 해야 할 사항이 아닌 것은?

① 대부분 감각장애, 언어장애, 청각장애 등의 여러 장애를 동반한다.
② 주 증상은 안면마비이다.
③ 간질 발작을 일으키는 경우도 있다.
④ 학습과 사회적응에 많은 어려움을 겪는다.

정답 및 해설: ②

20. 「장애인복지법 시행령」에서 제시하고 있는 시각장애의 기준이 아닌 것은?

① 나쁜 눈의 시력이 0.02 이하인 사람

② 좋은 눈의 시력이 0.2 이하인 사람
③ 두 눈의 시야가 각각 주시점에서 10도 이하 남은 사람
④ 두 눈 시야의 4분의 1 이상을 잃은 사람

정답 및 해설: ④, 두 눈 시야의 2분의 1 이상을 잃은 사람

21. 심리학에 대한 설명으로 보기 어려운 것은?

① 인간의 마음과 행동을 과학적으로 연구한다.
② 인간의 행동을 통해 마음을 이해할 수 있다.
③ 인간의 심리에 따른 행동을 분석할 수 있다.
④ 직관에 의해 알아차림을 중시하는 과학이다.

정답 및 해설: ④, 심리학은 인간의 지능, 동기, 성격, 행동 및 사고의 과정과 이들에 미치는 생물 및 사회적 원인을 파악하기 위한 과학임. 직관에 의한 신비주의나 각 개인의 주관성을 과학으로 설명되기 어려움.

22. 다음의 예시문 중 상담자의 기본 자질로 긍정적인 것은?

① 내담자의 비언어적 표현의 의미를 잘 감지한다.
② 내담자의 고민과 갈등을 자신의 일처럼 해결한다.
③ 내담자의 어떠한 언행에도 감정을 드러내지 않는다.
④ 내담자의 결함이나 과오를 정확히 지적하고 수정한다.

정답 및 해설: ①
상담자의 민감성을 통해 내담자의 언어와 비언어적 표현의 일치여부, 또는 숨의 의미 등을 파악할 수 있어야 함. 이를 위해 상담자는 적극적 경청, 직면, 온정, 진정성, 자기노출 등의 상담기법을 활용함.

23. 바람직한 특성을 지닌 상담자라고 볼 수 없는 것은?

① 성실한 상담 중 실수에 대해서 인정할 수 있는 상담자
② 내담자를 위해 내담자의 세계에 일반화 시키는일에 집중할 수있는 상담자

③ 각 개인 삶의 불확실성을 수용하고 인내할 수 있는 상담자
④ 과거가 모든 내담자 문제의 핵심이라고 생각하는 상담자

정답 및 해설: ④
　　　　　내담자의 문제는 다양하며, 내담자의 또는 심리상담 이론의 특성에 따라 과거보다는 현재의 여기와 지금을 더욱 중시할 수 있음.

24. 생활지도의 기본방향으로 잘못 설정된 것은 어느 것인가?

① 생활지도는 전인적 발달에 초점을 둔다.
② 생활지도는 심리보다는 실생활 도움에 중점을 둔다.
③ 생활지도는 문제를 가진 특정한 사람들을 대상으로 한다.
④ 생활지도는 학교 교육의 일부로 운영되고 있다.

정답 및 해설: ③, 생활지도는 문제를 가진 특정 사람들만을 대상으로 하는 것이 아니라 모든 사람을 대상으로 함.

25. 상담과 생활지도를 비교한 다음 설명 중 가장 적절하지 않은 것은?

① 상담은 개인의 내면세계에 보다 초점을 맞추지만, 생활지도는 생활 전반에 초점을 맞춘다.
② 상담은 정보제공, 훈련과 같은 방법을 사용하지만, 생활지도는 관계형성과 발전시키기, 마음이 소통되는 커뮤니케이션 등의 방법을 주로 사용한다.
③ 생활지도는 학급담임, 교과지도 교사 등 교육자라면 누구나 하지만, 상담은 전문교육을 받은 상담자가 한다.
④ 생활지도는 교육학을 배경으로 하고 있으나, 상담은 교육학 이외에도 심리학, 사회학 등 여러 인간과학에 근거하여 발전하였다.

정답 및 해설: ②, 정보제공, 훈련과 같은 방법은 생활지도에서 활용함. 관계 형성과 발전시키기, 마음이 소통되는 커뮤니케이션 등의 방법은 주로 상담에서 사용함.

07. 07차시 출제예상문제 및 해설

1. 심리상담을 위한 대표적인 성격유형 검사방법은?

① DISC(Dominance, Influence, Steadiness, Conscientiousness)행동유형
② MI(Multiple intelligence)다중지능검사
③ MMPI(Minnesota multiphasic lnventory)다면적 인성검사
④ MBTI(Myes-Briggs Type Indicator)

정답 및 해설: ④

2. 다음 중 심리상담 이론에 관한 설명 중 옳은 것은?

① 심리상담은 주로 학교 장면에서 사용되는 교육적 용어로, 객관적 현실에 초점을 둔다.
② 심리상담은 공통적으로 필요한 존재의 용기, 성숙의 의지, 자아확립, 창조의 지혜, 수월 성 추구 같은 학문적 이론과 실천적 적용의 통합적 체계라고 할 수 있다.
③ 심리상담은 개인의 내면세계에 초점을 두고, 내담자와의 치료적 관계 형성과 치료적 의 사소통 방법으로 심리적 부적응 문제를 치료와 발달적 관점에서 해결할 수 있도록 도움을 준다.
④ 정신치료는 주로 병원 장면에서 사용되는 예방적 용어로, 치료적 접근을 근거로 이상심리 또는 정신병리에 초점을 둔다.

정답 및 해설: ②

3. 다음 중 심리상담의 전략과 개입에 관한 설명 중 옳은 것은?

① 치료적 관계형성에 있어서 치료적 관계는 라포보다 협의의 개념이다.
② 대표적인 치료 검사로는 신뢰도와 타당도가 검증된 에니어그램과 MBTI 등을 들 수 있다.
③ 종결상담은 내담자뿐만 아니라 내담자가 상담 종결 후 계속 시도하기로 한 상 담 후 활동의 계획이 성공했는가를 확인하기 위해서 심리 상담자가 원할 수도 있다.
④ 치료적 관계형성에 있어서 라포란 관계에 있어 '상호신뢰와 정서적 친근감'으로

이루어 진 상태로 치료적 관계 형성을 가능하기 위해 반드시 필요한 요소다.

정답 및 해설: ④

4. 심리상담의 치료적 관계형성에 있어 중요한 촉진요소가 아닌 것은?

① 내담자와의 치료적 관계 형성과 치료적 의사소통 방법
② 내담자에 대한 수용적 이해를 내담자에게 전달하는 정확한 공감
③ 심리상담자의 마음의 태도를 의미하는 '상담자의 진실성'
④ 내담자의 외적인 요소들을 고려하지 않고 존엄성과 선천적인 가치를 가진 인간으로 내담자를 대하는 것

정답 및 해설: ①

5. 합리적 정서적 행동치료(REBT)이론에 관한 설명 중 옳은 것은?

① 엘리스(Ellis, 1926)에 의해 개발된 REBT(Rational Emotive Behavior Therapy) 이론의 핵심 내용은 인간의 인지, 정서, 행동이 인지에 의하여 결정된다.
② REBT 이론에서는 인간의 부적응행동 또는 이상심리는 환경이나 무의식 따위에서 유발된 다고고 보았다.
③ REBT의 원리는 ABCDE 모형으로 설명되며, 선행사건을 의미하는 A(Activating), 비합리적 사고나 신념체계 B(Belief Event), 부적절한 정서와 행동적 결과 C(Consequence), 비합리 적 신념체계에 대한 논박 D(Dispute), 합리적 사고 신념체계 B(Belief), 논박의 결과로 적 절한 정서와 행동적 결과 E(Effect)의 효과를 말한다.
④ 합리적기법에는 인지적, 정서적, 행동적 기법이라는 세 가지 광범하고 일반적인 영역으로 구분되는 방법들이 포함된 종합적인 전략기법이 있다.

정답 및 해설: ①, ② REBT 이론에서는 인간의 부적응행동 또는 이상심리는 환경이나 무의식 따위에서 유발되는 게 아니다 라고 보았다. ③ REBT의 원리는 iB(Irrational Belief), rB(Rational Belief)등도 포함된다. ④번은 논박기법에 대한 설명이다.

6. 일반적으로 심리상담 전략의 구상을 위해 고려할 수 있는 질문이 아닌 것은?

① 친밀감의 형성과 구조화 ② 심리상담 목표 설정하기
③ 내담자의 속성 규명하기 ④ 실생활에서의 일반화

정답 및 해설: ③

7. 치유농업과 사회서비스를 연계하기 위한 전략으로 옳지 않은 것은?

① 현행 프로그램을 그대로 사회서비스 제공기관에 적용하는 것이다.
② 현행 사회서비스에 적합하도록 치유농업 프로그램과 치유농업시설을 재구조화하는 전략 이다.
③ 치유농업프로그램과 기존 사회서비스 프로그램을 독립적으로 운영하면서 서비스 상황에 따라서 양자택일하는 전략이다.
④ 치유농업 프로그램을 기존 사회서비스와 연계하지 않고 별도의 사회서비스로 제도화하 는 전략이다.

정답 및 해설: ③

8. 다음 심리검사 중 능력 검사로 적절하지 않은 것은?

① 지능검사 ② MBTI 검사 ③ 적성검사 ④ 성취검사

정답 및 해설: ②, MBTI 검사는 전형적인 수행 경향을 알아보기 위한 성격검사로 능력 검사가 아님

9. 다음 현실치료(RT)에 대한 설명 중 가장 적절한 것은?

① 과거, 현재, 미래 모두를 중요시하고 통찰, 감정 등 정신보다는 행동을 중요시하는 특징 이 있다.
② 자극-반응 이론과 일치하는 것으로 행동이 외면적인 동기임을 중시한다.
③ 선택이론에 의하면 인간의 전행동(total behavior)은 준비하기, 생각하기, 느끼 기, 신체반응의 네 가지 구성요소로 되어 있다.
④ 현실치료는 불만족을 줄이기 위한 노력으로 질적 세계에서 자신이 저장해 놓은 곳

을 바 꿀 수 있다고 본다.

정답 및 해설: ④

10. 현실치료의 배경이 된 선택이론에 대한 인간의 기본욕구 5단계에 속하지 않는 것은?

① 생존 및 생식의 욕구 ② 사랑과 소속의 욕구
③ 자아실현의 욕구   ④ 즐거움에 대한 욕구

정답 및 해설: ③

11. 현실치료는 행동변화를 위한 상담과정의 중요한 절차로써의 틀로 WDEP 4단계를 제시하였 다. 이에 속하지 않는 것은?

① W(want) 단계는 바람 ② D(doing) 단계는 하는 일
③ E(evaluation)단계는 자기평가 ④ P(pride) 단계는 자부심

정답 및 해설: ④, P(plan) 단계는 계획하기

12. 다음을 설명하는 내용으로 적절한 것은?

> [   ]은(는)정신분석기법, 사이코드라마, 여러 예술기법, 실존철학 등의 영향을 받아 통합 정립된 이론이다. 구체적인 기법으로 별칭 짓기, 식물 되어보기, 책임지기, 숙제, 특별했던 경험 나누기 등을 적용할 수 있다

① 게슈탈트 ② 현실치료 ③ ADDIE 모형 ④ Wee클래스

정답 및 해설: ①

13. 다음 중 집단프로그램에서 가장 많이 실시되고 있는 행동수정이론은?

① 조작적 조건형성 ② 자기표현 훈련
③ 행동조성 훈련 ④ 강화자극 훈련

정답 및 해설: ②

14. 긍정심리학의 세 기둥이라 칭하는 세 가지 주제와 관련이 없는 것은?

① 긍정적 상태(positive states) ② 긍정적 특질(positive traits)
③ 긍정적 기관(positive institutions) ④ 긍정적 시스템(positive systems)

정답 및 해설: ④

15. 다음을 설명하는 내용으로 적절한 것은?

> [   ]은(는)즐거움, 우울, 스트레스, 불안같이 주로 생리적인 반응과 직결되어 있는 것으로 즐거움, 기쁨, 자기만족, 여유로운 느낌이나 감정을 느끼도록 상황을 전환 시키는 것에 중점을 둔다.

① 정서적 기법 ② 현실치료 기법 ③ 인지적 기법 ④ 행동적 기법

정답 및 해설: ①

16. REBT의 ABCDE 모형에 관한 설명 중 가장 적절한 것은?

① 단기간 내에 우울과 불안은 다룰 수 없다.
② 감정을 존중하는 경향이 있다.
③ REBT 이론의 공헌점은 포괄적이고 절충적인 치료실제를 강조한다는 점이다.
④ 무의식이나 내재하는 갈등의 탐색에 관심이 많다.

정답 및 해설: ③

17. 다음과 같은 행동주의 이론을 주장한 사람은 누구인가?

> [   ]에 의해 개발된 REBT(Rational Emotive Behavior Therapy) 이론의 핵심 내용은 인간의 인지, 정서, 행동이 인지에 의하여 결정된다는 것이다.

① 프로이트(Freud) ② 피아제(Piaget) ③ 펄스(Perls) ④ 엘리스(Ellis)

정답 및 해설: ④

18. 긍정심리이론(Seligman, 2007)에 대한 설명으로 틀린 것은?

① 인간의 내부에 있는 강점과 미덕을 추구하였으며 '행복한 삶'을 실현하고자 했다.
② 긍정심리학자들에게 성품은 심리적이고 사회적인 안녕에 있어서 핵심적이다.
③ 긍정심리이론은 긍정심리학에서 제시한 덕목과 성격 강점의 분류 기준이 매우 체계적이 라는 점이다.
④ 긍정심리학 이론을 중재로 한 실외 원예활동으로 상추, 고추, 토마토 등의 채소 기르기는 식물의 전체 생장 과정을 비교적 짧은 기간에 볼 수 있다.

정답: ③, 긍정심리이론은 긍정심리학에서 제시한 덕목과 성격 강점의 분류 기준이 매우 지 나치게 자의적이고 체계적이지 않다는 점이다.

19. 다음을 설명하는 내용으로 적절한 것은?

> 일상에서 오는 많은 자극, 스트레스를 짧은 대응으로 끝내고 [   ]을 활성 화시켜 안정된 상태를 유지하려고 하는 과정이 치유라 할 수 있다.

① 부교감 신경 ② 교감 신경 ③ 말초 신경 ④ 뇌 신경

정답 및 해설: ①

20. 다음 장애 범주의 분류가 잘못 연결된 것은?

① 신체적 장애 - 내부기관의 장애 - 뇌병변장애
② 신체적 장애 - 내부기관의 장애 - 뇌전증장애
③ 정신적 장애 - 발달장애 - 자폐성장애
④ 정신적 장애 - 정신장애 - 조현병

정답 및 해설: ①, 신체적 장애-외부기능의 장애-뇌병변장애

21. 장애유형별 장애진단시기에 대한 설명이 옳은 것은?

① 뇌병변장애 : 파킨슨병은 2년 이상의 성실하고 지속적인 치료후 진단
② 정신장애 : 5년 이상의 성실한 치료 후 장애가 고착되었을 때
③ 신장장애 : 3년이상 지속적인 혈액투석을 받고 있는 사람
④ 자폐성장애 : 전반성발달장애가 확실해진 시점

정답 및 해설: ④

22. 다음 치유농업서비스 대상자 진단에서 특수목적형 대상이 아닌 것은?

① 위기청소년 ② 다문화가정의 자녀 ③ 65세 이후 노인 ④ 알코올 중독자

정답 및 해설: ③

23. 시각장애 치유농업 시 고려 해야할 사항이 아닌 것은?

① 활동의 제약으로 인해 심하면 발작을 일으키기도 한다.
② 활동의 제약으로 인해 심리적 분노를 하게 될 가능성이 있다.
③ 점자블록 설치 등 도구에 점자를 붙여서 이용하도록 한다.
④ 장애물 등에 대한 사전 정보를 숙지하도록 한다.

정답 및 해설: ①

24. 청각장애 치유농업 시 고려 해야할 사항이 아닌 것은?

① 소음이나 진동이 심한 곳은 피해야 한다.
② 구화를 활용하는 장애인의 경우 대화 시에 입을 가리고 말한다.
③ 청력 장애의 경우 소리를 듣지 못하여 위험한 상황을 대비하여 비상등이나 경고등을 배치 하여 안전사고에 대비한다.
④ 소리 증폭기나 지시문을 글로 표시할 수 있는 표지판을 활용한다.

정답 및 해설: ②

25. 언어장애 치유농업 시 고려 해야할 사항이 아닌 것은?

① 유창성장애를 가진 경우 심리적으로 위축되거나 긴장하면 유창성에 더 많은 문제를 보여 심해지므로 이에 상황에 대한 고려가 필요하다.
② 소리전달 통로나 소음이 많은 곳에서는 가급적 활동을 하지 않는다.
③ 언어장애의 특성별로 고려사항이 동일하다.
④ 말의 소리나 발음이 정확하지 않기 때문에 의사소통시 의미전달이 잘 되었는지 확인하는 절차가 필요하다.

정답 및 해설: ③

08. 08차시 출제예상문제 및 해설

1. 농어촌 지역개발 5개년 기본계획 제4차 (2020-2024) 의 내용에 속하지 않는 것은?

① 농촌체험휴양마을 대상 위생 서비스 교육에 대한 부분으로 안전, 위생 의무교육은 연간 4시간, 서비스 교육은 3시간으로 정한다.
② 농어촌 관광시설 안전점검은 연 2회 실시 한다.
③ 말 산업 인프라 구축 및 수요 창출을 통한 성장 기반을 확충한다.
④ 사회적 경제조직을 통한 사회, 생활 서비스를 공급한다.

정답 및 해설: ①
　　　　　　　농어촌 관광 활성화 추진과제를 위해 개선된 부분은 안전, 위생 의무교육은 연 4시간이며 서비스 교육은 2시간이다.

2. 치유농업사 2급의 업무에 속하지 않는 것은?

① 치유농업자원 및 치유농업시설의 운영과 관리
② 치유농업서비스의 기획 및 경영
③ 치유농업서비스의 운영 및 관리
④ 치유농업 프로그램의 개발 및 실행

정답 및 해설: ②, 치유농업 연구개발 및 육성에 관한 법률 시행령 제2조 (치유농업사의 업무)

3. 노르웨이 치유농업 관련 정책에 관한 설명 중 바르지 못한 것을 고르시오.

① 치유농업 자문제도를 운영한다.
② 품질관리 및 보증제도를 운영한다.
③ 농장주와 치유농장 운영자 대상 평생교육 차원의 교육을 제공한다.
④ 사회지원법을 시행하여 삶의 질 향상을 위한 서비스를 제공한다.

정답 및 해설: ④, 네덜란드 치유농업 관련 제도 중 하나이다.

4. 한국형 치유농업 정책 방향으로 잘못 연결된 것은?

① 서비스목적유형 - 예방, 치료, 재활
② 치유농업자원 - 식물, 동물 및 곤충, 농촌환경 및 문화, 음식
③ 대상 - 유아·동, 청소년, 성인, 노인
④ 시설유형 - 농장형, 마을형, 기관형

정답 및 해설: ③

5. 치유농업 연구개발 및 육성 종합계획 수립에 관한 내용으로 옳은 것은?

① 농촌진흥청장은 치유농업을 육성하기 위하여 3년마다 종합계획을 수립하여야 한다
② 종합계획 수립 시 지자체의 심의를 거쳐야 한다
③ 계획을 수립, 변경한 경우에는 그 내용을 관보에 고시하거나 농촌진흥청 인터넷 홈페이지 등에 게시한다
④ 계획에서 정한 사업기간을 2년의 범위에서 단축하거나 연장하였을 경우 지체없이 국회 소관 상임위원회에 제출하여야 한다.

정답 및 해설: ③
　　① 농촌진흥청장은 치유농업을 육성하기 위하여 5년마다 종합계획을 수립하여야 한다.
　　② 종합계획 수립 시 국가과학기술자문회의 심의를 거쳐야 한다.
　　④ 계획에서 정한 사업기간을 2년의 범위에서 단축하거나 연장하였을 경우 지체없이 국회 소관 상임위원회에 제출하여야 한다.→ 경미한 사항의 변경은 그러하지 아니하다.

6. 다음 중 치유농업사 양성기관을 지정권자로 옳지 않은 것은?

① 서울특별시장　② 세종특별자치시장　③ 제주특별자치도지사　④ 창원특례시장

정답 및 해설: ④, 창원특례시장
　　제13조(치유농업사 양성기관의 지정 등) ① 농촌진흥청장 또는 특별시장,광역시장,특별자치시장, 도지사,특별자치도지사(이하 "시.도지사"라 한다) 는 치유농업사를 양성하기 위하여 대통령령으로 정하는 바에 따라

지방농촌진흥기관, 「고등교육법」 제2조에 따른 대학 또는 대학부설기관 등을 치유농업사 양성기관으로 지정할 수 있다.

7. 치유농업시설운영관련 법률은 크게 치유농업관련법, 시설.안전관리관련법, 장애인 관련법, 그 밖에 지자체에서 제정한 자치법규 등이 있는데, 다음 중 시설.안전관리 관련법과 거리가 먼 것은?

① 국토의 계획 및 이용에 관한 법률
② 농어업인의 안전보험 및 안전재해예방에 관한 법률
③ 농어업 재해대책법
④ 개발제한 구역의 지정 및 관리에 관한 특별 조치법

정답 및 해설: ④, 개발제한 구역의 지정 및 관리에 관한 특별 조치법. 치유농업 관련법

8. 다음은 어느 국가의 치유농업을 나타낸 것인가?

- 1999년 국가 지원센터에서 시작
- 보건복지체육부, 경제부에서 담당
- 관련정책으로는 가정돌봄과지원, 노인돌봄, 아동학대, 주거돌봄, 청소년 정책 등국가 지원을 통한 성장은 끝났다고 판단하고, 국가 예산은 점차 줄어들고 있는 상황
- 더 양질의 치유농업서비스 제공과 전문화를 위해 치유농업서비스를 통한 효과 평가에 관한 연구 진행

① 네덜란드 ② 벨기에 ③ 영국 ④ 노르웨이

정답 및 해설: ①

9. 벨기에의 치유농업 관련 조직 영역 정책 및 전략 중 국가 지원기관 설립 및 운영과 거리가 먼 것은?

① 2004년에 벨기에 치유농업 촉진을 목적으로 민간기관 형태의 센터 설립
② 치유농업 관련 기관 대상 강의, 워크숍, 연구회, 연구 활동 수행
③ 치유농업에 대한 정보를 책자, 인터넷, 신문, 교육훈련의 형태로 제공
④ 치유농업에 관심이 있는 농업·원예 분야 농장을 지역 수준에서 지원, 적절한 파트너십 형성 지원

정답 및 해설: ④

10. 치유농업을 사회적 차원에서 공유된 농장으로부터 발전시키고, 사회에서 소외받는 계층을 대상으로 서비스를 제공하였으며 19세기부터 공유 되어 온 농장을 통해 노동자 계급의 생계를 도와주기 위해 교회를 통해 농장을 운영한 나라는?

① 영국 ② 프랑스 ③ 네델란드 ④ 독일

정답 및 해설: ②

11. 각 나라별 치유농업 관련 정책이 바르지 않은 것은?

① 노르웨이 - 정부부처 통합위원회 구축(농림부 주관), 품질관리 및 보증제도 운영, 치유농장 협약제도, 치유농업 학위과정 및 평생교육, 국가재정 지원
② 네델란드 - 400개 병원과 사회재활센터, 180여 개 커뮤니티, 약 500여 개 녹색 작업장에 건강보험 직업병 치료 항목에서 예산 지원
③ 벨기에 - 국가 및 지역단위 지원기관의 설립 운영, 농업인 교육훈련센터, 치유농장 인정방안 마련(법, 규제), 치유농장에 재정지원
④ 영국 - 국가치유농업계획 수립, 지역별 치유농장 연계체계와 치유농업 기관 파트너십 구축, 치유농업 프로그램(멘토링, 퍼실리테이터), 재정확보

정답 및 해설: ②

12. (　　) 안에 알맞은 기관은?

> 치유농업 연구개발은 농촌진흥청[　　]에서 추진한 원예치료 중심으로 시작되었다.

① 국립원예특작과학원 ② 국립농업과학원 ③ 농림축산식품부 ④ 농업기술원

정답 및 해설: ①

13. 세포는 세포 외 물질과 더불어 인체의 기본조직을 이루며, 조직은 기능적 단위를 형성하여 기관의 구성물이 된다. 조직은 세포가 엮여서 형성된 구조물로 상피조직, 결합조직, 근육조직, 신경조직의 4가지 조직으로 구분되는데 이 중 뇌, 척수, 말초신경의 조직으로 신호전달을 담당하는 신경세포와 신경세포를 지지하는 신경교세포로 이루어져 있는 조직은?

① 상피조직 ② 결합조직 ③ 근육조직 ④ 신경조직

정답 및 해설: ④

14. 지적장애 치유농업 시 고려 해야할 사항이 아닌 것은?

① 의사소통 및 대인관계에 어려움이 있을 수 있다.
② 원활한 의사소통을 위해 단순 활동을 고려한다.
③ 대화 시 구체적이고 쉬운 단어로 길지 않게 이야기한다.
④ 복잡한 기술을 요하는 활동에는 적합하다.

정답 및 해설: ④

15. 자폐성장애 아동의 특징이 아닌 것은?

① 청각적 변별력이 뛰어나고, 한 가지 과제에 대한 집중력이 장점임
② 청각 및 시각 자극에 대한 비정상적인 반응
③ 의사소통 및 사회성, 대인관계 어려움이 있음
④ 추상적 또는 상징적 사고 및 추상적 유희능력이 감소하는 경향

정답 및 해설: ①

16. 다음 중 정신치료의 주요기능으로 볼 수 있는 것은?

① 자문 ② 추수지도 ③ 진단과 치료 ④ 정보제공

정답 및 해설: ③ 정신질환의 진단과 치료는 뇌신경학과 생물생리학을 기반으로 하는 정신의학의 대표 영역임.

17. 신체질환으로 보이는 증상을 나타내지만 실제로는 심리적 요인이나 갈등에 의해 야기된 것일 때 진단받는 정신장애는?

① 신체화 장애 ② 정신분열 ③ 양극성 장애 ④ 노이로제

정답 및 해설: ①, 신체화 장애는 신체 질환처럼 보이는 정신 장애로, 다양한 신체의 자각 증상이 있지만 이에 합당한 검사 소견이 발견되지 않는 상태로 신체형장애, 신체증상장애라고도 한다.

18. 상담과정의 진행방식, 목표, 책임과 한계 등을 논의하고 합의하는 절차를 일컫는 상담용어는?

① 구조화 ② 반영 ③ 공감 ④ 직면

정답 및 해설: ①, 구조화는 상담의 관계를 바람직한 방향으로 진행시키기 위한 수단으로 진행방식, 책임과 한계 등을 정하게 된다. ②, ③, ④는 내담자 상담에 필요시 적용할 수 있는 상담기법이다.

19. 치유농장을 처음 이용하는 대상자를 평가하기 위한 순서로 적절한 것은?

> a. 실천행동 b. 라포 형성 c. 목표설정과 구조화
> d. 상담의 필요성 인식 e. 종결의 준비

① a=〉b=〉c=〉d=〉e ② b=〉d=〉e=〉a=〉c ③ d=〉b=〉c=〉a=〉e ④ c=〉d=〉e=〉a=〉b

정답 및 해설: ③, 심리상담의 전과정에서 초기에는 상담의 필요성 확인, 라포형성, 구조화를, 중기단계에는 상담 실행, 후기단계에는 종결 및 추후관리를 할 수 있음.

20. 대상자를 평가하기 위한 심리검사에서 신뢰도와 타당도에 대한 설명으로 옳은 것은?

① 신뢰도는 아동기 경험이 성인기 성격발달과 깊은 관계가 있음을 의미한다.
② 타당도란 해당 검사가 측정하고자 하는 것을 제대로 측정하였는가를 말한다.
③ 신뢰도는 한번 이미지가 형성 후 다른 측면들도 동일하게 평가하는 것이다.
④ 타당도란 전체로서 파악하려고 하는 형태인식과 관련이 있다.

정답 및 해설: ②, 신뢰도는 개인의 특성을 오차없이 측정할 수 있는가의 개념이며, 타당도는 측정하고자 하는 것을 측정하는 가의 개념임(3권 참조).

21. 객관적 성격검사와 투사적 성격검사에 대한 설명으로 옳은 것은?

① 객관적 성격검사는 실시와 채점이 어렵다.
② 투사적 성격검사는 타당도가 높은 것이 장점이다.
③ 객관적 성격검사는 신뢰도와 타당도를 입증하기가 어렵다.
④ 투사적 성격검사는 해석이 어렵다.

정답 및 해설: ④, 투사적 성격검사는 비구조적 성격의 검사로 결과 해석의 불일치가 있을 수 있으며, 객관적 성격검사는 구조적 성격검사의 형태로 비교적 채점이 용이함(3권참조)

22. 상담현장에서 상담자가 취해야 할 윤리적 태도로 가장 적절한 것은?

① 내담자가 원하는 도움을 제공해줄 수 없는 상황이라도 끝까지 붙들고 있는다.
② 내담자의 요구보다는 상담자가 중요하게 생각하는 것을 우선적으로 다룬다.
③ 도움이 되는 상담자의 선한 행동인 경우 내담자의 자율성을 뒤로 미루어야 한다.
④ 내담자의 비밀 유지가 어려운 조건일때는 관계전문가에게 자문을 받는 것이 필요하다.

정답 및 해설: ④, 상담은 내담자에게 좋은 선행이어야 하며, 대상자의 자율성을 중시하여 상담에 대한 동의를 전제로 하여야 함. 또 불가피하게 내담자의 비밀유지가 어려운 경우 (감염병, 미성년자, 법적 조치와 연루 등) 타인과의 협의를 통해 상담자가 윤리적으로 의사결정했다는 절차를 중시할 필요가 있음.

23. 심리검사에 대한 설명으로 옳은 것은?

① 지적 능력을 평가하기 위해 우선 고려해야할 심리검사는 로샤 (Rorschach) 검사이다.
② 웩슬러 (Weschsler) 지능검사에서 IQ100은 하 (Low average) 수준에 해당한다.
③ 그림검사 (HTP test)는 피검사가 그린 집, 나무, 사람 등에 욕구나 감정 투사된다고 가정한다.
④ 다면적 인성검사 (MMPI)는 영유아의 성격과 정신병리의 표준화된 측정도구이다.

정답 및 해설: ③, 로샤검사는 잉크반점검사라 하며, 투사적, 비구조적 검사로 성격검사에 해당됨. 웩슬러 지능검사가 낮으면 대뇌손상을 의심할 수 있으며, 불안과 주의산만시에 측정에 영향을 줌. 웩슬러 검사에서 지능의 평균은 90-109까지 임. 다면적 인성검사 (MMPI)는 미네소타 다면적 인성검사로 불리우기도 하며, 성인의 성격과 정신병리의 표준화된 심리측정 도구임(3권참조)

24. 치유농장에서 할 수 있는 부적 강화 (negative reinforcement)의 예로 적절한 것은?

① 치유농장의 고구마캐기 챔피온 프로그램에서 1등을 하기 위해 고구마 캐기를 열심히 했다.
② 치유농장 꽃향기 요법을 꾸준히 그리고 조금씩 늘렸더니, 아토피 피부염이 완화되었다.
③ 치유농장생활 중 살이 빠지자 가족이 돼지라 놀리지 않아, 치유농장일을 더욱 열심히 했다.
④ 치유농장에서 식품 및 음식 광고를 보지 않았더니, 과자나 라면 등의 인스턴트 음식을 덜 먹게 되었다.

정답 및 해설: ③
강화는 행동을 더욱 많이 하는 것이고, 처벌은 행동을 조금 하게 되는 것을 의미함. 정적 자극은 자극이 더욱 많은 것을 의미하고, 부적 자극은 자극이 적어진 것을 의미함. 그러므로 부적강화란 자극이 감소하자, 행동이 강화하는 것을 의미함. 즉 돼지라는 놀림의 자극이 줄자 치유농장일의 행동을 더욱 열심히 하게 됨을 의미함.

25. 다음 중 교감신경을 통한 생리적 적응반응 중 스트레스 반응에 대한 설명 중 옳은 것은?

① 동공이 확장하고 땀의 배출을 최소화 시킨다.
② 신장에서 물과 나트륨 배출을 활성화하여 땀을 흘린다.
③ 혈액량을 줄이고 심박출력을 늘려 에너지 순환을 증가시킨다.
④ 코티졸이 증가하고 혈중 포도당 수준을 높인다.

정답 및 해설: ④

09. 09차시 출제예상문제 및 해설

1. 벨기에의 사례 설명으로 바르지 않은 것은?

① 벨기에는 2000년에 치유농업 활동 농장주는 대부분 소규모의 농장형태로 제정적 어려움 을 겪었다.
② 벨기에는 치유농업 활성화를 위해 '지역발전계획 2000-2006'을 수립한 후 2005년 부터 재정적 지원이 시작되었다.
③ 벨기에는 정부부처 지원, 국가 지원기관 설립 및 운영, 지역 수준 지원기관 운영과 관련 된 정책과 전략을 추진하였다.
④ 벨기에는 정부 부처 지원영역으로 Green Care East Flanders 수준에서의 치유농 장을 지원 운영하였다.

정답 및 해설: ④, Green Care East Flanders 는 지역 수준 지원기관 운영이다.

2. 벨기에의 교육영역 설명으로 바르지 않은 것은?

① 치유의 교육영역에서는 치유농업의 가능성을 조사연구도 함께 수행한다.
② 교육영역에서는 교육훈련센터 운영과 교육프로그램 개발 및 운영과 관련된 정책 및 전 략을 추진하고 있다.
③ 교육영역 정책으로 정부부처 지원을 살펴보면 농업인 교육훈련센터를 운영한다.
④ 국가 지원기관 설립 및 운영에서는 농업과 사회적 치유에 대한 교육프로그램 개발 및 운영을 한다.

정답 및 해설: ①, '치유농업의 가능성을 조사연구'는 연구개발 영역이다.

3. 영국의 치유농업 설명으로 바르지 않은 것은?

① 영국의 치유농업은 건강 의로, 사회, 농장, 보호관찰 서비스 등의 목적으로 시행되고 있으며 확대되고 있다.
② 영국의 국가치유농업계획(NCFI)에서는 치유농업의 개념을 치료서비스와 사회교육 서비스를 개인이나 집단에 제공하는 것으로 정의하고 있다.

③ 영국의 치유농업 프로그램 개발은 대학을 중심으로 멘토링 프로그램을 중심으로 개발 운영된다.

④ 영국은 치유농업 기관 파트너쉽 구축과 치유농업 위원회를 운영하고 있다.

정답 및 해설: ③, 멘토링만 있는 것이 아니라 퍼실리테이션과 멘토링 프로그램 개발 및 운영을 한다.

4. 프랑스의 치유농업으로 거리가 먼 것은?

① 프랑스의 치유농업은 사회의 소외계층을 대상으로 서비스를 제공하고 있다.

② 프랑스의 치유농업은 이익추구의 경제활동으로 인식되기 보다는 윤리적이고 공동체적인 활동으로 고려되고 있다.

③ 프랑스의 치유농업은 교육적 기능, 치료적 기능, 사회통합기능에 대한 역할 수행을 한다.

④ 프랑스의 중앙정부 재정지원은 치유농업 운영 농장에 대한 재정지원을 한다.

정답 및 해설: ④, '치유농업 운영 농장에 대한 재정지원'은 지방정부 재정지원에서 시행되고 있다.

5. 치유농업 대상에 대한 설명으로 바르지 않은 것은?

① 치유농업의 예방형 대상은 신체·정신질환 등의 잠재적 건강 문제와 질병을 예방하거나 건 강한 발달과 삶의 질 향상, 건강의 유지·증진을 목적으로 한다.

② 치유대상의 인체란 세포, 조직, 기관, 기관계로 조직된 인간의 신체적 구조를 말한다.

③ 인체의 기본조직은 상피조직, 결합조직, 근육조직, 신경조직의 4가지 조직으로 구분된다.

④ 신경조직은 물질순환의 통로가 되는 소화관, 혈관의 내부표면을 덮고 있다.

정답 및 해설: ④, '물질순환의 통로가 되는 소화관, 혈관의 내부표면을 덮고 있다.'는 상피조직을 설명한다. 신경조직은 신호전달을 담당하는 신경세포와 신경교세포로 이루어져 있다.

6. 스트레스에 노출되면 그 상황을 회피하기 위해 몸은 행동 반응, 자율신경 반응, 호르몬을 통한 지속 반응을 한다. 세 가지 경로를 통한 반응 중 틀린 내용은?

① 행동반응은 감각과 근육의 조화가 잘 되어있어야 적절한 대처 반응이 가능하다.
② 행동 반응과 동시에 일어나는 반응이 자율신경을 통한 반응이다.
③ 자율신경은 원래 교감신경과 부교감신경으로 나누어져 서로 밀고 당기는 길항작용을 통해 흥분과 안정 사이의 균형을 맞춘다.
④ 스트레스를 받을 때 SAM축이 매우 빠르게 반응하고 곧 이어지는 반응이 호르몬으로 증폭되어 몸으로 내려오는 HPA축에 의한 신호이다.

정답 및 해설: ①, 행동반응은 감각과 운동의 조화가 잘 되어있어야 적절한 대처 반응이 가능하다.

7. 다음의 내용은 매슬로우의 어느 단계의 욕구와 연결되는 내용인가?

> 정원을 포함한 농업활동은 아름다움을 감상하고 식물의 생장사를 간접적으로 경험할 수 있으며 식물과 동물을 돌보는 과정에서 인간 삶의 과정을 이해하고 알아가는 지각을 가질 수 있다.

① 1단계: 육체 및 생리적 욕구 ② 2단계: 안전의 욕구
③ 4단계: 자기 존중의 욕구 ④ 5단계: 자아실현의 욕구

정답 및 해설: ④

8. 프로이드의 심리성적 발달단계에 들어가지 않는 것은?

①구강기 ②잠복기 ③구체 조작기 ④생식기

정답 및 해설: ③, 구체 조작기는 피아제의 인지발달 단계

9. 장애유형별 장애진단 시기로 바른 것은?

장애유형	장애진단시기
① 신장장애	5개월 이상 지속해서 혈액투석 또는 복막투석 치료를 받고 있는 사람
② 심장장애	1년 이상의 성실하고 지속적인 치료 후에 호전의 기미가 거의 없을 정도로 장애가 고착되었거나 심장을 이식받은 사람
③ 호흡기장애	현재의 상태와 관련한 최초 진단 이후 6개월 이상이 경과하고, 최근 2개월 이상 지속적인 치료 후에 호전의 기미가 거의 없을 정도로 장애가 고착되었거나 폐 또는 간을 이식받은 사람
④ 정신장애	2년 이상의 성실하고, 지속적인 치료 후에 호전의 기미가 거의 없을 정도로 장애가 고착되었을 때

정답 및 해설: ②, 신장장애는 3개월 이상 지속해서 혈액투석 또는 복막투석 치료를 받고 있는 사람 또는 신장을 이식받은 사람

10. 장애의 유형 중 신체적 장애에 속하는 지체장애의 특징으로 틀린 것은?

① 사람의 몸 중 골격이나 근육, 관절, 신경 중 일부나 전체에 질병이나 외상으로 인해 기능 장애가 발생하는 경우
② 지체 장애의 주요 원인은 골격계, 신경계, 신경내분비계의 원인과 질병이다.
③ 지체기능에 장애가 있는 사람들 중에는 운동 기능장애에 문제를 보이는 사람이 가장 많다.
④ 후천적으로 지체 장애를 가지게 되는 사람은 장애를 수용하고 극복하는 의지와 적응하는 기술이 요구된다.

정답 및 해설: ②, 지체 장애의 주요 원인은 골격계, 신경계, 근육계의 원인과 질병이다.

11. 다음은 치유농업 대상의 인체의 4가지 기본 조직이다. 조합인체의 각 기능을 담당하는 기관을 형성한다. 설명한 것 중 다른 하나는?

① 내부조직-물질순환의 통로가 되는 소화관, 혈관의 내부표면을 덮고 있다.
② 결합조직-조직이나 기관의 사이를 채우고 지지하며 다량의 세포 사이 물질을 포함하는 성긴 결합조직, 혈액, 뼈, 지방조직, 연골, 인대를 포함한다.
③ 근육조직-수의근으로 가로무늬근인 골격근과 불수의근이며 민무늬근인 내장근육으로 구성 된다.
④ 신경조직-뇌, 척수, 말초신경의 조직이며, 신호전달을 담당하는 신경세포와 신경세포를지 지하는 신경교세포로 이루어져 있다.

정답 및 해설: ①, 상피조직-물질순환의 통로가 되는 소화관, 혈관의 내부표면을 덮고 있다.

12. 다음은 노년기의 국제노년학회(1951년)에서 노인의 정의에 대해 적었다. 다른 하나는?

① 신체 조직기능의 쇠퇴가 일어나는 사람
② 생활적응력이 감퇴되지 않고 유지되어 있는 사람
③ 자아통합감의 능력이 감퇴되어 가고 있는 사람
④ 환경변화에 대해 알맞게 대응할 신체조직이 불안전한 사람

정답 및 해설: ②, 생활적응력이 감퇴되지 않고 유지되어 있는 사람
　　　　　　 국제 노년 학회(1951년)
　　　　　　　- 환경변화에 대해 알맞게 대응할 신체 조직이 불완전한 사람
　　　　　　　- 자아통합감의 능력이 감퇴되어 가고 있는 사람
　　　　　　　- 신체조직기능의 쇠퇴가 일어나는 사람
　　　　　　　- 생활적응력이 감퇴되어 가는 사람

13. 인간의 생애 발달 단계 중 청소년기에 해당되는 내용이 아닌 것을 고르시오.

① 전두엽의 실행 기능이 성숙하게 되며 전반적인 뇌 성숙이 완결되는 시기

② 형식적 조작기에 해당하여 추상적이고 체계적이며 과학적인 사고가 가능한 시기
③ 대부분 자기중심적이고 직관적인 사고와 같은 전 조작적 사고의 특색을 보이는 시기
④ 생리적으로나 해부학적으로 생식능력을 갖추는 시기

정답 및 해설: ③, 아동기에 해당

14. 프로이트가 주장하는 심리적 방어기제 중 다음이 설명하는 것을 무엇이라고 하는가?

> 어떤 대상에게 느낀 감정을 방향을 바꿔 다른 대상에게 발산하는 것으로, 강하고 위협적인 대상에 의해 촉발된 충동이나 감정을 덜 위협적인 대상에게 돌림으로써 자아의 두려움과 불안감을 다루는 것으로 "동대문에서 뺨 맞고 서대문에서 화풀이 한다"는 속담이 그 예이다

① 투사 ② 치환 ③ 반동 형성 ④ 보상

정답 및 해설: ②
　　　　　투사: 남의 탓으로 돌리는 것
　　　　　반동형성: 반대되는 감정이나 충동을 일으켜서 불편한 충동을 감추는 것
　　　　　보상: 자신에게 부족한 것이나 결함으로 생긴 열등감을 감소시키기 위해
　　　　　　　　바람직한 특성을 강조하는 것

15. 매슬로우는 인간의 성숙을 위한 필요조건과 식물의 관계를 욕구 5단계설과 연결 지어 규정하였는데, 치유 농업의 공간인 정원이 가지는 신선한 공기, 해맑은 빛, 신선하고 양분이 듬뿍 든 음식을 제공하는 이러한 기능은 매슬로우의 5단계 욕구 중 무엇에 해당하는가?

① 1단계: 육체 및 생리적 욕구 ② 2단계: 안전의 욕구
③ 3단계: 애정 및 소속의 욕구 ④ 4단계: 자기 존중의 욕구

정답 및 해설: ①

16. 치유농업 대상의 이해부분에서 인체를 구성하는 기관계 설명으로 바르지 않은 것은?

① 기관계에는 외피계, 골격계, 근육계, 신경계, 림프면역계, 호흡계, 순환계, 배설계, 소화 계, 내분비계, 생식계 등이 있다.
② 신경계는 내부와 외부로부터 정보를 수집하고 표현이나 운동으로 출력 할 수 있도록 신 호를 만든다.
③ 림프면역계는 인체를 순환하는 백혈구를 생성하여 내부의 변형물질이나 노폐물을 제거 한다.
④ 순환계는 신장과 소변의 배출경로 구조로 구성되어 혈액 내 노폐물을 배출한다.

정답 및 해설: ④
'신장과 소변의 배출경로 구조로 구성되어 혈액 내 노폐물을 배출'은 배설계의 설명이다. 순환계는 심장과 혈관으로 구성되며 인체전체에 영양물질과 신호물질, 산소와 이산화탄소를 운반한다.

17. 인체의 설명으로 바르지 않은 것은?

① 체감각은 촉각, 통각, 냉각, 미각, 후각 등 몸의 자세와 위치 정보에 대한 감각이다.
② 인체는 입력장치를 통해 정보를 수집하고 여러 경로를 통해 출력신호를 생성하여 근육을 통해 출력인 움직임을 만들어 내는 시스템이다.
③ 입력장치인 온몸의 감각기는 특수감각과 체감각으로 나누어진다.
④ 특수감감은 시각, 청각, 후감, 미각, 균형감각이다.

정답 및 해설: ①, 체감각은 촉각, 통각, 냉각, 온각, 압각으로 전반적인 몸의 감각기능이라 볼 수 있다.

18. 인체의 환경적응 설명으로 바르지 않은 것은?

① 항상성은 신체의 환경적응과 내부 환경 유지 기능을 가진 신경계와 내분비계의 작용으로 유지된다.
② 신경은 신체조절에 있어 직접적이고 빠른 조절에 이용되고, 내분비계는 대사조절과 같이 느리지만 지속적이고 반복적인 조절작용에 이용된다.

③ 스트레스를 받을 때 SAM축이 빠르게 반응하고, 이어지는 HPA축은 느리지만 삶의 질 향상과 면역촉진을 한다.
④ 인체는 항상성을 깨는 스트레스에 노출되면 그 상황을 회피하기 위해 행동반응, 자율신경 반응, 호르몬을 통해 지속반응한다.

정답 및 해설: ③
> HPA측은 느리지만 지속적인 반응을 함으로써 삶의 질을 저하시키고 면역억제 역할을 한다. HPA는 코디졸을 생산한다. 코디졸은 항염증 작용으로 생명연장 기능을 가지지만, 스트레스 반응이 지속될 경우 면역억제 기능으로 인해 질병저항력의 약화와 면역균형 소실의 원인이 되기도 한다.

19. 다음의 설명으로 바르지 않은 것은?

① 1946년 세계보건기구 헌장에 의하면 '건강이란 질병이 없거나 허약하지 않은 것만 말하는 것이 아니라 육체적, 정신적, 사회적으로 완전히 안녕한 상태에 놓여 있는 것'이다.
② 대한민국 헌법 제 35조 1항에는 '모든 국민은 건강하고 쾌적한 환경에서 생활할 권리를 가지며, 국가와 국민은 환경보전을 위해 노력하여야 한다.'고 밝히고 있다.
③ 치료는 상처나 질병을 낫게 할 목적으로 원인을 제거하는 절차라면, 치유는 몸과 마음이 처한 곤란한 상황에서 벗어나게 하는 회복적 증진 과정이다.
④ 치유의 과정을 통해 몸과 마음이 새로운 균형에 도달하면 생체 리듬회복이 가장 중요한 신체활동량 증가에서 분명히 나타난다.

정답 및 해설: ④, 생체리듬회복은 가장먼저 수면의 질이 좋아지는 것에서 살펴볼 수 있다.

20. 인간 성장 발달의 이해 설명으로 바르지 않은 것은?

① 발달은 신생아기, 영유아기, 아동기, 청소년기, 성인기, 노년기로 나뉘어 볼 수 있다.
② 프로이트의 심리성적발달단계는 구강기, 항문기, 남근기, 잠복기, 생식기로 5단계이다.
③ 프로이트는 사회적으로 용납될 수 없는 욕구나 충동 등과 초자아의 압력 때문에 발생하는 불안으로부터 자아를 보호하기 위해 방어기제를 사용한다.

④ 에릭슨은 프로이트의 성격발달이론에 기초하여 계승하였으며 특히 자신의 이드 역할을 강조하고 있다.

정답 및 해설: ④, 에릭슨은 전생애 발달을 8단계로 보며 특히 이드보다는 자아의 역할을 강조하며 자아 심리학의 창시자로 불린다.

21. 상담과정에서 무조건적 존중, 공감적 이해, 일치 등이 인간의 성격변화를 촉진한다고 주장한 사람은?

① 로저스 (Rogers) ② 사티어 (Satir) ③ 스키너 (Skinner) ④ 프로이드 (Freud)

정답 및 해설: ①, 존중, 공감, 일치 등의 요소는 로저스의 인본주의 (인간중심) 상담이론에 해당하는 특징들임.

22. 다음 중 '공감적 이해'를 설명하는 것은?

① 상담자가 내담자의 입장에서 내담자의 사적 경험세계를 이해하는 것
② 상담자가 내담자의 감정이나 경험에 대하여 판단을 하지 않고 받아들이는 것
③ 상담자가 내담자와의 관계에서 느끼는 경험을 있는 그대로 받아들이는 것
④ 내담자가 자기 자신의 경험에서 새로운 의미를 지각하는 것

정답 및 해설: ①, 공감적 이해란 자신이 직접 경험하지 않고도 다른 사람의 감정을 거의 같은 내용과 수준으로 이해하는 것임.

23. 다음 중 정신적 장애의 종류가 아닌 것은?

① 지적장애 ② 자폐성장애 ③ 조현병 ④ 뇌병변장애

정답 및 해설: ④, 뇌병변장애

24. 엘리스 (Ellis)가 제안한 '합리적 신념체계'에 해당하는 문장으로 옳은 것은?

① 사람이란 해야할 일을 해야만 하는 의무적 존재로 많은 사람이 이를 받아 들여야 한다.
② 인간문제에서 완벽한 해결책은 가능하며, 그렇지 못할 때 불행을 경험하게 된다.

③ 인생의 불행은 그 사람의 정신세계가 아닌 외부적인 것들로 원인을 극복하기 어렵다.
④ 고통은 견딜수 있을 때 가치가 있으나 못 견딘다 해도 인간의 존엄은 변함이 없다.

정답 및 해설: ④

엘리스의 비합리적 신념은 절대론적인 권위적 사고, 부정적 결과에 대한 예측, 인내의 불필요성, 자기비하와 열등감 등으로 유연함과 낙관성, 과정 중시, 수용적 신념과는 대조되고 있음.

25. Ellis는 합리적 정서적 행동 원리로 ABCDE를 제안하였다. 여기서 말하는 C는?

① 그 사건이나 현상에 대한 신념 ② 앞서 일어났던 사건이나 현상
③ 합리적 사고 ④ 부적절한 정서나 행동 귀결

정답 및 해설: ④, C (Correspondence, 대응)을 의미하는 것으로 행동이나 정서적 반응을 의미함. 논박 (Dispute)의 전단계로 잘못된 신념에 의한 부정적 정서와 행동을 의미함.

10. 10차시 출제예상문제 및 해설

1. 뇌병변 장애는 뇌의 기질적 병변으로 인해 발생한 신체적 장애로 보행이나 일상 생활의 동작 등에 제약을 받는 장애를 말한다. 다음 설명 중 바르지 않은 것을 고르시오.

① 뇌가 발육하는 시기에 손상을 입고 기능이 저하되어 장애가 동반한 뇌성마비는 마비가 계속 진행이 되지 않게 치료를 받는 게 중요하다.
② 외상성 뇌손상은 모든 나이대에서 발생 가능하다.
③ 뇌혈관이 터져 뇌에 피가 고이는 것을 뇌출혈이라 하고 주요 증상은 마비다.
④ 뇌졸중은 여러 가지 장애들을 동반하고 발병 초기에는 대,소변 조절이 어렵다.

정답 미 해설: ①

뇌성마비는 뇌가 발육하는 시기에 손상을 입고 그 기능이 저하되어 마비나 기타 여러 장애가 동반되는 것이다. 뇌성마비는 마비가 더 이상 진행되지 않는 것이 특징이다.

2. 신체적 장애에 대한 설명으로 바른 것은?

① 좋은 눈의 시력이 0.1 이하인 사람을 시각장애인이라고 한다.
② 농은 큰 소리로 말해야만 들리며 일상생활에 현저한 장애가 있는 상태를 말한다.
③ 언어장애에는 음성장애, 발음장애, 실어증, 유창성 장애 등이 있다.
④ 시각장애의 경우 소음이나 진동이 심한 곳은 피해야한다.

정답 및 해설: ③

① 좋은 눈의 시력이 0.2 이하인 사람을 시각장애인이라고 한다.
② 농은 일상생활에서 청력을 사용할 수 없는 상태를 말한다.
④ 청각장애인은 소음이나 진동이 심한 곳은 피해야하며, 구화를 활용하는 경우 대화 시에 입을 가리지 않아야 하고 천천히 정확하게 말해야 한다.

3. 언어 장애 발생 원인으로 적당하지 않은 것은?

① 지적 요인 ② 사회적 요인 ③ 환경적 요인 ④ 신체적 요인

정답 및 해설: ②, 언어장애의 발생원인은 지적요인, 신체적 요인, 환경적 정서적 요인이 있다.

4. 위와 같은 특징을 가진 병명을 쓰시오.

> 뇌가 전체적으로 위축되어 있고, 대뇌 피질에 노인반이 많다. 대뇌 피질에 침착물이 많이 부착되어 있다.

정답 및 해설: ① 알츠하이머 치매

5. 범죄유형별 특성에 대한 설명이다. 바르게 연결되지 않은 것을 고르시오.

① 재산범죄 집단: 자극추구 성향이 매우 높으며, 자신의 감정을 강하고 빈번하게 느끼려는 성향이 강하다.
② 과실범죄 집단: 자신에게 아무런 문제가 없으며 모든 영역에서 잘 적응하고 있다는 자기 자각을 형성하고 있을 가능성이 크다.
③ 강력범죄 집단: 좌절상황에서 분노와 적의를 느끼는 경향이 높다.
④ 폭력범죄 집단: 갈등상황에서 경쟁적이고 공격적이며 필요한 경우 분노로 표출 할 가능성이 크다.

정답 및 해설: ①
재산범죄 집단: 자극과 흥분을 갈망하지만 좌절상황에서 의기소침해지고 단념하는 경향이 높다.
약물범죄 집단: 자극추구 성향이 매우 높으며, 자신의 감정을 강하고 빈번하게 느끼려는 성향이 강하다.

6. 뇌병변 장애에 대한 설명이다. 바르지 않은 것은?

① 뇌병변 장애에는 뇌성마비, 뇌졸중, 외상성 뇌손상이 있다.

② 뇌성마비는 뇌가 발육하는 시기에 손상을 입고 그 기능이 저하되어 마비나 기타 여러 장애가 동반되는 것이다.
③ 외상성 뇌손상은 총상이나 자상 등 침범 부위에 열상을 일으키며 감염이 동반되는 관통성 뇌손상과 교통사고, 추락 등에 의해 발생하는 폐쇄성 뇌손상이 있다.
④ 뇌졸중은 뇌혈관이 터져 뇌에 피가 고이는 뇌경색과 뇌혈관이 막혀 뇌에 피가 통하지 않아 뇌세포가 손상되는 뇌출혈이 있다.

정답 및 해설: ④
뇌졸중은 뇌혈관이 터져 뇌에 피가 고이는 뇌출혈과 뇌혈관이 막혀 뇌에 피가 통하지 않아 뇌세포가 손상되는 뇌경색이 있다.

7. 자폐성 장애에 대한 설명이다. 틀린 것은?

① 자폐성 장애는 사회적 상호작용과 의사소통 장애를 핵심증상으로 하는 신경 발달학적 장애이다.
② 자폐성 장애는 청각 및 시각 자극에 대한 비정상적인 반응을 보인다.
③ 자폐성 장애는 지능이 현저하게 낮다.
④ 자폐성 장애 변화 대처에 어려움이 있으므로 변화가 작은 환경이나 변화에 대처할 수 있도록 행동관리 및 변화에 대한 명확한 설명이 필요하다.

정답 및 해설: ③, 자폐성 장애 특징
① 청각 및 시각 자극에 대한 비정상적인 반응
② 일상적인 말의 이해가 매우 곤란(반향어, 대명사 반전, 미숙한 문법적 구문 및 추상어를 사용 하는 일이 불가능)
③ 전반적으로 언어 또는 몸짓에 의한 말을 사회적으로 사용하기에 곤란
④ 사회적 관계의 장애는 5세 이전에 가장 심하고 여기에는 눈 맞추기, 사회적인 접촉 및 협동 적 유희 등의 발달저해가 포함
⑤ 추상적 또는 상징적 사고 및 추상적 유희능력이 감소하는 경향(기계적인 기억 학습)
⑥ 지능은 현저하게 낮은 수준에서 정상 또는 그 이상으로 분포되어 그 폭이 넓음
⑦ 시각적 변 별력이 뛰어나고, 한 가지 과제에 대한 집중력이 장점임

⑧ 자폐성 장애인은 확립된 의식이나 습관을 방해받으면 공격적 행동으로 이어질 경향이 높음
⑨ 의사소통 및 사회성, 대인관계 어려움이 있음

8. 조현병에 대한 설명 중 틀린 것은?

① 조현병은 지적, 정서적, 행동적 장애가 다각도로 혼합되어 현실 관계와 개념형성에 장애를 나타내는 정신증적 반응군이다
② 조현병의 원인으로는 생물학적 원인, 심리·사회적 요인, 스트레스 유발요인 등이 있다
③ 조현병의 음성 증상으로는 정서둔마, 사고빈곤, 동기상실, 혼란된 언어, 기괴한 행동 등이 있다.
④ 조현병의 인지적 증상으로 집중장애, 기억손상, 문제해결능력 결여, 의사결정능력 결여, 비논리적 사고, 판단력 손상 등이 있다.

정답 및 해설: ③
    조현병의 양성증상 : 환각, 망상, 와해된 언어, 기괴한 행동
    음성증상 : 정서둔마, 사고빈곤, 동기상실, 무쾌감증

9. 다음 양극성 관련 장애에 대한 설명이다. 이에 해당하는 장애 유형을 고르시오.

> 조증은 심하지 않은 경조증 정도로 한 번 이상의 주요 우울증 삽화와 한 번 이상의 경조증 삽화가 동반된다

① 양극성 장애 I ② 양극성 장애 II ③ 순환기분 장애 ④ 파괴적 기분조절 장애

정답 및 해설: ②, 양극성 장애유형: 양극성 장애I. 양극성 장애II, 순환기분장애
   * 양극성 장애 : 조증과 우울증이 교대로 나타나거나 조증이 반복적으로 나타나는 장애
   * 순환기분장애 : 경조증과 경우울증이 교대로 나타나는 지속적인 만성 기분장애
   * 파괴적 기분조절 장애 : 양극성 장애가 아니라 우울장애에 해당함

10. 범죄유형별 특성에 대한 설명 중 옳은 것은?

① 강력범죄 집단은 갈등상황에서 경쟁적이고 공격적이며 필요한 경우 분노로 표출할 가능 성이 크다.
② 폭력범죄집단은 좌절상황에서 분노와 적의를 느끼는 경향이 높다.
③ 재산범죄집단은 자극추구 성향이 높으며 자신의 감정을 강하고 빈번하게 느끼려는 성향 이 강하다.
④ 과실범죄집단은 자신에게 아무런 문제가 없으며 모든 영역에서 잘 적응하고 있다는 자기 자각을 형성하고 있을 가능성이 크다.

정답 및 해설: ④, 범죄유형별 특성
　　　　　① 강력범죄 집단-좌절상황에서 분노와 적의를 느끼는 경향이 높다
　　　　　② 폭력범죄집단-갈등상황에서 경쟁적이고 공격적이며 필요한 경우 분노로 표출할 가능성이 크다
　　　　　③ 재산범죄집단-자극과 흥분을 갈망하지만 좌절상황에서 의기소침해지고 단념하는 경향이 높다
　　　　　④ 약물범죄집단-자극추구 성향이 높으며 자신의 감정을 강하고 빈번하게 느끼려는 성향이 강하다
　　　　　⑤ 과실범죄집단- 자신에게 아무런 문제가 없으며 모든 영역에서 잘 적응하고 있다는 자기자 각을 형성하고 있을 가능성이 크다

11. 상담자가 내담자의 행동 속에서 불일치를 지각하고 그것을 상담자에게 알릴 때 쓰는 상담 기법은?

① 자아개방　② 통찰　③ 직면　④ 순수성

정답 및 해설: ③, 직면은 내담자의 행동에서 모순이나 불일치를 지적하여 내담자가 스스로를 통찰하고 긍정적으로 변할 수 있는 계기를 마련하는 기법

12. 상담자가 내담자와 대화를 하면서 서로간의 신뢰가 문제시 될 것 같아 다음과 같이 말했다. 가장 관계있는 상담기법은?

> "OOO님은 문득 화를 내고는, 급하게 사과하시곤 하는데, 혹시 상담자인 나와 관계되어 그런 것이 아닌가 궁금하군요. 아직은 나를 상담자로서 인정하기가 어려우신가요?"

① 직면 ② 공감 ③ 해석 ④ 심층적 공감

정답 및 해설: ①, 직면이란 현재 내담자와 대화를 하며 상담자가 내적으로 경험하는 것을 현재 이루어지고 있는 상호작용에 바로 활용하는 것을 의미함.

13. 내담자가 지각한 현실세계와 자신의 욕구에 부합되는 질적인 세계가 차이가 있을 때 벌어지는 심리현상은?

① 불만족 ② 충족 ③ 성취 ④ 자아실현

정답 및 해설: ①, 현실과 이상과의 차이시 불만족과 욕구불만이 나타나며, 충족, 성취, 자아실현은 현실과 질적인 세계가 일치할 때 느낄 수 있는 정서임.

14. 게슈탈트 상담에서 개체가 자신의 욕구나 감정을 지각하고 그것을 게슈탈트로 형성하여 전경으로 떠올리는 행위를 무엇이라고 하는가?

① 알아차림 ② 반전 ③ 편향 ④ 투사

정답 및 해설: ①, 알아차림은 개체가 자신의 욕구나 감정을 지각한 다음 게슈탈트로 형성하여 명료한 전경으로 떠올리는 행위를 뜻함.

15. 빈칸에 적절한 것은?

> 치매 진단을 받은 노인 OOO님은 새로운 정보의 기억에 어려움을 겪고 있어 외출 후 집을 잘 찾아 오지 못한다. 이는 _____ 의 손상 때문일 가능성이 높다.

① 시상 (thalamus)   ② 시상하부 (hypothalamus)
③ 해마(hippocampus)   ④ 편도체(amygdala)

정답 및 해설: ③, 기억은 뇌 속의 해마라는 기관에서 주로 이뤄짐

16. 뇌의 기질적 병변으로 인해 발생한 신체적 장애인 뇌병변 장애의 발생원인 중 하나인 뇌성마비의 특성으로 옳지 않은 것은?

① 뇌가 발육하는 시기에 손상을 입고 그 기능이 저하되어 마비나 기타 장애가 동반
② 조산이나 미숙아에게서 발생률이 높고, 출산 시 난산으로 인한 산소 결핍 시 발생한다.
③ 임신초기 산모의 풍진, 연탄가스, 약물 중독이 원인이며, 산모와 태아의 혈액형이 맞지 않 을 때도 발생
④ 뇌성마비는 출산 시부터 마비가 서서히 진행되는 것이 특징이다.

정답 및 해설: ④
뇌성마비는 뇌가 발육하는 시기에 손상을 입고 그 기능이 저하되어 마비나 기타 여러 장애가 동반되는 것이다. 뇌성마비는 마비가 더 이상 진행되지 않는 것이 특징이다. 조산이나 미숙아에게서 그 발생률이 높고, 출산 시 난산으로 인한 산소 결핍, 임신초기에 산모가 풍진을 앓았거나 연탄가스 또는 약물에 중독되었을 때, 산모와 태아의 혈액형이 맞지 않을 때도 발생한다.

17. 신체적 장애는 시각장애, 청각장애, 언어장애로 나눌 수 있는데 다음 중 시각장애의 개념으로 옳지 않은 것은?

① 나쁜 눈의 시력이 0.02 이하인 사람   ② 좋은 눈의 시력이 0.2 이하인 사람
③ 두 눈의 시야가 각각 주 시점에서 2도 이하 남은 사람
④ 두 눈 시야의 2분의 1 이상을 읽은 사람

정답 및 해설: ③, 두 눈의 시야가 각각 주 시점에서 2도 이하 남은 사람 → 10도 이하

18. 정신장애는 생물학적·심리적 병변으로 정신기능의 모든 영역인 지능, 지각, 사고, 기억, 의 식, 정동, 성격 등에서 병리학적 현상이 진행되는 것을 말하는데 다음 중 정신장애의 분류 가 다른 것은?

① 조현병 ② 자폐성 장애 ③ 양극성 장애 ④ 알코올 중독

정답 및 해설: ②

19. 치매는 뇌가 여러 가지 원인으로 인하여 뇌의 신경세포가 기능을 못하거나 변화를 일으켜 인격의 변화나 여러 가지 정신적인 증상 및 문제행동을 유발시킴으로써 일상 생활을 유지 하기 어려운 상태가 되는 증세를 말하는데, 다음 중 치매의 증상과 특성이 나머지와 다른 것은?

① 초기 증상으로는 두통과 현기증이 있으나 주로 인물의 이름과 일시를 기억하지 못하는 기억력장애가 나타난다.
② 기억력 장애가 심해져도 이해력과 판단력은 남아 있다.
③ 사회성은 비교적 유지되나 감정의 억제가 어렵고 감정과 기분이 변하기 쉽고, 눈물을 흘 리기도 하는 감정실금이 특징이다.
④ 자발성 저하와 의욕이 감퇴하는 증상을 보이기 때문에 우울증과 구별이 어려우며 인격의 변화가 보여지는 것이 특징이다.

정답 및 해설: ④
　　　　　　자발성 저하와 의욕이 감퇴하는 증상을 보이기 때문에 우울증과 구별이 어려우며 인격의 변화가 보여지는 것이 특징이다. 알츠하이머형 치매

20. 취약계층이란 사회경제적으로 약자의 위치에 있거나 이러한 위치에 처할 위험이 높은 층으로 정의할 수 있는데, 다음 중 분류상 다른 하나는?

① 저소득층 ② 고령자 ③ 외국인노동자 ④ 재소자

정답 및 해설: ④, 재소자 → 사회적 취약계층. 신체적,경제적 취약계층 - 저소득층, 고령자, 장애인, 외국인 노동자

21. 한국에 들어온 이민자는 크게 두 가지로 나눌 수 있는데, 다음 중 나머지 부류와 성격이 다른 하나는?

① 결혼이민자 ② 동포출신 귀화자 ③ 생산기능직 이주노동자 ④ 영주자

정답 및 해설: ③, 생산기능직 이주노동자

한국에 들어온 이민자는 크게 두 가지로 나눌 수 있는데 국내에 정착하여 국민으로 귀화하는 것을 전제로 한 집단(결혼이민자, 동포출신 귀화자, 일반 귀화자 등)과 국내에 외국인으로 정착할 것을 가정하는 집단(영주자 등)이 한 부류이고, 나머지 부류는 일시적으로 머무는 것을 전제로 하는 외국인 집단(생산기능직 이주노동자 등)과 출입국관리법 위반으로 강제 퇴거해야 할 집단(미등록 노동자)이다.

22. 다문화 가정의 생애주기별 서비스이다. 연결이 바르지 않은 것은?

① 결혼 준비기 - 한국인 예비 배우자 결혼준비교육
② 가족 형성기 - 다문화가족 취업 연계 및 교육지원
③ 자녀양육기 - 무연고·방치아동 보호 및 다문화 아동청소년 전담 동반자 육성
④ 가족역량 강화기 - 취·창업 능력 향상 교육프로그램 제공

정답 및 해설: ③, 자녀양육기 - 무연고·방치아동 보호 및 다문화 아동청소년 전담 동반자 육성 → 가족해체시

23. 위기청소년의 성향에 관한 요인은 수없이 많이 있지만 크게 개인적 요인과 맥락적 요인 2 가지로 나눌 수 있으며, 개인적 요인은 다시 생물학적 요인과 심리학적 요인으로 구분할 수 있다. 다음 중 요인별 구분이 다른 하나는?

① 낮은 각성수준 ② 낮은 지능 ③ 낮은 자아존중감 ④ 까다로운 성질

정답 및 해설: ①, 낮은 각성수준 → 생물학적 요인
　　　　　　가) 생물학적 요인

유전적 요인이 원인이 될 수 있다. 유전적으로 취약하거나 각성 수준이 낮으면 비행에 대한 자각력과 통제력이 떨어질 수 있어서 비행을 일으킬 가능성이 크다.

　나) 심리학적 요인

낮은 지능, 까다로운 성질, 낮은 자아존중감, ADHD 또는 학습장애 수반, 조기 공격적 행동 등 아동의 타고난 성격특성으로 인해 타인과의 상호작용이 적절하지 못하여 비행 으로 발전할 수 있다.

24. 청소년 문제행동 유형별 구분이다. 문제행동 영역에 따른 문제행동 유형이 아닌 것은?

① 심리적 영역 - 자기 비하 ② 가정 부적응 영역 - 과잉보호
③ 학교 부적응 영역 - 집단따돌림 ④ 청소년 폭력 영역 - 금품 갈취

정답 및 해설: ③, 학교 부적응 영역 - 집단따돌림 → 청소년 폭력 영역

25. 심리상담의 이론적 이론 중 행동수정 이론의 중재기법으로 바르지 않은 것은?

① 치유농업을 통해 부적응적 행동을 수정하여 사회적응에 필요한 행동을 습득시키고자 한다.
② 정적강화와 부적강화를 통해 내담자의 문제행동을 감소시키거나 바람직한 행동을 습득하 고자 한다.
③ 불쾌한 감정이나 분노를 자기표현 훈련을 통해 노출함으로써 대인관계문제를 해결하고자 한다.
④ 행동수정 이론은 행동의 변화 뿐만 아니라 인지의 변화도 추구한다.

정답 및 해설: ④, 행동수정은 눈에 보이는 행동의 변화에만 초점을 둔다.

11. 11차시 출제예상문제 및 해설

1. 치유농업의 역사와 관계가 없는 것은?

① 1950년대 현대적 의미의 치유농업의 출현
② 영국: 빅토리아 시대의 요양원의 재활 기록
③ 미국: 벤자민 러쉬의 원예 활동이 정신 건강에 긍정적인 영향을 준다는 연구
④ 네덜란드: 국가의 지원으로 치유농장 수가 급격히 증가

정답 및 해설: ①

2. 치유농업에 대한 설명으로 틀린 것은?

① 건강이나 웰빙은 사회문화의 틀 속에서 결정된다는 믿음에 기초한다.
② 치유농장에서 이루어지는 치유서비스가 의료나 심리측면에서 타당성을 인증받으려면 전문가의 참여가 필요하다.
③ 치유농장에서의 교육과 훈련으로 직업능력을 회복시키거나 관심분야를 발견할 수 있도록 돕는다.
④ 치유농업은 농업의 다원적 기능에 포함되나 반드시 농장에서 이루어지는 산물은 아니다.

정답 및 해설: ④, 농장에서 이루어져야 한다.

3. 매슬로우(Maslow)의 욕구단계이론에 대한 설명으로 옳은 것은?

① 낮은 단계일수록 욕구 강도가 강하다.
② 자아실현 욕구는 청소년기부터 나타난다.
③ 상위단계의 욕구는 개인의 생존에 중요한 역할을 한다.
④ 자아실현의 욕구는 내적만족 요인보다는 외적 보상요인이 충족될 때 실현된다.

정답 및 해설: ①

4. 사회복지실천 및 사회복지서비스 전달체계에 대한 설명으로 옳지 않은 것은?

① 중증장애인 요양시설은 장애의 정도가 심하여 항상 도움이 필요한 사람을 입소하게 하여 상담, 치료 또는 요양 서비스를 제공하는 시설이다.
② 정신보건시설은 정신의료기관, 정신요양시설, 사회복귀시설로 나누어지며, 노숙인시설은 노숙인복지시설, 노숙인종합지원센터가 있다.
③ 사회복지서비스는 있으며, 사회복지서비스의 전달자와 수급자를 연결하기 위한 조직적 연결로 정의할 수 있다.
④ 노인복지는 노인의 생존권보장, 건강한 노후생활 보장, 사회통합의 유지라는 점에서 그 의미를 찾을 수 있다.

정답 및 해설: ③, 사회복지서비스는 있으며, 사회복지서비스의 공급자와 수급자를 연결하기 위한 조직적 연결로 정의할 수 있다.

5. 다음 아동복지시설(아동복지법 제52조)의 종류에 적합하지 않는 것은?

① 점자도서관시설
② 자립지원시설
③ 드림스타트
④ 공동생활가정

정답 및 해설: ①, 점자도서관시설(장애인)

6. 치유농업시설의 운영자의 안전·위생교육에 대한 내용 중 틀린 것은?

① 교육시행에 관한 자료를 작성하고, 이를 1년간 보관·관리해야 한다.
② 교육시간은 연간 4시간 이상으로 한다.
③ 교육을 이수한 자에게는 이수증을 발급해야 한다.
④ 심폐소생술 등 응급조치 요령 등에 대한 내용으로 교육한다.

정답 및 해설: ①

7. 제1차 치유농업 연구개발 및 육성 종합계획이 2025년 수립되었을 경우에 정기 실태조사는 언제 실시해야 하는가?

① 2027년
② 2028년
③ 2029년
④ 2030년

정답 및 해설: ③

8. 아동기에 관한 설명으로 옳은 것은?

① 자아중심적 사고 특성을 나타낸다.
② 동성 또래관계를 통해 사회화를 경험한다.
③ 신뢰감 대 불신감이 형성되는 시기이다.
④ 경험하지 않고도 추론이 가능해진다.

정답 및 해설: ②

9. 생활지도의 기본방향으로 잘못 설정된 것은 어느 것인가?

① 생활지도는 전인적 발달에 초점을 둔다.
② 생활지도는 심리보다는 실생활 도움에 중점을 둔다.
③ 생활지도는 문제를 가진 특정한 사람들을 대상으로 한다.
④ 생활지도는 학교 교육의 일부로 운영되고 있다.

정답 및 해설: ③

10. 사회복지의 개념으로 옳지 않은 것은?

① 인간의 생활을 가장 이상적인 행복한 상태로 유지시키려는 인간 중심의 가치가 전제되어야 한다.
② 광의의 정책적 측면의 사회복지와 협의의 사회복지실천영역이 있으며 각각은 상호 배타적이다.

③ 사회복지의 주요 개념을 잔여주의 대 제도주의 대 선별주의 대 보편주의로 구분할 수 있다.
④ 사회복지라는 용어는 사회서비스, 사회보장, 사회복지서비스, 사회사업 그리고 자선사업 등의 유사개념으로 사용된다.

정답 및 해설: ② 상호 연관성이 존재

11. 다음은 사회보장기본법 제3조에 나오는 사회보장 개념이다. (   )에 해당되는 용어는?

> (   )란 국가와 지방자치단체의 책임하에 생활유지 능력이 없거나 생활이 어려운 국민의 최저생활을 보장하고 자립을 지원하는 제도

① 사회보장
② 사회보험
③ 공공부조
④ 사회복지서비스

정답 및 해설: ③

12. 노인복지 증진을 위한 시설로서 다음 중 성격이 다른 것은?

① 노인복지관 ② 경로당 ③ 노인교실 ④ 양로원

정답 및 해설: ④

13. 장애인 복지는 생존적 기본권 사상에 기초하여 장애인의 자아를 실현하며 인간으로서 모든 시민과 같은 권리를 보장받을 수 있는 조건을 확보하는 것이라 할 수 있는데 다음 중 장애 인 복지시설에 대한 설명으로 옳지 않은 것은?

① 장애인 생활시설은 장애유형별생활시설, 중증장애인 요양시설, 장애영유아 생활시설로 구 분 한다.

② 장애인 지역사회 재활시설로는 장애인 복지관, 의료재활시설, 주간보호시설, 단기 보호시설 등으로 구분한다.
③ 장애인 직업재활시설로는 장애인 작업활동시설, 보호작업시설, 근로 작업시설, 직업 훈련시 설, 생산품 판매시설 등으로 구분한다.
④ 장애인 생활시설로서 장애인에게 필요한 치료, 상담, 훈련 등의 편의를 제공하고 이에 소 요되는 일체의 비용은 무료로 국가나 지자체가 부담한다.

정답 및 해설: ④

14. 심리상담과 중복되거나 인접 개념으로 기능하는 용어로 생활지도와 정신치료를 들 수 있는 데 다음 중 내용이 맞는 것은?

① 생활지도의 기본철학은 자아발달에 있다.
② 심리상담의 기본 목적은 삶의 방향정립에 있다.
③ 생활지도의 주요 방법은 정보제공에 있다.
④ 정신 치료는 인간과학에 학문적 기초가 있다.

정답 및 해설: ③

15. 심리상담 이론 중 합리적 정서적 행동치료(REBT)의 설명으로 바르지 않은 것은?

① 핵심 내용은 인지, 정서, 행동이 행동의 변화에 의해 결정된다는 것이다.
② REBT는 포괄적이고 절충적인 치료실제를 강조하여 단기간 내에 우울과 불안을 다룰 수 있다.
③ 인지적 기법은 비합리적 신념을 합리적 신념으로 변화시키는 것이다.
④ 정서적 기법은 즐거움, 우울, 불안 같은 정서를 느낄 수 있도록 상황을 전환 시키는 것에 초점을 둔다.

정답 및 해설: ①, REBT의 핵심내용은 인간의 인지, 정서, 행동이 인지에 의하여 결정된다는 것이다.

16. 현실치료의 상담기법 설명으로 바르지 않은 것은?

① 현실치료 상담 과정은 진실 되고, 따뜻하고 관심어린 상담환경 가꾸기부터 시작된다.
② 현실치료는 행동변화를 위한 상담과정의 절차로 WDEP 4단계, 즉 W(want) 바람, D(doing) 하는 일을 제시한다. E(evaluation) 자기평가, P(plan) 계획하기를 의미한다.
③ 현실치료는 개인의 선택을 강조하며 억압된 갈등이나 무의식적 힘을 강조하며 복잡한 문제에도 적용할 수 있다.
④ 원예활동은 다양한 실체활동, 실물을 매개한 상호작용, 산물을 통한 성취감, 창작활동을 통한 자유 등으로 현실치료의 다섯 가지 욕구를 만족시킨다.

정답 및 해설: ③, 억압된 갈등과 무의식은 강조하지 않는다. 현실적 측면에 초점을 둔다.

17. 긍정심리학 이론의 중재설명으로 거리가 먼 것은?

① 원예활동은 기분장애와 불안장애를 가진 대상자의 기분을 전환하여 안정감을 느끼며 심리적 회복을 돕는다.
② 원예활동으로 상추, 고추, 토마토 등의 채소 기르기는 식물의 생장과정을 짧은 기간에 볼 수 있으며 노력에 대한 결과물의 보상이 주어진다는 장점이 있다.
③ 수확물을 수확함으로써 경험하는 성취감과 성공경험은 내담자에게 긍정적 경험을 축적하게 한다.
④ 긍정심리학에서 심리·사회적 안녕감은 체계적이고 상호작용과 밀접한 연관성을 갖고 있다.

정답 및 해설: ④, 자의적이고 체계적이지 않다. 덕목이나 강점 간 상호작용과 연관성을 제대로 인식하지 못하고 있다는 단점이 있음.

18. 다음의 설명으로 바르지 않은 것은?

① 치유농업사와 대상자의 만남은 '역할관계'로 만나 '참 만남'의 관계로 발전하는 치료적 인간관계이다.
② 의사소통은 언어적 의사소통과 비언어적 의사소통으로 나눌 수 있으며, 비언어적 의사소통이 차지하는 비중이 99%로 역할이 절대적이다.
③ 치유농업사는 전달 메시지가 왜곡되지 않도록 온정 등이 긍정적 관계와 관련이

있는 비 언어적 의사소통으로 대상자와 의사소통하여야 한다.
④ '치료적 의사소통'은 본질적인 부분을 대상자에게 바꾸어 말하는 비언어적 반응을 사용하는 것으로 비지시적, 비판단적, 개방적인 대화 기법이 적용된다.

정답 및 해설: ④, 치료적 의사소통은 비언어적 반응이 아닌 언어적 반응을 사용한다. 언어적으로 비지시적, 비판단적, 개방적인 대화기법을 하는 것이다.

19. 다음은 치유농업의 실행기법에 관한 설명이다. (   )에 들어갈 알맞은 기법을 고르시오.

> 식물의 전정, 삽목, 제초, 적엽, 절화 등 식물의 잎, 줄기, 나뭇가지 등 일부분을 따기, 자르기, 말리기, 누르기, 감기, 휘기를 하면서 생명체를 파괴하는 일련의 활동은 식물의 생산을 도울뿐만 아니라, 인간의 억압, 두려움, 분노, 좌절, 고토의 감정을 예술로 재탄생시키는 창조적 승화의 (   )를 경험하게 한다.

① 자아존중감
② 카타르시스
③ 감각통합
④ 화상기법

정답 및 해설: ②

가. 자아존중감은 자신이 지각한 여러 속성에 대하여 스스로가 긍정적 혹은 부정적으로 판단하는 감정적 평가 태도로 스스로를 가치 있다고 생각하거나 타인에게 존경받을 수 있다고 느끼는 가치관의 판단이나 정도이다. 의미 있는 과제의 성공적인 완성과 반복된 성공의 경험은 자아존중감 형성에 큰 영향을 미친다. 따라서 자아존중감의 향상을 위해서는 매번 다른 생소한 활동과 소재를 이용하기보다 열매채소-뿌리채소-잎채소순으로 이식 활동을 반복하거나 지주 유인, 그물 유인 등 유사한 유인 활동을 반복적으로 배치하여 성공을 반복적으로 경험하게 함으로써 '할 수 있다'는 성취감과 자신감, 유능감을 제공하

고, 반면 이식하는 식물의 종류와 이식하는 방법, 이식하는 장소, 도구 등에 변화를 주어 지루하지 않도록 계획할 수 있다.
나. 회상기법은 대화가 가능하고 관심이 있는 대상자 모두에게 적용할 수 있지만, 특히 인생에 대한 다양한 경험을 가진 노인이나 단기기억보다는 장기기억을 가지고 있는 치매 노인에게 특히 적합하며, 개인보다 집단 프로그램을 실시할 때 집단의 상호작용으로 회상의 효과성을 향상할 수 있다.

20. 치유농업에 참여하는 대상자들이 식물세계의 사건들에서 반영되어진 그들 자신들만의 삶에 서 비슷한 주제들에 대한 의식적 혹은 무의식적 자각을 표현한 개념은?

① 평행적 주제들(parallel issues) ② 카타르시스(catarsis) ③ 깊이 지각 ④ 변환집중력

정답 및 해설: ①

가. 깊이지각: 물건이나 그림, 다른 사람과의 거리, 지면의 변화를 인식하는 것으로, 플로랄 폼에 일정한 깊이로 소재를 꽂는 것이 이에 해당한다
나. 변환집중력: 한 가지 행동을 하다가 특정 지시가 주어지면 다른 행동을 하도록 하는 것
다. 원예치료가 어떻게 우리에게 긍정적 효과를 줄 수 있는가에 관련된 설명 중 언급되는 개념으로 '평행적 주제들(parallel issues)'(최영애 등, 2007)이 있다. 평행적 주제들에 대한 초기 언급은 Mattson(1980)에 의해 "씨앗을 심는 것, 그것이 자라고, 발달하고, 꽃을 피우고, 열매를 맺고, 성숙하고, 나이 들어가며, 죽고, 다른 세대에서 새로워지는 것은 인간의 생명주기에서 찾아지는 평행적 주제들"이라고 설명하되 "대부분의 대상자들은 식물 세계의 사건들에서 반영되어진 그들 자신들만의 삶에서 비슷한 주제들에 대한 의식적 혹은 무의식적 자각을 한다."고 언급하였다.

21. 다음은 치유농업의 실행기법 중 하나를 설명한 것이다. a, b에 들어갈 표현으로 적합한 것은?

> a 는(은) 식물의 생장에 필요한 물주기, 비료주기, 풀 뽑기, 수확하기, 만들기 등 신체를 움직여서 고나계하는 방식을 말한다. 그리고 식물의 생육과정을 연결하는 원예는 식물을 기르는 것, 즉 b를(을) 하는 일이다.

① a: 감각 체험 b: 돌봄 경험 ② a: 동작 체험 b: 돌봄 경험
③ a: 동작 체험 b: 양육 경험 ④ a: 감각 체험 b: 양육 경험

정답 및 해설: ③

인간이 식물에 관계하는 방식은 감각 체험과 동작 체험의 행위로 이루어진다. 감각 체험이란 '오감을 통하여 보고, 냄새 맡고, 만지고, 듣고, 맛을 보는' 관계 방식으로 식물은 모양이나 색채 및 생장에 따른 변화 등 매혹적인 것이 많아 인간이 반응하는 환경에 있어 특히 오감과 관련된 지각적인 면을 자극한다. 동작 체험은 식물의 생장에 필요한 물주기, 비료 주기, 풀 뽑기, 수확하기, 만들기 등 신체를 움직여서 관계하는 방식을 말한다. 식물을 대상으로 한 감각 체험 및 동작 체험, 그리고 식물의 생육 과정을 연결하는 원예는 식물을 기르는 것, 즉 양육 경험을 하는 일이다

22. 다음 중 치유농업 실행기법 중 사회적 기술에 해당하지 않는 것은?

① 사회적 주도 ② 유지반응 ③ 감정이입 ④ 친사회적 기술

정답 및 해설: ③

가. 사회적 기술은 사회적 주도, 사회적 반응, 유지반응, 사회적 문제해결 기술, 친사회적 기술, 그리고 사회적 화술로 구성된다. 사회적 주도는 타인에 대한 주의집중행동, 사회적 상호작용을 하려는 행동이며, 사회적 반응은 사회적 주도에 따르고, 주도자와 상호작용을 하는 것이며, 유지반응은 주도반응 계열을 넘어서 사회적 상호작용을 확장하려는 행동이다.

나. 사회적 지지는 스트레스 상황에서 받는 부정적 영향을 완화 시켜 주

는 행위로써 개인이 대인관계에서 얻을 수 있는 긍정적 자원이다. 또한 개인의 정서나 행동에 유리한 결과를 갖도록 정보 조언, 구체적인 원조도 포함될 수 있다사회적 지지 전략은 수용, 신뢰, 애정, 감정이입, 친밀감, 질병 상황에 대한 지식, 물질 및 서비스 제공을 포함한다.

23. 다음 중 1급 치유농업사 시험에 응시할 수 있는 자격이 아닌 것은?

① [국가 기술사자격법]에 따라 농업, 축산, 임업, 조경 분야의 기술사 자격을 취득한 사람
② 2급 치유농업사 자격을 취득한 후 치유농업과 관련된 업무에 5년 이상 종사한 경력이 있 는 사람
③ [국가기술자격법]에 따라 농업, 축산, 임업, 조경, 분야의 기능사 또는 사회복지, 종교 분야 의 직업상담사 2급 자격을 취득한 후 치유농업 관련업무에 5년이상 종사한 경력이 있는 사람
④ [고등교육법] 제2조 제1호의 대학에서 농업, 축산, 임업, 조경, 보건·의료, 사회복지·상담, 평 생 교육·교육, 관광 관련학과의 학사 학위이상을 취득한 후 치유농업 관련 업무에 5년 이상 종사한 경력이 있는 사람

정답 및 해설: ④

24. 다음 설명과 관계있는 치유농업 실행기법은?

> 대부분의 대상자들은 식물세계의 사건들에서 반영되어진 그들 자신들만의 삶에서 비슷한 주제들에 대한 의식적 혹은 무의식적 자각을 한다.

① 생물학적 요인과 심리학적 요인의 통합
② 생명의 돌봄과 양육
③ 카타르시스
④ 자아존중감

정답 및 해설: ①

25. 치유농업 실행기법 중 인지훈련에 관한 사항이다. 알맞지 않은 것은?

① 지남력은 현실감각 능력으로 계절, 날씨, 시간, 장소를 확인하는 프로그램을 통해 인지를 자극할 수 있다.
② 주의력에는 한 가지 행동을 하다가 특정 지시가 주어지면 다른 행동을 하도록 하는 변환 집중력, 지속적이거나 반복적인 활동을 하는 동안 행동이나 생각을 유지하고 조작하는 능력인 지속집중력, 여러 물건 중에서 지정된 물건을 찾도록 하는 선택 집중력이 있다.
③ 기억력에는 시간에 따른 기억으로 감각기억, 단기기억, 장기기억으로 나뉜다.
④ 시-공간 지각은 사물의 위치, 크기, 형태를 파악하는 것으로 전경과 배경 및 형태의 항상 성 등이 이에 해당한다.

정답 및 해설: ④

인지훈련에는 지남력, 주의력, 기억력, 문제해결력 등이 있으며 시-공간 지각은 '감각운동'에 해당한다.

12. 12차시 출제예상문제 및 해설

1. 부적응 행동을 치료하기 위한 행동주의 학습이론을 적용한 행동수정 이론에 대한 설명 중 틀린 것은?

① 스키너의 조작적 조건형성의 원리를 기반으로 하고 있다.
② 자기표현 훈련에 효과가 있으며 개인을 위한 프로그램에서 많이 실시되고 있다.
③ 바람직한 행동을 여러 단계로 나누어 강화한다.
④ 구체적 부적응 행동을 바람직한 행동으로 유도하는데 가장 유망한 치료법이다.

정답 및 해설: ②

행동수정 기본 원리 중 자기표현 훈련은 주로 대인관계의 문제를 해결하는 데 사용되며 집단 프로그램에서 많이 실시되고 있다.

2. 합리적 정서적 행동치료에 대한 설명 중 바른 것은?

① 상담기법에는 인지적, 심리적, 행동적 기번의 영역으로 구분된다.
② REBT 이론에서는 한 사람이 지닌 왜곡되고 비합리적 신념 때문에 부적응행동이 발생한 다고 본다.
③ REBT 원리는 ABC모형으로 설명될 수 있다.
④ 감정을 표현하도록 하여 생각을 강조하는 점이 내담자에게 환영받는다.

정답 및 해설: ②

① 상담기법에는 인지적, 정서적, 행동적 기번의 영역으로 구분된다. 심리적인 아닌 정서적이 되어야 함.
③ ABCDE 모형으로 설명될 수 있다.
④ REBT 이론은 감정을 찾고 표현하도록 하지 않고 생각을 강조하는 점은 내담자들에게 환영받는다.

3. 글래서(Glasser)에 의해 개발된 현실치료 RT의 배경이 된 선택이론에 해당하지 않는 것은?

① 사랑과 구속의 욕구 ② 생존 및 생식의 욕구 ③ 힘의 욕구 ④ 즐기고 싶은 욕구

정답 및 해설: ①
    선택이론에 의한 인간의 기본욕구는 다섯 가지 유형이 있다. 즉, 생존 및 생식의 욕구, 사랑과 소속의 욕구, 힘의 욕구, 자유의 욕구, 즐기고 싶은 욕구

4. 게슈탈트 이론에 대한 설명 중 바른 것은?

① 펄스에 의해 개발된 이론으로 실존적 심리치료 기법이다.
② 게슈탈트란 개체가 욕구, 감정, 신체, 감각, 행동으로 분리 된 것이다.
③ 게슈탈트 이론은 미해결 과제를 완결 짓기 위해 왜(why)라는 것을 알아차려야 한다.
④ 게슈탈트는 직접적으로 경험하고 행동하는 것을 지양한다.

정답 및 해설: ① 펄스에 의해 개발된 이론으로 실존적 심리치료 기법이다
    ② 게슈탈트는 개체가 자신의 욕구나 감정, 신체, 감각, 행동이 서로 분리된 게 아니라 하나의 의미있는 전체로 조직화하여 지각하는 것을 뜻한다.
    ③ 게슈탈트 이론은 미해결과제를 완결 짓는 일이 매우 중요하다. 미해결 과제를 해결할 방법은 '지금-여기(here and now)'를 알아차리는 것이다.
    ④ 게슈탈트의 공헌점은 직접적으로 경험하고 행동하는 것을 강조한 점이다.

5. 치유농업 현장에서 적용할 수 있는 치료적 의사소통은 대상자가 자신의 생각과 느낌을 자유롭게 표현하도록 한다. 다음의 설명 중 일치적 의사소통의 예가 바르게 설명된 것은?

① 상황: OOO님은 □□□님이 발표하는 동안 눈을 감으셨어요.

② 사고: 오랜 느낌 끝에 대답 하셨어요.
③ 감정: 저는 □□□님의 발표를 보니 기쁜 생각이 들었어요.
④ 기대 및 열망: 본 활동의 의미를 잘 이해하시니 동참하고 계시는구나 싶었어요.

정답 및 해설: ①

② 사고: 자신의 신념, 의견, 이론, 상황에 대한 해석을 일컫는다. 주관적인 가설이나 상황에 대한 이해를 보여준다. "오랜 생각 끝에 대답했다.", "자네 술 생각 있나?"
③ 감정(느낌): 상대방을 비난하지 않으면서 자신의 감정을 간단히 기술하는 것이다.
④ 기대 및 열망: 기대하는 바를 말하는 것이다.

6. REBT 이론에서는 인간의 부적응행동 또는 이상심리는 비합리적인 신념 때문에 발생한다고 본다. 비합리적 신념과 합리적 신념의 차이점으로 바르지 않는 것은?

	비합리적 신념	합리적 신념
①	절대론적인 사고	비교적사고
②	파국화 신념	항파국화 신념
③	감내, 기능, 신념	감내, 불능, 신념
④	비하적 신념	수용적 신념

정답 및 해설: ③

감내, 불능, 신념 '만약~하면 견디거나 참을 수 없을 것이다' -비합리적 신념
감내, 기능, 신념 '만약~하면, 견디기 어려울 것이다. 하지만 나는 버텨 낼 수 있고, 그렇게 하는 것이 나에게 의미가 있다. - 합리적 신념

7. 원예활동은 현실치료의 다섯 가지 욕구를 고루 만족 시킨다. 다음의 예는 행동변화를 위한 상담 과정의 절차 중 어느 단계에 해당하는가?

> 식물의 수경재배 가능여부에 대한 이해를 바탕으로 한 수경재배와 환영의 의미를 지닌 리스 만들기를 통하여 "다인의 현재 행동이 원하는 방향으로 가도록 하고 있나요?", "당신이 원하는 것이 현실적이며 달성할 수 있는 것인가요?"등의 숙련된 질문을 사용하여 대상자가 자신의 행동을 평가하도록 도울 수 있다.

① 욕구탐색하기 W(want) 단계 ② 현재 해동에 초점두기 D(doing) 단계
③ 평가하기 E (evaluation) 단계 ④ 계획하기 P(plan) 단계

정답 및 해설: ②

① 욕구탐색하기 W(want) 단계-다양한 색깔의 꽃을 제시하고 "어떤 색의 꽃들을 원하나요?" 등의 질문을 통하여 대상자가 자신의 욕구를 만족시킬 수 있는 여러 가지 방법을 인식하도록 격려할 수 있다.
③ 평가하기 E (evaluation) 단계-식물의 수경재배 가능여부에 대한 이해를 바탕으로 한 수경재배와 환영의 의미를 지닌 리스 만들기를 통하여 "다인의 현재 행동이 원하는 방향으로 가도록 하고 있나요?", "당신이 원하는 것이 현실적이며 달성할 수 있는 것인가요?"등의 숙련된 질문을 사용하여 대상자가 자신의 행동을 평가하도록 도울 수 있다.
④ 계획하기 P(plan) 단계-희망 꽃 볼 만들기를 통해 미래계획을 세우도록 유도하여 계획을 수립하고 실천하는 과정을 통해서 대상자는 자기 자신에게 선택이나 행동에 대한 책임능력이 있다는 사실을 학습할 수 있다.

8. 다음과 같은 '게슈탈트 이론'을 주장한 사람은??

> 지금-여기에서 '무엇을', '어떻게' 느끼는가에 초점을 둔 실존적 심리치료기법으로 (   )에 의하여 개발된 이론이다. 게슈탈트란 개체가 자신의 욕구나 감정, 신체, 감각, 행동이 서로 분리된 게 아니라 하나의 의미 있는 전체로 조직화하여 지각하는 것을 뜻한다.

① 스키너(Skinner) ② 엘리스(Ellis) ③ 글래서(Glasser) ④ 펄스(Perls)

정답 및 해설: ④

    ① 스키너(Skinner) - 행정수정이론

    ② 엘리스(Ellis) - REBT이론

    ③ 글래서(Glasser) - 현실치료이론

9. 다음의 사례는 치유농업 프로그램 과정에서 사용할 수 있는 어떤 의사소통 방식을 나타낸 것인가?

> 상황: 여러분 모두, 씨앗을 매우 자세히 살피고 씨앗을 뿌리는 동안 말씀이 거의 없이 조용하셨어요.
>
> 사고: 저는그런 여러분의 모습을 보면서 '고도의 집중을 하고 계시는 구나' 라고 생각했어요. 솔직히 활동을 준비하면서 간단한 활동이라 지루해하시면 어쩌나 약간의 우려도 있었는데,
>
> 감정(느낌): 집중하는 여러분의 모습을 보니 다행스럽고 기운이 납니다.

① 일치적 의사소통 ② 정보제공 ③ 일반적 주제 ④ 감정의 반영

정답 및 해설: ①

    일치적 의사소통 - 대상자들이 씨앗을 뿌리는 과정에서 보였던 모습 중 치유농업사에게 관찰되었던 내용 및 생각과 느낌을 전달하거나, 대상자에게 적절히 피드백 하기 위해 일치적 의사소통을 사용할 수 있다.

    일치적 의사소통을 피드백에 이용할 때는 대상자의 행동이나 활동 중 벌어진 상황이 바람직한 상황이었다면 치유농업사는 '상황, 사고, 감정(느낌)'을 이용하여 피드백을 마무리할 수도 있고 저항, 갈등 등의 문제가 발생한 상황이라면 '상황, 사고, 감정(느낌), 기대 및 열망'의 요소를 모두 사용할 수도 있다.

10. 다음 중 비치료적 의사소통이 아닌것은?

① 폐쇄적 질문 ② 재진술 ③ 안심 ④ 불필요한 칭찬

정답 및 해설: ②, 재진술-치료적 의사소통에 해당한다.

11. 치유농업사 자격정지 처분기준의 2분의 1 범위에서 감경할 수 있는 것에 해당하는 것을 모두 고른 것은?

> ㉠ 위반행위가 중대한 과실이 아닌 사소한 부주의나 오류로 인한 것으로 인정되는 경우
>
> ㉡ 위반행위가 바로 정정하거나 시정하여 해소한 경우
>
> ㉢ 위반행위가 법 위반상태를 시정하거나 해소하기 위하여 노력한 것이 인정되는 경우
>
> ㉣ 그 밖에 위반행위의 정도, 위반행위의 동기와 그 결과 등을 고려하여 감경할 필요가 있다고 인정되는 경우

① ㉠, ㉡, ㉣   ② ㉠, ㉡, ㉢, ㉣   ③ ㉠, ㉢, ㉣   ④ ㉠, ㉡, ㉢

정답 및 해설: ①, ㉢ '위반행위가 법 위반상태를 시정하거나 해소하기 위하여 노력한 것이 인정되는 경우'는 과태료 금액을 줄여 부과할 수 있는 조건이다

12. 치유농업사 자격취소에 해당하지 않는 것은?

① 자격정지 기간에 업무를 수행한 경우
② 거짓이나 그 밖의 부정한 방법으로 자격을 취득한 경우
③ 치유농업사 자격증을 빌려주어 3차례 위반한 경우
④ 치유농업사 명칭을 사용하거나 이와 유사한 명칭을 사용한 경우

정답 및 해설: ④, 치유농업사 명칭을 사용하거나 이와 유사한 명칭을 사용한 경우 과태료 부과대상임

13. 과태료 부과기준에 관한 사항 중 옳지 않은 것은?

① 위반행위의 횟수에 따른 과태료의 가중된 부과기준은 최근 3년간 같은 위반행위로 과태료 부과처분을 받은 경우에 적용한다.
② 위반행위가 사소한 부주의나 오류로 인한 것이나 위반행위자가 법 위반상태를 시정하거나 해소하기 위하여 노력한 것이 인정되는 경우 과태료의 2분의1 범위에서 그 금액을 줄여 부과할 수 있다.
③ 위반의 내용·정도가 중대하여 이로 인한 피해가 크다고 인정되는 경우나 법 위반상태의 기간이 6개월 이상인 경우에는 과태료의 2분의 1 범위에서 그 금액을 늘려 부과할 수 있다.
④ 치유농업사 명칭을 사용하거나 이와 유사한 명칭을 3차 이상 위반하여 사용한 경우에는 500만원의 과태료가 부과된다.

정답 및 해설: ①, 위반행위의 횟수에 따른 과태료의 가중된 부과기준은 최근 1년간 같은 위반행위로 과태료 부과처분을 받은 경우에 적용한다.

14. 다음 중 외부신체장애의 하나인 지체장애의 발생 원인으로 가장 거리가 먼 것은?

① 골격의 절단 및 기형, 골격과 골격을 연결하는 관절강직으로 인한 장애
② 뇌와 척수로 구성된 중추신경계와 뇌신경, 척수신경으로 구성된 말초 신경계의 장애
③ 근육이 진행성으로 위축되는 근이영양증, 선천성 기형·사고·감염·종양 등에 의한 정형외과적 장애
④ 유아기의 언어발달과 속도에 많은 영향을 주는 가정환경으로 인한 장애

정답 및 해설: ④
　　　　　　① 지체장애는 사람의 몸 중 골격이나 근육, 관절, 신경 중 일부나 전체의 질병이나 외상으로 인해 기능장애가 발생하는 것이다.

15. 다음 중 치유농업 프로그램 대상자가 청각장애를 가졌을 경우, 프로그램 진행자의 유의 사항으로 거리가 먼 것은?

① 청각의 자극을 위해 소음이나 진동이 잘 느껴지는 공간을 활용한다.

② 구화를 활용할 경우 입을 가리지 않는다.
③ 위험상황에 대비하여 비상벨보다 비상등이나 경고등을 배치한다.
④ 평형장애의 경우 보행이나 이동에 제약이 있으므로 넘어지거나 쓰러지는 경우를 대비하여 주변 환경을 잘 정돈한다.

정답 및 해설: ①, 소음이나 진동이 심한 곳은 피해야한다.

16. 다음 중 시각장애의 판정 기준으로 바르지 않은 것은?

① 안경이나 콘텍트렌즈를 착용하지 않은 순수시력으로 판정
② 좋은 눈의 시력이 0.2 이하인 사람
③ 두 눈의 시야가 각각 주시점에서 10도 이하 남은 사람
④ 두 눈 시야의 2분의 1 이상을 잃은 사람

정답 및 해설: ①, 안경이나 콘텍트렌즈 등의 시력 교정법을 이용하여 측정된 최대 교정 시력을 기준으로 한다

17. 다음 중 조현병(schizophrenia)에 관한 설명으로 거리가 먼 것은?

① DSM-5 진단기준에 의하면 양성증상이 6개월 이상 지속되어야한다.
② 조현병은 유전으로도 발생할 수 있는 정신장애이다.
③ 양성 증상으로는 정상인에게서 존재하지 않는 환각, 망상, 와해된 언어, 기괴한 행동이 있다.
④ 정서 둔마, 사고 빈곤(무논리성), 동기 상실(무의지증), 무쾌감증을 보이기도 한다.

정답 및 해설: ①

① DSM-5 진단기준에 의하면 ㉠ 망상 ㉡ 환각 ㉢ 혼란된 언어 ㉣ 심하게 혼란된 또는 긴장된 행동 ㉤ 음성증상 감정 표현의 감소나 무의지증 등의 활성기 증상 중 2개 이상의 증상이 1개월 중 상당 기간 동안 지속된다. (성공적 으로 치료되었다면 더 짧게) 적어도 ㉠, ㉡, ㉢ 중 하나는 나타나야 한다.
② 한쪽 부모가 조현병일 때 자녀 발생률은 8~18%, 양쪽 부모가 조현병일

때 자녀 발생률은 15~55%, 한 형제가 조현병인 경우 동기간의 유병률은 3~14%, 조현병 일란성 쌍생아 일치율은 69~86%로 보고되고 있다.

18. 다음 중 치매에 관한 설명으로 거리가 먼 것은?

① 치매의 유형으로는 알츠하이머형 치매, 혈관성 치매, 기타원인에 의한 치매(가성치매)가 있다.
② 알츠하이머형 치매의 경우 파괴적 행동, 부적절한 언행 등인격의 변화를 보인다.
③ 뇌혈관성 치매는 뇌경색과 뇌출혈 등 질환에 의해 뇌가 장애를 받아 생기는 치매를 말한다.
④ 노인연령층에서 우울증에 걸리게 되면 치매와 비슷한 증상을 보일수도 있는데 이를 가성치매라 한다.

정답 및 해설: ③

노인연령층에서 우울증에 걸리게 되면 치매와 비슷한 증상을 보일수도 있는데 이를 가성치매라 한다.
① 치매는 뇌가 여러 가지 원인으로 인하여 뇌의 신경세포가 기능을 못하거나 변화를 일으켜 인격의 변화나 여러 가지 정신적인 증상 및 문제행동을 유발시킴으로써 일상 생활을 유지하기 어려운 상태가 되는 증세를 말한다. 치매는 수십 가지의 원인에 의한 것 외의 기질적인 병변으로써 정신능력, 즉 기억으로 비롯한 추상적인 사고와 판단 등과 같은 지적 기능의 장애와 함께 정서 및 행동상의 장애가 나타나는 질병이다. 이처럼 치매의 원인은 다양하지만 크게 알츠하이머병에 의한 치매, 혈관성 치매, 기타 원인에 의한 치매로 나눌 수 있다.
② 알츠하이머형 치매의 경우 파괴적 행동, 부적절한 언행 등인격의 변화를 보이는데 반해 뇌혈관성 치매는 지능이 저하해도 인격의 바탕은 남아 있다. 시간과 장소를 잊어버리는 지남력 장애가 있음에도 불구하고 케어자에게 정중하게 예의를 지키는 치매노인의 모습은 시설 등에서 가끔 보여지는 형상이다.

19. 다음은 치유농업 대상의 인체의 4가지 기본 조직이다. 조합인체의 각 기능을 담당하는 기 관을 형성한다. 설명한 것중 다른 하나는?

① 내부조직-물질순환의 통로가 되는 소화관, 혈관의 내부표면을 덮고 있다.
② 결합조직-조직이나 기관의 사이를 채우고 지지하며 다량의 세포 사이 물질을 포함하는 성긴 결합조직, 혈액, 뼈, 지방조직, 연골, 인대를 포함한다.
③ 근육조직-수의근으로 가로무늬근인 골격근과 불수의근이며 민무늬근인 내장근육으로 구성 된다.
④ 신경조직-뇌, 척수, 말초신경의 조직이며, 신호전달을 담당하는 신경세포와 신경세포를 지지 하는 신경교세포로 이루어져 있다.

정답 및 해설: ①, 상피조직-물질순환의 통로가 되는 소화관, 혈관의 내부표면을 덮고 있다.

20. 다음은 노년기의 국제노년학회(1951년)에서 노인의 정의에 대해 적었다. 다른 하나는?

① 신체 조직기능의 쇠퇴가 일어나는 사람
② 생활적응력이 감퇴되지 않고 유지되어 있는 사람
③ 자아통합감의 능력이 감퇴되어 가고 있는 사람
④ 환경변화에 대해 알맞게 대응할 신체조직이 불안전한 사람

정답 및 해설: ②, 생활적응력이 감퇴되지 않고 유지되어 있는 사람

국제 노년 학회(1951년)
- 환경변화에 대해 알맞게 대응할 신체 조직이 불완전한 사람
- 자아통합감의 능력이 감퇴되어 가고 있는 사람
- 신체조직기능의 쇠퇴가 일어나는 사람
- 생활적응력이 감퇴되어 가는 사람

21. 다음은 치유농업 정책과제도의 도입배경과 필요성이다. 빈칸의 단어를 바르게 기록한 것은?

> 가. 저출산. 고령화 등으로 대표되는 우리나라 인구구조 변화 현상이 건강한 삶에 대한 국민의 새로운 요구에도 영향을 미치고 있다. (   )는 낮고, 우울증 및 자살자 증가 등 정신질환 경험자가 증가하는 반면 건강한 삶에 대한 욕구 증가로 국민의 기대수명은 지속적으로 증가하고 있다.
> 나. 기존의 생산 중심의 경제기반에서 농업농촌의 (   )을 바탕으로 새로운 가치인 "치유농업"의 산업 생태계 조성이 필요한 시점에 이르렀다.
> 다. 치유농업은 (   )의 확대, 사회적 비용증가에 대한 대책과 삶의 질 향상, 산업과 고용 창출 등을 배경으로 하여 관련 정책 및 사업이 추진되고 있다.

① 국가행복지수-다원화 기능-농촌융복합산업
② 행복지수-사회 경제적기반-농촌융복합산업
③ 자연친화적인 삶-다원적 기능-인구수
④ 다원적기능-경제적 기반-행복지수

정답 및 해설: ①

    가. 저출산. 고령화 등으로 대표되는 우리나라 인구구조 변화 현상이 건강한 삶에 대한 국민의 새로운 요구에도 영향을 미치고 있다. (국가행복지수)는 낮고, 우울증 및 자살자 증가 등 정신질환 경험자가 증가하는 반면 건강한 삶에 대한 욕구 증가로 국민의 기대수명은 지속적으로 증가하고 있다.
    나. 기존의 생산 중심의 경제기반에서 농업농촌의 (다원화 기능)을 바탕으로 새로운 가치인 "치유농업"의 산업 생태계 조성이 필요한 시점에 이르렀다.
    다. 치유농업은 (농촌융복합산업)의 확대, 사회적 비용증가에 대한 대책과 삶의 질 향상, 산업과 고용 창출 등을 배경으로 하여 관련 정책 및 사업이 추진되고 있다.

22. 치유농업사의 자격정지 3년의 행정처분 기준에 해당하는 사항은?

① 자격정지기간에 업무를 수행한 경우
② 치유농업사 자격증을 빌려준 경우
③ 치유농업사 자격증의 대여를 알선하여 2차 위반을 한 경우
④ 거짓이나 그 밖의 부정한 방법으로 치유농업사의 자격을 취득한 경우

정답 및 해설: ②, 치유농업사 자격증을 빌려준 경우

23. 다음은 어느 국가의 치유농업을 나타낸 것인가?

- 치유농업 촉진을 목적으로 민간기관 형태의 센터 설립(2004)
- 지역 수준에서 치유농장을 지원하는 기관 운영
- 농업인 교육훈련센터 운영
- 농장의 운영형태(협력농장/기관농장)에 따른 재정지원 시행

① 네덜란드 ② 영국 ③ 벨기에 ④ 노르웨이

정답 및 해설: ③, 보기에서 설명하는 것은 벨기에의 치유농업 정책이다.

24. 다음은 어느 국가의 치유농업을 나타낸 것인가?

1999년 국가지원센터(National Support Centre)에서 시작되어 현재는 치유농업 경영자(care farmers)를 위한 전국적인 연합이 형성되었으며, 유럽 내에서도 발전적인 형태의 치유농업이 운영되고 있는 것으로 평가된다. 1999년에 국가지원센터를 통해 본격적인 치유농업이 시작되었으며, 2003년에 개인 비용으로 농장주와 직접적인 계약을 맺었다. 2005년에는 장기적 체류형태의 공식적인 형태의 치유기관 승인이 시작되었으며, 2010년에는 치유농업 경영자를 위한 전국적인 연합이 형성되었다.

① 네덜란드 ② 영국 ③ 벨기에 ④ 노르웨이

정답 및 해설: ①, 보기에서 설명하는 것은 네덜란드의 치유농업 정책이다.

25. 노르웨이 치유농업 관련 제도 영역 정책 및 전략과 거리가 먼 것은?

① 치유농업 자문제도운영
② 품질관리 및 보증제도 운영
③ 국가 지원기관 설립 및 운영
④ 치유농장 협약제도 운영

정답 및 해설: ③, 국가 지원기관 설립 및 운영은 벨기에의 치유농업 관련 제도 영역 정책 및 전략임

제3장

치유농업사 핵심 총정리 1000문항 수록

치유농업자원의 이해와 관리

제3장. 치유농업자원의 이해와 관리

01. 1차시 출제예상문제 및 해설

1. 작물의 가치에 대한 설명이 잘못된 것은?

① 대부분 알칼리성 식품(K, Na, Ca, Mg, Fe)으로 체액의 산성화를 방지한다.
② 수출농업을 이끌 수 있으며 국제 경쟁력이 있다.
③ 질병을 예방하고 치료한다.
④ 4차 산업혁명으로 상대적 성장 잠재력이 낮다.

정답 및 해설: ④, 4차 산업혁명과는 무관하며, 작물은 농가의 중요한 소득원이며 우리나라 농업의 핵심으로 상대적 성장 잠재력이 큰 경제적 가치를 가지고 있다.

2. 재배에 대한 설명으로 알맞지 않는 것은?

① 생산조절이 자유롭다.
② 재배는 유기생명체를 다루고 땅을 생산 수단으로 하기 때문에 자연환경에 크게 영향을 받는다.
③ '인간의 경지를 이용하여 작물을 기르고 수확을 올리는 경제적 행위'를 뜻한다.
④ 작물재배시 안전하고 충분한 수확을 올리기 위해서는 생육에 부적합한 환경에 대처하고 야생 동·식물이나 미생물의 침해로부터 막아주는 조치가 필요하다.

정답 및 해설: ①, 자연환경에 영향을 받기 때문에 생산조절이 자유롭지 못하다.

3. 다음 중 채소의 분류 중 잘못된 것은?

① 근경류: 생강, 연근, 고추냉이 등
② 근채류: 무, 돼지감자, 연근, 고구마. 우엉 등
③ 열매채소: 완두콩, 오이, 토마토, 딸기, 호박 등
④ 호온성채소: 무, 파, 마늘, 양파, 시금치 등

정답 및 해설: ④

※ 온도 적응성에 따른 분류

구분	분류 내용
호온성채소	25℃ 정도의 높은 온도에서 잘 생육되는 채소 대부분 열매채소인 토마토, 오이, 고추, 가지, 수박 등
호냉성채소	18℃~20℃ 정도의 비교적 서늘한 온도에서 잘 생육되는 채소 대부분 엽근채류인 배추, 무, 파, 마늘, 시금치 등

4. 다음 화훼의 원예학적 분류 중 잘못된 것은?

① 일년초: 채송화, 봉선화, 나팔꽃, 해바라기, 맨드라미 등
② 숙근초: 무궁화, 목련, 개나리, 장미, 동백나무 등
③ 구근류: 백합, 달리아, 칸나, 튤립, 수선화 등
④ 관엽류: 야자나무, 고무나무, 드리세나 등

정답 및 해설: ②

- 숙근초는 여러해살이 다년생 식물로 겨울에 땅 위 부분이 죽어도 이듬해 봄에 다시 싹이 트는 식물로 국화, 카네이션, 작약, 구절초 등이 있다
- 무궁화, 목련, 개나리 등은 꽃을 감상하고 이차적으로 잎이나 과실을 감상할 수 있는 화 목류(목본성)

5. 작물의 재배관리의 순서가 알맞은 것은?

① 종자분류 → 육묘 → 파종 → 이식 → 생육조절 → 번식관리 → 관리
② 종자분류 → 육묘 → 이식 → 파종 → 생육조절 → 번식관리 → 관리
③ 종자분류 → 파종 → 육묘 → 이식 → 관리 → 생육조절 → 번식관리
④ 종자분류 → 파종 → 이식 → 육묘 → 관리 → 생육조절 → 번식관리

정답 및 해설: ③

6. 육묘를 하는 목적과 효과가 알맞은 것은?

① 분산적 관리와 보호가 가능하다.
② 조기 수확이 가능하며 출하기를 앞당길 수 있다.

③ 종자를 경작지에 하나하나 뿌려줌으로써 종자를 절약할 수 있다.
④ 환경적 요인에 제한이 없어 수량증대에 효과가 있다.

정답 및 해설: ②

- 종자를 경작지에 직접 뿌리지 않고 집약적으로 생육하도록 관리하는 것이 '육묘'이다.
- 집약적인 관리와 보호가능, 종자절약, 수량증대 가능, 품질향상, 조기수확 가능 등의 효과가 있다.
- 노지재배 경우 기온과 지온등 기상조건이 파종시기를 제한하기 때문에 생태적 특성에 따라 파종의 적기가 다르다.

7. 다음은 파종 방법에 대한 설명이다. 빈칸의 순서가 알맞은 것은?

비교적 크기가 큰 작물에 활용	재배기간이 짧고 단기간에 수확하는 작물에 이용	작물의 크기가 작고 재배기간이 짧은 작물에 사용
a. ( )	b. ( )	c. ( )

① a. 산파 b. 조파 c. 점파   ② a. 점파 b. 산파 c. 조파
③ a. 적파 b. 산파 c. 조파   ④ a. 점파 b, 조파 c. 산파

정답 및 해설: ②

8. 다음은 내용은 육묘의 종류에 대한 설명이다. 어떤 육묘의 종류에 대한 설명인가?

> 저온이나 고온을 견디는 힘을 높이고 흡비력을 증진시켜 호박, 박, 토마토등을 대목함
> 기상과 토양환경이 불량한 시설재배에 많이 이용
> 만할병, 위조병, 역병 등에 대한 내성을 높임

① 공정육묘 ② 양액육묘 ③ 접목육묘 ④ 온상육묘

정답 및 해설: ③

9. 식물자원으로 활용되는 작물(作物)의 가치는 크게 식품적 가치, 관상적 가치, 경제적 가치 로 구분한다. 이중 경제적 가치에 해당 하지 않는 것은?

① 농가의 중요한 소득원임   ② 상대적 성장 잠재력이 큼
③ 환경을 유지하고 개선함   ④ 우리나라 농업의 핵심임

정답 및 해설: ③

10. 뿌리나 줄기의 일부분이 영양저장기관으로 변형된 지하부분을 식용으로 이용하는 채소로 직근류, 괴근류, 괴경류, 근경류 등이 있는데 연결이 바르지 않은 것은?

① 직근류 : 뿌리가 곧은 채소로 무, 당근 등
② 괴근류 : 뿌리가 덩이로 된 채소로 고구마, 마, 카사바 등
③ 괴경류 : 줄기가 덩이로 된 채소로 감자, 돼지감자 등
④ 근경류 : 뿌리줄기가 덩이로 된 채소로 카사바, 우엉 등

정답 및 해설: ④, 근경류: 뿌리줄기가 덩이로 된 채소로 생강, 연근, 고추냉이 등

11. 열매를 식용으로 이용하는 과채류(열매채소)로 콩과, 박과, 가지과, 기타 등으로 구분하는데 연결이 바르지 않은 것은?

① 콩과 : 완두, 강낭콩, 잠두 등   ② 박과 : 호박, 참외, 수박 등
③ 가지과 : 토마토, 가지, 오이 등   ④ 기타 : 옥수수, 딸기 등

정답 및 해설: ③

12. 과수의 분류는 크게 발육부분에 따라서 진과와 위과로 구분되는데 발육부분에 따라서 (   )는 씨방이 발육하여 식용부분으로 자란 열매를 말한다.

① 진과   ② 위과   ③ 핵과   ④ 견과

정답 및 해설: ①

발육부분에 따라서 진과는 씨방이 발육하여 식용부분으로 자란 열매를 말하며, 위과는 꽃받기(花托)등 자방 이외의 부분이 자방과 같이 발육하여 식용부분으로 자란 열매를 말한다.

13. 육묘는 작물의 이식(移植)을 위해 키운 어린작물을 묘(苗)라고 하며, 종자를 경작지에 직접 뿌리지 않고, 집약적으로 생육하도록 관리하는 것을 육묘라고 한다. 다음 중 육묘를 하는 목적으로 바르지 않은 것은?

① 조기수확이 가능하다. ② 출하기를 앞당길 수 있다.
③ 품질을 향상시킬 수 있다. ④ 조방적인 관리와 보호가 가능하다.

정답 및 해설: ④

육묘는 작물의 이식(移植)을 위해 키운 어린작물을 묘(苗)라고 하며, 종자를 경작지에 직접 뿌리지 않고, 집약적으로 생육하도록 관리하는 것을 육묘라고 한다. 육묘를 하는 목적은 조기수확이 가능하다는 점, 출하기를 앞당길 수 있다는 점, 품질을 향상시킬 수 있다는 점, 수량증대가 가능하다는 점, 집약적인 관리와 보호가 가능하다는 점, 종자를 절약할 수 있다는 점 등이 있다.

14. 식물자원으로 활용되는 작물(作物)의 가치에 대한 구분과 관계가 먼 것은?

① 식품적 가치 ② 보건적 가치 ③ 관상적 가치 ④ 경제적 가치

정답 및 해설: ②

식물자원으로 활용되는 작물의 가치는 크게 식품적 가치, 관상적 가치, 경제적 가치로 구분한다.

15. 다음 ( ) 안에 해당하는 것을 고르시오

① (㉠)는 씨받기의 피층이 발달하여 과육 부위가 되고 씨방은 과실 안쪽에 위치하여 과실부위가 되는 과실로 사과, 배 등이 있다.

② (㉡)는 과립이 덩어리를 이루어 과즙이 풍부한 과실로 포도, 무화과, 블루베리, 석류 등이 있다.

③ (㉢)는 과육의 내부에 단단한 핵을 형성하여 그 속에 종자가 있는 과실이며 복숭아, 자두, 살구 등이 있다.

④ (㉣)는 성숙하면서 씨방 벽 전체가 다육질로 되는 과즙이 많은 과실로 감, 감귤, 오렌지 등이 있다.

① ㉠ 인과류 ㉡ 준인과류 ㉢ 핵과류 ㉣ 장과류
② ㉠ 인과류 ㉡ 장과류 ㉢ 핵과류 ㉣ 준인과류
③ ㉠ 핵과류 ㉡ 준인과류 ㉢ 인과류 ㉣ 장과류
④ ㉠ 핵과류 ㉡ 장과류 ㉢ 인과류 ㉣ 준인과류

정답 및 해설: ②

16. 화훼의 원예학적 분류 중 아래 내용에 해당하는 것은?

땅 속에 구형의 저장기관을 갖는 식물로 구근류에 해당한다

① 국화 ② 군자란 ③ 작약 ④ 칸나

정답 및 해설: ④, 구근류: 백합, 달리아, 칸나, 튤립, 수선화 등

17. 다음에서 설명하는 종자 분류에 해당하는 작물은?

종자가 아닌 영양체로 번식하는 작물로 우수한 유전정보가 영양체 안에 간직되어 있어 유전형질이 퇴화되지 않고 그대로 발현된 종자

① 호박 ② 콩 ③ 딸기 ④ 미나리

정답 및 해설: ③

18. 이식양식에 대한 설명 중 틀린 것은?

① 골에 줄지어 이식하는 방법을 조식이라 한다.

② 일정한 질서 없이 점점이 이식하는 방법을 난식이라 한다.
③ 포기를 일정한 간격을 두고 띄어서 점점이 이식하는 방법을 점식이라 한다.
④ 구덩이를 파고 한꺼번에 여러 포기를 무더기로 이식하는 방법을 혈식이라 한다.

정답 및 해설: ④

19. 다음은 작물의 재배 관리 중 생육조절에 관한 설명이다. 빈칸에 들어갈 알맞은 말은?

> 잎과 줄기를 적절하게 (   )하여 밀식이 가능하고 서로 겹치는 것을 막아 햇빛을 받는 수광량을 높이고 작업하기도 좋게 함

① 유인 ② 적화 ③ 적과 ④ 복대

정답 및 해설: ①

20. 작물재배 활동과 치유적의미가 잘못 엮어 진 것은?

① 파종하기: 인간의 삶 및 심리적 요인이 통합되어 의미를 전달
② 번식하기: 독립된 개체로서 살아가는 것에 대한 의미를 전달
③ 곁순따기: 스스로에게 의견을 묻고 존중하여 결정과 실행하는 것에 대한 의미
④ 유인하기: 나의 역량을 믿고, 새로운 환경에 도전해보는 것에 대한 의미

정답 및 해설: ④
  * 유인하기: 도움을 주고 받을 수 있는 것, 내 안의 잎이 겹쳐져 밀식 되어 있는지 생각해보기 등
  * 이식하기: 새로운 환경에 적응, 도전하는 것에 대한 의미 등

21. 씨방만이 비대하여 과실로 발달한 진과(眞果)는?

① 사과 ② 배 ③ 복숭아 ④ 딸기

정답 및 해설: ③

22. 과수의 분류내용이 잘못 연결된 것은?

① 인과류 - 사과, 배, 비파 ② 견과 류- 밤, 감귤, 앵두
③ 핵과류 - 복숭아, 자두, 살구 ④ 장과류 - 포도, 무화가, 딸기

정답 및 해설: ②

23. 흑색필름으로 토양표면 피복(Mulching)의 효과와 거리가 먼 것은?

① 수분증발 억제 ② 잡초발생 억제 ③ 관수시기 확인가능 ④ 토양보호

정답 및 해설: ③

24. 식물학적 과별 분류가 잘못된 것은?

① 장미과 - 딸기 ② 명아주과 - 시금치 ③ 산형화과 - 당근 ④ 가지과 - 오이

정답 및 해설: ④

25. 토양환경과 작물생육에 대한 설명이 가장 잘 못된 것은?

① 토양입자는 입경 크기에 따라 자갈, 모래, 점토로 구분하며, 이들 분포비율에 따른 토양의 종류를 토성이라 한다.
② 토성은 점토함량에 따라 사토, 사양토, 양토, 식양토, 식토로 구분한다.
③ 사질토양에서는 작물의 생육속도가 느리며, 노화가 늦고 생산물의 조직이 치밀하여 저장성이 커진다.
④ 충적토의 사질양토 또는 양토에서는 무, 당근, 우엉 등 근채류를 재배 할 수 있다.

정답 및 해설: ③

02. 2차시 출제예상문제 및 해설

1. 나의 성장에 있어 도움을 주고 받을 수 있는 것으로 작물재배 활동의 치유적 의미에 알맞은 유형은?

   ① 파종 ② 이식 ③ 유인 ④ 곁순따기

   정답 및 해설: ③, 유인

2. 무, 배추 등 십자화과 작물의 추대를 촉진하는 조건은?

   ① 저온, 장일 ② 고온, 장일 ③ 고온, 단일 ④ 저온, 단일

   정답 및 해설: ②

3. 산성토양에 가장 약한 작물은?

   ① 시금치 ② 당근 ③ 가지 ④ 고추

   정답 및 해설: ① 시금치는 산성토양에 극히 약한 작물임

4. 고추의 매운맛을 결정하는 주요 성분은?

   ① 엘라테린 ② 시니그린 ③ 알리인 ④ 캡사이신

   정답 및 해설: ④

5. 당근에 많이 들어있는 카로티노이드계 색소는?

   ① 캅산틴 ② 카로틴 ③ 크산틴 ④ 루우틴

   정답 및 해설: ②

6. 화훼의 분류 방법이 다른 것은?

   ① 분식용 ② 절화용 ③ 화단용 ④ 숙근초

   정답 및 해설: ④

7. 다음 중 호냉성채소인 것은?

① 수박　② 고추　③ 토마토　④ 배추

정답 및 해설: ④

8. 관엽식물로 볼 수 없는 것은?

① 스킨답서스　② 수염틸란드시아　③ 스파티필럼　④ 백일홍

정답 및 해설: ④, 백일홍은 화단용 관화식물임

9. 과채류 등 작물에서 접목육묘의 이유가 아닌 것은?

① 저온신장성 강화
② 모종의 대량생산
③ 양수분 흡수력 증대
④ 토양전염병 예방

정답 및 해설: ②

10. 토양의 화학적 환경과 작물생육 간의 관계를 바르게 설명한 것은?

① 작물생육에는 PH가 9~10 범위가 적당하다.
② 산성비료 사용 시 PH는 높아진다.
③ 산성토양에는 탄산석회를 사용한다.
④ 산성토양에 가장 적응이 약한 작물은 콩과 팥이다.

정답 및 해설: ④

11. 다음 식물의 활용이 바르게 짝지어진 것은?

① 융모질감의 잎 : 라넌큘러스, 밀짚꽃
② 공모양 꽃 : 수국, 달리아
③ 종이와 같은 느낌 주는 꽃 : 스파티필럼, 몬스데라
④ 번들거리는 잎 : 월계수, 램스이어

정답 및 해설: ②

12. 다음 채소작물 중 화채류(꽃채소)에 속하는 것은?

① 배추 ② 아스파라거스 ③ 브로콜리 ④ 파

정답 및 해설: ③

13. 다음 작물 중 음지(음생)식물로 분류되는 것은?

① 오이 ② 가지 ③ 무 ④ 아스파라거스

정답 및 해설: ④

14. 허브식물의 의미로 틀린 것은?

① 허브는 향기가 있으며 잎이나 뿌리, 줄기, 종자 등을 식용이나 약용으로 사용할 수 있는 인간에게 유용한 모든 식물이다.
② 허브는 방충, 방부 등 해충구제, 식품이나 의류의 보존에도 귀중한 역할을 하며 염색에도 쓰인다.
③ 마늘, 쑥, 냉이, 씀바귀, 달래 등 반찬으로 이용하는 식물과 한약재로 쓰는 당귀, 인삼, 박하 등은 허브의 범주에서 제외된다.
④ 허브식물의 향은 후각이나 피부를 통하여 흡수된 다음 정신적인 안정감, 지병의 치유에 이르기까지 다양한 역할을 한다.

정답 및 해설: ③

15. 식용화로 사용되는 식물이 아닌 것은?

① 금어초 ② 수선화 ③ 임파첸스 ④ 꽃베고니아

정답 및 해설: ②

16. 근채류 중 뿌리가 곧은 직근류로 육묘하지 않고 본 밭에 직접 파종해야 하는 작물?

① 무 ② 고구마 ③ 감자 ④ 생강

정답 및 해설: ①

17. 종자의 분류에 대하여 설명한 내용이 잘 못 된 것은?

① 작물종자의 분류는 교배종자(F1종자), 고정종자 및 영양종자로 구분된다.
② 교배종자는 시중에 유통되는 고추, 토마토 등 대부분의 종자로 우수한 형질을 갖고 있어 씨를 받아 이듬해 사용할 수 있다.
③ 고정종자는 우수한 형질을 계속 선발하여 유전형질을 고정시킨 종자로써 품종 고유의 우수한 형질이 다음 세대로 유전된다.
④ 영양종자는 감자, 마늘, 부추 등 종자가 아닌 영양체로 번식 하는 작물들로 우수한 유전정보가 영양체 안에 포함되어 있다.

정답 및 해설: ②

18. 무기양분 흡수율은 양분의 종류에 따라 달라진다. 이동성이 큰 것끼리 묶여진 것은?

질소(N), 인(P), 칼륨(K) 마그네슘(Mg), 황산(S)	질소(N), 철(Fe) 아연(Zn), 구리(Cu) 몰리브덴(Mo)	칼슘(Ca), 붕소(B) 아연(Zn), 구리(Cu) 몰리브덴(Mo)	질소(N), 인(P) 칼륨(K), 붕소(B) 아연(Zn)
a	b	c	d

① a ② b ③ c ④ d

정답 및 해설: ①

19. 아래의 설명은 어떤 무기양분의 결핍 증상인가?

> 호흡요소 구성원소로, 결핍 시 어린잎에서 황백화현상이 나타나며 마그네슘과 함께 엽록소 형성 감소

① 황산 ② 칼슘 ③ 철 ④ 아연

정답 및 해설: ③

※ 무기양분 결핍 증상

구분	분류 내용
탄소, 산소, 수소	식물체 90~98% 차지하며 엽록소의 구성원소로, 결핍 시 유기물 구성 억제
질소	엽록소, 단백질, 효소 등의 구성원소로, 결핍 시 하위엽에서 황백화현상이 일어나고 화곡류의 분얼저해
인	세포핵, 분열조직, 효소 등의 구성원소로, 결핍 시 뿌리 발육 저해, 어린 잎이 암녹색이 되고 둘레에 갈변이생기며 심할 경우 황화하고 결실이 저해
칼륨	여러 효소반응의 활성제로 작용하며, 결핍 시 생장점이 말라죽고, 줄기가 약해지며, 잎의 끝이나 둘레의 황화, 하위엽의조기 낙엽현상을 보여 결실이 저해
황	원형질과 식물체의 구성원소로, 결핍 시 엽록소 형성 억제, 질소고정능력 저하, 세포분열 등이 억제
마그네슘	엽록소의 구성원소로 결핍 시 황백화현상, 종자 성숙 저해, 줄기나 뿌리의 생장점 발육 저해
철	호흡요소 구성원소로, 결핍시어린잎에서 황백화현상이 나타나며 마그네슘과 함께 엽록소 형성 감소
망간	여러가지 효소활성을높이는 원소로, 결핍 시 잎맥에서 먼 부분이 황백화 되며, 화곡류에서는 세로로 줄무늬가 생김
아연	효소의 촉매 또는 반응조절물질로 작용하는 원소로, 결핍 시 황백화, 괴사, 조기 낙엽등을 초래

20. 다음 중 온도와 작물의 대사작용 관계중 틀린 것은?

① 광합성과 호흡과의 관계 ② 양분의 흡수 및 이행과의 관계
③ 발산과의 관계 ④ 휴면과의 관계

정답 및 해설: ③, 증산과의 관계, 증산: 식물체 안의 수분이 수증기가 되어 공기 중으로 나옴. 또는 그런 현상

21. 다음은 광작물의 어떤 대사작용에 대한 설명인가?

> 식물의 한쪽에 빛을 조사하면 조사된 쪽의 옥신의 농도가 낮아지고, 반대쪽이 높아지는 현상이 발생함 이때 옥신의 농도가 높은 쪽의 생장속도가 빨라져 식물체가 구부러지는 현상

① 광합성 ② 굴광현상 ③ 착색 ④ 증산작용

정답 및 해설: ②

1) 광합성 : 광합성은 녹색식물이 빛에너지를 받아 대기의 이산화탄소와 뿌리가 흡수한 물을 이용하여 탄수화 물을 합성하는 물질대사 과정, 녹색식물은 빛을 엽록소 형성 수행을 통해 유기물을 생성

2) 증산작용 : 증산작용은 작물이 햇빛을 받으면 온도가 상승하여 증산이 촉진, 또한 광합성에 의해 동화물질이 축적 되면 공변세포의 삼투압이 높아짐에 따라 물의 흡수가 촉진되며, 기공이 열려 증산 작용이 증가

3) 호흡작용 : 빛은 광합성으로 호흡기질을 합성하여 호흡을 증대시킴. 벼, 담배 등 C3 식물은 빛에 비해 직접적 으로 호흡이 촉진되는 광호흡의 존재가 인정되고 있음

4) 굴광현상 : 식물의 한쪽에 빛을 조사하면 조사된 쪽의 옥식의농도가 낮아지고, 반대쪽이 높아지는 현상이 발생함. 이때 옥신의 농도가 높은쪽의 생장속도가 빨라져 식물체가 구부러지는 현상을 굴광성 이라고 함

5) 착색 : 빛이 없을 경우 엽록고형성이 저해되고, 담황색 색소인 에티올린(etiolin)이 형성됨에 따라 황백화 현상이 유발됨

6) 신장과 개화 : 신장은 자외선과 같은 단파장의 빛에서 작아짐. 자외선의 투과가 적은 그늘 조건에서는 도장(徒長)하기 쉽다. 또한, 광조사가 좋은 환경에서는 광합성이 촉진되고 탄수화물의 축적이 증가하여 화아형성이촉진되는 효과가 있음

22. 다음중 산성토양에 적응성이 가장 약한 작물은?

① 양파 ② 무 ③ 고추 ④ 양배추

정답 및 해설: ①

* 산성토양에 적응성이 약간 강한 작물: 유채, 피, 무 등
* 산성토양에 적응성이 약한 작물: 보리, 클로버, 양배추, 근대, 가지, 삼, 겨자, 고추 등
* 산성토양에 적응성이 가장 약한 작물: 알팔파, 콩, 팥, 시금치 사탕무, 셀러리, 부추, 양파 등

23. 식물프로그램에서 텃밭을 구상할 때 채소의 색과 관상적·기능적 측면을 알맞게 반영한 것은?

① 백색 (마늘, 감자, 양파 등): 콜레스테롤 강화
② 적색 (딸기, 고추, 토마토 등): 항암효과
③ 흑색 (메밀, 우엉, 검정콩 등): 혈액순환 개선
④ 오렌지 (당근, 고구마, 호박 등): 폐와 간의 건강

정답 및 해설: ②

색깔	해당기능성	채소 및 작물	비고
백색	면연력강화	마늘, 감자, 무, 양파, 인삼	열에 일부 파괴됨
녹색	폐와 간의 건강	시금치, 배추, 열무, 브로콜리, 풋고추	신선한 상태 이용 권장
황색	콜레스테롤 강화	콩나물, 바나나, 과일류	열에도 안정
흑색	젊음을 되찾음	우엉, 검정콩, 검은깨, 메밀, 김	열, 가공에 안정
적색	항암효과	딸기, 토마토, 고추	신선한 상태 권장
오렌지	혈액순환 개선	당근, 고구마, 호박	가공에도 견딤
혼합색	무지개 색깔	다양한 조화 가능	신선채소 위주

24. 다음 특성을 가진 채소는 어떤 채소인가?

- 학명은 Solanum melongena
- 꽃과 열매의 색이 독특하여 관상적 가치가 있고 영양적 가치가 풍부함
- 발암성을 억제하는 폴리페놀이 채소 중 가장 많이 함유
- 치유농업 활용으로 모종심기, 단수 및 비료주기, 줄기 유인하기 등이 있음

① 오이 ② 딸기 ③ 가지 ④ 방울토마토

정답 및 해설: ③

25. 화훼류의 특성이 잘못된 것은?

① 꽃은 기호도 측면에서 호불호가 있기에 대상자나 활동에 맞게 활용되야 한다.
② 대표적인 토지, 노동, 자본의 집약식물이며, 연중 공급을 위해 고도의 재배 기술과 시설이 필요하다.
③ 화훼는 소재가 아름다워 환경을 개선하기 위한 장식으로도 쓰이고 화훼식물을 이용한 활동을 통해 인간의 정서와 육체를 치유하는 기능도 있다.
④ 시대와 문화에 따라 소비자의 취향이 달라져 그에 맞는 새로움 품종이 육종되므로 품종이 다양하다.

정답 및 해설: ①

* 아름다움을 추구하는 꽃은 남녀노소, 국적을 막론하고 기호도 측면에서 공통점이 있음

03. 3차시 출제예상문제 및 해설

1. 종자를 경작지에 직접 뿌리지 않고 육묘하여 심는 이유가 아닌 것은?

① 조기수확 ② 품질향상 ③ 수량증대 ④ 추대촉진

정답 및 해설: ④

2. 작물의 파종방법에 대하여 잘 못 설명한 것은?

① 파종방법은 산파(흩어뿌림), 조파(골뿌림), 점파(점뿌림), 적파(모둠뿌림) 등으로 구분된다.
② 산파는 열무, 얼갈이배추 등 재배기간이 짧고, 단기간에 수확하는 작물에 이용되며 관리 작업이 편리하다.
③ 조파는 상추, 시금치, 파, 등 작물의 크기가 작고 재배기간이 짧은 작물에 사용되며 생육이 건실하다.
④ 점파는 무, 당근, 양배추 등 비교적 크기가 큰 작물에 활용하며 일정한 간격으로 파종하는 방법이다.

정답 및 해설: ②

3. 상토에 대한 설명 중 잘 못된 것은?

① 상토는 육묘기간 동안 뿌리에 적절한 양·수분과 산소를 공급할 수 있어야 한다.
② 병해충의 우려가 있는 경우에는 가열하거나 농약을 뿌려서 소독한다.
③ 유효미생물의 활동이 많고 병원균이나 해충이 없어야 한다.
④ 공정육묘 상토는 버미큘라이트(vermiculite), 피트모스(peatmoss), 펄라이트(perlite) 등을 사용하는 숙성된 관행상토이다.

정답 및 해설: ④

4. 작물의 옮겨 심는 시기가 가장 잘 못된 것은?

① 다년생 목본식물은 낙엽이 진 가을부터 싹이 나기 전 봄이 적당하다.
② 토마토나 가지의 경우 첫 꽃이 개화하기 전에 이식해야 한다.
③ 작물에 대한 병충해 피해를 방지하기 위해 이식기를 조절하기도 한다.
④ 이식 시기는 작물종류, 토양 및 기상조건 등에 따라 다르다.

정답 및 해설: ②

5. 작물의 상품성 증진을 위해 배토(북주기)작업의 이유가 잘못된 것은?

① 옥수수, 수수, 맥류 등이 바람에 쓰러짐 방지
② 감자 괴경의 발육 조장 및 광에 노출되어 녹화되는 것을 방지
③ 파, 셀러리 등의 연백화
④ 당근 수부의 착색 촉진

정답 및 해설: ④

6. 작물재배에 있어서 식물체의 생육형태 변화에 따른 생육조절 내용이 틀린 것은?

① 과실에 봉지를 씌우면 외관의 착색이 양호해지고 가공용의 비타민C 함량이 증가 한다.
② 과채류에서 유인은 잎과 줄기를 적절하게 배치함으로써 밀식이 가능하고 서로 겹치는 것을 막아 수광량을 증가 시킨다.
③ 적화와 적과는 결실조절을 위해 과수 등에 있어서 손으로 직접 작업하기도 하지만 식물생 장조절제도 활용된다.
④ 작물의 정지방법은 전정, 순지르기, 눈따기, 잎 따기가 있다.

정답 및 해설: ①

7. 무성생식(영양번식)의 종류가 아닌 것은?

① 분주 ② 삽목 ③ 취목 ④ 육묘이식

정답 및 해설: ④

8. 영양번식에 있어서 구근의 영양체가 잘못 연결된 것은?

① 양파 - 인경 ② 글라딜올러스 - 구경 ③ 달리아 - 근경 ④ 고구마 -괴근

정답 및 해설: ③

9. 다음 비료 성분 중 미량원소로 분류되는 원소는?

① 붕소(B) ② 칼륨(K) ③ 질소(N) ④ 칼슘(Ca)

정답 및 해설: ①

10. 온도와 작물생육에 대한 설명이 틀린 것은?

① 작물의 생육이 가능한 범위의 온도를 유효온도라고 하며, 작물별 주요 온도는 최저온도, 최 고온도, 최적온도이다.
② 온도에 따른 작물의 대사작용으로는 광합성과 호흡, 양분의 흡수 및 이행, 증산, 휴면과 밀접한 관계를 갖는다.
③ 온도가 상승함에 따라서 광합성량이 증가하여 작물생육이 왕성해 진다.
④ 작물은 주야간의 기온차에 따른 생육적온이 상이하므로 이에 대한 변온관리가 이루어져야 한다.

정답 및 해설: ③

11. 식물자원으로 활용되는 작물의 다양한 가치 중에서 거리가 먼 것은?

① 식품적 가치 ② 기능적 가치 ③ 경제적 가치 ④ 관상적 가치

정답 및 해설: ②, 작물의 가치 : 식품적 가치, 관상적 가치, 경제적 가치

12. 과수의 분류 중 과실의 구조에 따른 핵과류에 속하지 않는 것은?

① 복숭아 ② 자두 ③ 아몬드 ④ 매실

정답 및 해설: ③
인과류(사과, 배), 준인과류(감, 귤, 오렌지)

핵과류(복숭아, 자두, 살구, 매실), 견과류(호두, 밤, 아몬드)
장과류(포도, 무화과, 블루베리, 석류)

13. 작물의 번식관리에서 인공영양번식중 분구에 대한 설명이 바른 것은?

① 알뿌리기는 지하부 줄기, 뿌리 등이 비대해진 구근을 번식에 이용하는 방법으로, 구근의 경우 완전한 개체로 발달할 수 있는 번식기관이면서 종자와 비슷한 기능을 가짐
② 포기나누기는 모주에서 발생한 흡지를 뿌리가 달린 채 분리하여 번식시키는 방법
③ 꺾꽂이는 모체에서 분리해 낸 영양체의 일부를 알맞은 곳에 심어서 뿌리를 내려 독립개체로 번식시키는 방법
④ 휘묻이는 식물의 가지, 줄기의 조직이 외부환경 영향으로 부정근이 발생하는 성질을 활용 가지를 모체에서 분리하지 않고 흙에 묻는 등 조건을 조성하여 발근시킨 후 잘라 내어 독립적을 번식시키는 방법

정답 및 해설: ①
① 분구 ② 분주 ③ 삽목 ④ 취목

14. 재배관리 유형별 활동 중 치유적 측면(적용)에서 연결이 올바르지 않은 것은?

① 솎아주기 : 나의 역량 범위 넓히기 ② 번식하기 : 가족 문화의 존중
③ 곁순따기 : 나의 장점, 단점 인정하기 ④ 파종하기 : 변화에 대한 적응

정답 및 해설: ④
파종하기 : 마음속에 심고 싶은 씨앗 파종하기
이식하기 : 변화에 대한 적응
유인하기 : 서로 도움 주고받기

15. 토양의 물리적 환경과 작물생육 간의 관계와 거리가 먼 것은?

① 토양반응 : 토양반응은 토양용액 중의 수소이온농도, 즉 산도를 의미하며 ph로 반응 표시 함.
② 토성과 토양구조 : 토양입자는 입경 크기에 따라 자갈, 모래 점토로 구분하며, 이들 분포 비율을 토성이라 함.

③ 토양수분과 통기성 : 토양의 3상(고상,액상,기상)에서 고상을 제외한 나머지 입자와 입자 사이에 형성되는 토양공극에는 물과 공기가 분포하지않음
④ 토양온도 : 토양온도는 지상부의 생육적온보다 낮고 적지온의 폭이 좁아 대체로 15~20℃ 범위.

정답 및 해설: ③

16. 채소 및 식량작물의 색깔에 따른 구분 및 주요 기능이 바르지 못한 것은?

색 깔	해당 기능성	채소 및 작물	비 고
① 황색	폐와 간의 건강	콩나물, 바나나, 과일류	열에 일부 파괴됨
② 적색	항암효과	딸기, 토마토, 고추	신선한 상태 권장
③ 오렌지	혈액순환개선	당근, 고구마, 호박	가공에도 견딤
④ 혼합색	무지개색깔	다양한 조화 가능	신선채소 위주

정답 및 해설: ①, 해당기능성-콜레스테롤 강화, 비고-열에도 안정

17. 토란의 특성과 재배에 관한 내용 중 틀린 것은?

① 토란에는 칼륨이 많이 들어있어 나트륨 배출을 돕는데 효과적이다.
② 줄기는 땅속에서 자라서 알줄기나 덩이줄기가 된다.
③ 토란은 우리나라에서 꽃이 피지 않기 때문에 자구로 번식되고 있다.
④ 교잡에 의한 새로운 품종을 만들기 어려워 새로운 품종이 거의 없다.

정답 및 해설: ②, 토란의 줄기는 땅속에서 거의 자라지 않는다

18. 허브의 특징이 아닌 것은?

① 향수나 포푸리 등에 쓰이는 향기 식물이다.
② 요리에 이용하는 채소이다.
③ 당귀, 인삼, 박하 등의 식물도 허브의 범주에 넣을 수 있다.
④ 원산지가 인도·인도네시아 등 열대아시아가 원산이다.

정답 및 해설: ④, 허브는 그 원산지가 남미나 유럽이 많다.

19. 다육식물의 활용으로 틀린 것은?

① 다육식물을 활용한 장식품 만들기
② 역경을 이겨내는 용기와 결심을 유도하는 프로그램으로 활용
③ 식후 또는 열감기가 시작될 때 따뜻하게 차로 우려내 마신다.
④ 다육이가 자라는 활동을 경험 후 자신감과 자부심, 책임감을 느낄 수 있다.

정답 및 해설: ③, 식후 또는 열감기가 시작될 때 따뜻하게 차로 우려내 마신다 - 페퍼민트

20. 다음은 어떤 관엽식물을 설명한 내용인가?

- 파인애플과 식물로 원산지는 미국 남동부, 중부, 아르헨티나 중부이다.
- 나무에 기생하는 종으로 아나나스류 중에서 매우 특이한 형태의 식물이다. 뿌리가 없이 공중에서 습도와 영양분을 흡수하며 생육하는 덩굴성 에어플랜트로 보통 공중에 유리 화병이나 다양한 소품 등에 걸어놓는다.
- 길이는 길게 5m 가량 자라며 가는 줄기가 드문드문 갈래로 갈라져 늘어진다. 잎은 줄 모양이고 길이 3~5cm의 가는 잎이 많이 어우러져 난다.
- 겉면은 은백색의 비늘털로 덮이는데, 이 털은 공기 중의 수분을 흡수하는 역할을 한다.

① 스파티필럼 ② 몬스테라 ③ 수염틸란드시아 ④ 스킨답스

정답 및 해설: ③

21. 다음에서 설명하고 있는 과채는?

한해살이 가지과에 속하는 작물
꽃은 총상화로서 수술과 암술의 기관이 함께 있는 양성화
눈 건강, 스트레스 해소, 혈액순환, 항산화, 피부미용에 도움

① 방울토마토 ② 고추 ③ 오이 ④ 딸기

정답 및 해설: ①

22. 고추에 관한 특성 및 활용에 관한 설명으로 옳지 않은 것은?

① 가지과에 속하는 영년생
② 껍질과 씨는 캡사이신을 함유하고 있어 매운맛이 난다.
③ 사과의 6배가 넘는 비타민C를 함유하고 있어 두 세 개만 먹어도 일일권장 비타민 충족
④ 더위 예방 효과가 높고, 살균 작용이 있어 식중독을 예방해 준다.

정답 및 해설: ③, 사과의 6배 → 10배가 넘는 비타민C

23. 발암성을 억제하는 물질인 폴리페놀이 가장 많이 함유되어 있으며, 심장 질환 예방, 시력 개선, 혈중 콜레스테롤 상승 억제, 고혈압, 동맥경화 예방 효과가 있는 채소는?

① 딸기 ② 가지 ③ 오이 ④ 고추

정답 및 해설: ②

24. 딸기의 일생을 순서대로 나열한 것은?

㉠ 런너발생 ㉡ 꽃눈 형성 ㉢ 포기발육 ㉣ 개화 ㉤ 휴면 ㉥ 결실

① ㉠ → ㉡ → ㉢ → ㉣ → ㉤ → ㉥
② ㉠ → ㉢ → ㉡ → ㉣ → ㉤ → ㉥
③ ㉠ → ㉢ → ㉡ → ㉤ → ㉣ → ㉥
④ ㉠ → ㉡ → ㉣ → ㉢ → ㉤ → ㉥

정답 및 해설: ③

딸기의 일생은 런너 발생, 포기발육, 꽃눈 형성, 휴면, 개화, 결실을 하는 일련의 생육 단계가 자연의 기후 변화에 맞추어 진행된다.

25. 고구마의 성분 및 색소와 관계 없는 것은?

① 루테인 ② 베타카로틴 ③ 안토시아닌 ④ 디아스타아제

정답 및 해설: ④ 디아스타아제

* 특히 잎에는 루테인 성분이 있어 백내장 및 안질환 예방에 효과적 이다. 주황색고구마에는 비타민 A의 전구물질인 베타카로틴을 함유하고 있으며, 자색 고구마는 안토시아닌 색소를 함유하고 있다.
* 무의 뿌리에는 디아스타아제라는 소화효소가 함유 되어있어 우리 몸의 소화를 돕는다.

04. 4차시 출제예상문제 및 해설

1. 당근에 관한 설명이다. 옳지 않은 것은?

① 미나리과에 속하는 식물
② 적자색과 백색이 많은데 적자색인 것은 라이코핀의 함량이 높다.
③ 당근 뿌리의 붉거나 노란 색소는 카로티닝며 체내에서 비타민A로 변하기 때문에 프로비타민 A 라고 부른다.
④ 설탕, 녹말이 있어 단맛을 내고 칼슘보다 인이 많아 산성식품으로 알려져 있다.

정답 및 해설: ④

당근에는 설탕, 녹말이 있어 단맛을 내고 무기질로는 인보다 칼슘이 많아 알카리성 식품으로 알려져 있다. 또한 강력한 비타민 C 분해효소인 아스코르비나제가 있어 다른 채소와 함께 주스를 만들어 먹을 때는 주의하여야 한다.

2. 다음 엽경채의 학명과 과의 연결이 다른 것은?

① 배추(학명: Brassica pekinensis) - 십자화과
② 상추(학명: Lactuca sativa) - 국화과
③ 시금치(학명: Spinacia oleracea L.) - 비름과
④ 쑥갓(학명: Chrysanthemum coronarium) - 꿀풀과

정답 및 해설: ④, 쑥갓 → 국화과, 들깨(학명: Perilla frutescens) - 꿀풀과

3. 다음의 채소와 효능의 연결이 옳지 않은 것은?

① 배추 - 중풍, 관절염
② 상추 - 신경안정, 통증 완화
③ 시금치 - 치매 예방, 암 예방
④ 쑥갓 - 혈액순환 촉진, 우울증 해소

정답 및 해설: ④, 쑥갓 - 가래 감소, 비장과 위 보호
들깨 - 혈액순환 촉진, 우울증 해소

4. 초화류 중 식용이 불가능한 것은?

① 매리골드 ② 팬지 ③ 튤립 ④ 국화

정답 및 해설: ③ 튤립

① 매리골드 → 꽃차만들기 ② 팬지 → 꽃차, 샐러드, 비빔밥

5. 열대, 아열대 원산의 상록성 식물로 꽃보다 아름다운 잎이 주 관상의 대상이 되는 관엽식물에 관한 특징으로 옳지 않은 것은?

① 상록성 식물들이므로 햇빛이 부족한 실내에서 기르기가 불가능하다.
② 높은 공중 습도를 요구하므로 건조한 생활 환경은 문제가 된다.
③ 내한온도가 높은 관계로 식물이 요구하는 환경을 제공할 필요가 있다.
④ 개화조절이 따로 필요가 없고, 비료 요구량이 적어 토양 유기물 함량이 적어도 된다.

정답 및 해설: ① 상록성 식물들이므로 햇빛이 부족한 실내에서 기르기가 불가능하다. 햇빛이 많은 열대지방을 연상하기 쉽지만 우리가 실내에서 이용하는 열대나 아열대 원산의 식물은 대부분 열대우림이나 큰 나무의 밑에서 자라는 식물이었기 때문에 오히려 온대 원산의 식물보다 빛을 적게 필요로 한다는 점이다. 그러므로 햇빛이 적은 실내 조건에서 관엽식물을 기르기에 적합하다.

6. 대기와 작물생육에 대한 설명이 틀린 것은?

① 대기의 조성은 대체로 질소가 약 78%, 산소는 약 21%, 이산화탄소는 0.03% 및 기타로 구성되어 있다.
② 작물은 대기 중 이산화탄소를 광합성의 재료로 사용하며, 산소를 이용하여 호흡작용이 이루어진다.
③ 질소고정균에 의해 대기 중 질소가 고정되며, 대기 중 아황산가스 등의 유해성분은 작물에 직접적 유해작용을 한다.
④ 바람은 작물생육에 해로운 영향을 미치므로 공기환경을 조절하여 관리해야 한다.

정답 및 해설: ④

7. 채소 및 식량작물의 색깔에 따른 구분 및 주요 기능이 바르지 못한 것은?

구분	해당기능성	채소 및 작물
① 백색	• 면역력 강화	• 마늘, 감자, 무, 양파, 인삼
② 녹색	• 폐와 간의 건강	• 시금치, 배추, 열무, 브로콜리, 풋고추
③ 황색	• 젊음을 되찾음	• 우엉, 검정콩, 검은깨, 메밀, 김
④ 적색	• 항암효과	• 딸기, 토마토, 고추

정답 및 해설: ③, 콜레스테롤 강하 - 콩나물, 바나나, 과일류

8. 다음 중 추억을 일으키는 식물은?

① 수국, 알리움속류(allium; 파, 마늘 류), 달리아
② 풍선덩굴(무환자과), 꽈리(가지과), 초롱꽃(길경과, 초롱꽃과)
③ 동백나무, 고무나무, 월계수, 페페로미아
④ 안스리움, 스파티필름, 몬스테라, 토란, 포인세티아

정답 및 해설: ②

9. 곤충의 치유적 효과에 대한 설명으로 틀린 것은?

① 생명의 소중함과 책임감   ② 친사회적 관계 형성
③ 교감신경계 반응 활성화의 긍정적 정서 상태 유지   ④ 어휘력 증대

정답 및 해설: ③, 곤충의 치유적 효과는 생명의 소중함과 책임감, 친사회적 관계 형성, 부교감신경계 반응을 활성화시켜 긍정적인 정서 상태 유지 및 어휘력 증대

10. 반려견과 사람과의 관계가 특히 강해지는 시기는?

① 생후 5 ~ 6주경   ② 생후 2 ~ 4주경   ③ 생후 6 ~ 8주경   ④ 생후 8 ~ 9주경

정답 및 해설: ①, 반려견과 사람과의 관계는 특히 생후 5~6주경에 강해진다.

11. 동물자원의 치유 효과 항목으로 잘못 짝지어진 것은?

① 신체적 효과: 호르몬 변화, 이완 반응
② 인지적 효과: 교육효과, 기억력 향상
③ 심리 정서적 효과: 안정감 제공, 도움의 제공
④ 사회적 효과: 공동체 의식 향상, 사회 기술 향상

정답 및 해설: ③, 심리 정서적 효과는 안정감 제공, 스트레스 감소 등이 있으며, 도움의 제공은 사회적 효과 항목에 포함된다.

12. 동물자원의 차별성에 대한 설명으로 옳은 것은?

① 동물의 접촉과 만남 활동이 대상자들에 큰 효과가 있다.
② 다른 대체 요법들보다 효과가 감소된다.
③ 대상자들에게 강요되는 흥미를 유발한다.
④ 동물은 대상자에 신체적 접촉의 기회 제공을 제한한다.

정답 및 해설: ①, 단시간적 훈련 방법이 아닌 동물복지관점에서의 방법이 개발 적용되어야 한다.

13. 완전탈바꿈을 하는 곤충은?

① 메뚜기 ② 나비 ③ 잠자리 ④ 귀뚜라미

정답 및 해설: ②, 완전탈바꿈을 하는 곤충은 나비와 딱정벌레가 대표적이다.

14. 활동소재 농장동물 중 인수공통전염병의 위험성이 높은 동물은?

① 닭과 사슴 ② 조랑말과 염소 ③ 염소와 유산양 ④ 곤충과 오리

정답 및 해설: ③, 인수공통전염병의 위험성이 높은 동물은 염소와 유산양이다.

15. 동물의 역할에 따른 아래의 대상자에 해당 되는 것은?

- 첫 번째 단계에서 성취해야 한다.
- 가장 중요한 목표는 사랑받고 있다고 느끼고 싶은 욕구, 근면함과 역량을 개발하고 싶은 욕구와 관련이 있다.

① 청소년 ② 성인 ③ 병원환자 ④ 아동

정답 및 해설: ④, 동물의 역할에 따른 대상자에 대한 내용은 아동에 대한 설명이다.

16. 추운 겨울에도 잘 견디는 내한성 동물이지만 영하 10도 이하로 떨어지면 농후사료를 늘려주어 체력을 보강해줘야하고 가을철 번식기가 되면 사나워지는 동물은?

① 유산양 ② 사슴 ③ 조랑말 ④ 염소

정답 및 해설: ②

17. 불완전탈바꿈을 하는 곤충이 아닌 것은?

① 메뚜기 ② 노린재 ③ 딱정벌레 ④ 귀뚜라미

정답 및 해설: ③, 불완전탈바꿈을 하는 곤충은 메뚜기, 노린재, 귀뚜라미가 있다.

18. 동물 중에서 공간의 제약이 없고, 초기비용이 상대적으로 적은 장점을 가지고 있는 것은?

① 곤충 ② 개 ③ 고양이 ④ 새

정답 및 해설: ①, 곤충의 경우 공간의 제약이 없고, 초기비용이 상대적으로 적은 장점을 가지고 있다.

19. 다음 설명은 어떤 식물류에 대한 설명인가?

> 열대 아열대 원산지 주류
> 목본, 초본류를 포함한 대부분의 상록성 식물
> 잎 모양, 색채 등 꽃보다 아름다운 잎이 주 관상의 대상
> 상록성 식물로 햇빛이 부족한 실내에서 기를 수 있음

① 초화 ② 관엽 ③ 허브 ④ 다육

정답 및 해설: ②

20. 식량작물의 특징으로 잘못된 것은?

① 논을 활용한 치유프로그램을 할 수 있음
② 식량작물류로 식용을 통한 직접적 치유에만 효과 있음
③ 논은 밭에 비해 넓은 대지에서 이루어지므로 넓은 경관을 필연적으로 보유하게 되어 경관치유가 가능함
④ 타작물과 함께 체험치유의 다양화가 가능함

정답 및 해설: ②
　　　　　　식용이 가능하여 간접적인 치유(심리, 감정)뿐 아니라 작물의 효능을 활용한 직접적 치유에도 도움이 됨

21. 촉감을 자극하는 식물의 촉감이 다르게 엮어진 것은?

① 번들거리는 잎: 동백나무, 고무나무, 월계수 등
② 육질이 두꺼운 잎: 돌나물과 식물들, 다육식물 등
③ 독특한 형태의 꽃: 천남성과 식물의 꽃, 포인세티아 등
④ 종이와 같은 느낌을 주는 꽃: 수국, 알리움속류, 달리아

정답 및 해설: ④, 종이와 같은 느낌을 주는 꽃은 라넌큘러스, 밀짚꽃 등이 있음

22. 식물로 매개로 한 치유농업을 위해서 필요한 2가지 조건이 알맞은 것은?

① 농업·농촌 녹색환경과 농작업, 인적상호작용
② 인적상호작용, 회복환경
③ 농업·농촌 녹색환경과 농작업, 원예치유사
④ 회복환경, 원예치유사

정답 및 해설: ①

23. 다음은 식물매개 치유농업의 효과에 대한 설명이다. 어떤 효과에 대한 설명인가?

> 대인관계 향상, 의사소통 기술 증진, 사회성 향상, 리더쉽 함양, 자기발견

① 신체적 효과 ② 인지적 효과 ③ 심리적 효과 ④ 사회적 효과

정답 및 해설: ④

24. 반려동물의 활동 소재로 적합한 것은?

① 개구리와 새 ② 도마뱀과 고양이 ③ 곤충과 햄스터 ④ 뱀과 거미

정답 및 해설: ③, 반려동물의 활동 소재로 적합한 고양이, 새, 곤충, 햄스터, 물고기 등을 들 수 있다.

25. 다음 내용에 알맞은 용어는?

> 동물의 이름 부르기, 신체 부위 말하기 등과 규칙적이고 반복적인 일상관리를 통해 기억력이 향상됨으로 노인성 치매에 효과적이다. 이렇게 동물은 (　　)의 역할을 할 수 있다.

① 공감 ② 인지적 촉매 ③ 존중감 ④ 동물교감중재

정답 및 해설: ②, 인지적 촉매에 대한 용어이다.

05. 5차시 출제예상문제 및 해설

1. 꿀풀과 다년생 상록성 허브 식물인 라벤더의 주요 특성 및 활용법에 관한 설명이 옳지 않은 것은?

① 라벤더는 프렌치 라벤더, 잉글리쉬 라벤더, 스파이크 라벤더, 라반딘이 대표적 종류이다.
② 라벤더 에센셜오일은 수증기증류법을 이용하며 추출부위는 주로 꽃이나 전초를 이용한다.
③ 라벤더는 불면증, 심신안정, 화상, 고혈압등 쓰임새가 다양하나 식용은 불가능하다.
④ 건조꽃은 증산량이 많아 습도유지에 탁월하고, 해충 및 냄새 방지용으로 이용한다.

정답 및 해설: ③
꿀과 라벤더 꽃을 넣은 용기에 끓인 물을 넣어 우려내어 마시면 숙면을 취할 수 있다.

2. 다음에서 설명하는 허브는 무엇인가요?

> 항불안, 진정, 불면증, 소염작용 등에 효과가 좋다.
> 피부 가려움증과 염증, 버석거림 완화
> 옆에 다른 식물을 심으면 병에 걸리지 않고 건강하게 자라게 하므로 식물의 의사라는 애칭

① 라벤더 ② 로즈마리 ③ 페퍼민트 ④ 캐모마일

정답 및 해설: ④

3. 다음 중 감귤의 성분과 관계가 없는 것은?

① 안토시아닌 ② 비타민C ③ 플라보노이드 ④ 베타크립토잔틴

정답 및 해설: ①

4. 다음 채소의 분류 중 호온성 채소가 아닌 것은?

① 시금치 ② 고추 ③ 오이 ④ 토마토

정답 및 해설: ①

호온성 채소: 토마토, 고추, 오이, 가지, 수박, 참외 등 주로 열매채소

5. 작물의 생육기간 중에 골 사이나 포기 사이의 흙을 밑으로 그루 모아 두둑하게 덮어주는 것은?

① 멀칭 ② 배토 ③ 정지 ④ 복대

정답 및 해설: ②

6. 세포핵, 분열조직, 효소 등의 구성원소로 결핍 시 뿌리발육이 저해되고 심할 경우 황백화 하고 결실이 저해되는 무기질을 고르시오.

① N ② K ③ S ④ P

정답 및 해설: ④

7. 다음 중에서 광보상점이 낮아 실내에서 키우기 적당한 식물은?

① 포인세티아 ② 구즈마니아 ③ 시클라멘 ④ 아스파라거스

정답 및 해설: ④

음생식물로 아스파라거스, 아스플레니움, 엽란, 루모라고사리 등

8. 다음 중 융모 질감으로 촉감을 자극할 수 있는 식물을 고르시오.

① 수국 ② 세덤 ③ 백묘국 ④ 몬스테라

정답 및 해설: ③, 백묘국, 램스이어 등

9. 다음 중 과수에 대한 설명으로 틀린 것은?

① 발육부분에 따라 진과 및 위과로 구분된다.
② 인과류는 진과이다.
③ 과수는 목본성 식물이다.
④ 사과, 배, 감, 포도는 온대과수이다.

정답 및 해설: ②

인과류에는 사과, 배 등이 있으며, 꽃밭기의 피층이 발달하여 과육부위가 된 위과이다.

10. 다음 중 괴경을 이용하여 번식하는 작물은?

① 고추 ② 감자 ③ 고구마 ④ 마늘

정답 및 해설: ②

11. 다음 종자의 파종 방법 중에서 작물의 크기가 작고 재배기간이 짧은 작물에 주로 사용하는 방법은 무엇인가요?

① 조파 ② 산파 ③ 점파 ④ 적파

정답 및 해설: ①

12. 다음 중 이식에 대한 설명으로 올바른 것은?

① 본포에 정식하기 전 가식하여 신근이 발생한 후 정식하는 것이 좋다.
② 뿌리손상을 최소화하기 위해 작업 전 관수를 줄여준다.
③ 이식 후 수분 균형을 위해 지상부의 가지나 잎의 일부를 전정하기도 한다.
④ 단근이나 식상 등으로 증산작용이 줄어든다.

정답 및 해설: ③

13. 다음 중 배토의 효과가 아닌 것은?

① 옥수수, 수수, 맥류 등 바람에 쓰러짐 방지
② 담배, 두류 등에서 새 뿌리 발생 조장
③ 양파, 샐러리 등 연백화
④ 토란의 분구 억제와 비대성장 촉진

정답 및 해설: ③

14. 다음 중 인공영양번식에 속하지 않는 것은?

① 분구 ② 접목 ③ 적심 ④ 삽목

정답 및 해설: ③

15. 농장동물을 활용하는 치유농장 운영 시 고려할 사항으로 옳지 않은 것은?

① 실외 실습장은 반드시 운영하고 실내 치유실은 프로그램에 따라 선택적으로 운영
② 보험 및 관련 협약은 필수
③ 응급처치, 심폐소생 관련 자격보유자 필수 운영
④ 응급상황 대처 매뉴얼 운영

정답 및 해설: ①

16. 다음 중 필수원소의 역할을 설명한 것 중 틀린 것은?

① 질소는 엽록체, 단백질, 효소의 주요 구성성분이다.
② 철이 부족하면 잎이 황백색으로 변하게 된다.
③ 황이 부족하면 엽록소 생성이 저해된다.
④ 칼륨은 호흡 과정에서 에너지 저장 및 생성에 중요한 역할을 한다.

정답 및 해설: ④, 칼륨은 효소반응 활성제, 뿌리와 줄기를 강하게 한다. 결핍 시 생장점 고사, 하위엽의 조기낙엽으로 결실이 저해된다.

17. 다음 중 식물이 다량으로 요구하는 필수영양소가 아닌 것은?

① 철 ② 칼륨 ③ 마그네슘 ④ 황

정답 및 해설: ①

18. 주간에는 적온에서 활발하게 광합성이 이루어지도록 관리하고 야간에는 저온에서 호흡이 억제될 수 있도록 온도를 관리하는 것은?

① 온도처리 ② 적온관리 ③ 변온관리 ④ 춘화처리

정답 및 해설: ③

19. 다음 토양반응에 대한 설명으로 옳은 것은?

① 토양용액 중의 산소이온 농도, 즉 산도를 의미하며 pH로 적는다.
② 토양은 경작할수록 알칼리토양으로 바뀌어진다.
③ 작물생육에는 pH 6~7 범위가 적당하다.
④ 유기물과 석회 사용으로 산성화 시킨다.

정답 및 해설: ③

20. 다음 중 한해살이 화훼로만 짝지어진 것은?

① 해바라기, 맨드라미 ② 국화, 작약 ③ 나팔꽃, 수선화 ④ 백합, 카네이션

정답 및 해설: ①

21. 다음 중 공기환경 조절에 대한 설명으로 잘못된 것은?

① 이산화탄소로 광합성을 하며 산소를 이용하여 호흡한다.
② 대기 중 산소농도가 감소하거나, 이산화탄소 농도가 높아지면 일반적으로 호흡 속도는 감소 한다.
③ 대기 중 이산화탄소의 농도가 0.03% 보다 높으면 식물의 광합성이 감소한다.
④ 이산화탄소의 추천농도는 700~800ppm 정도로 시비하면 광합성이 크게 증대되는 것으로 알려져 있다.

정답 및 해설: ③

대기 중 이산화탄소의 농도가 0.03% 보다 높으면 식물의 광합성이 증대된다

22. 허브식물에 대한 설명으로 틀린 것은?

① 포르투칼어 헤르바(herba)에서 온 말이며 푸른 풀이라는 의미이다.
② 향기가 있으면서 잎, 뿌리, 줄기, 종자 등을 식용, 약용할 수 있는 모든 식물이다.
③ 방충, 방부제로서 의류의 보존제 등으로 사용되며 염색에도 쓰인다.
④ 향신료로 음식의 맛과 기호를 증신시킬 목적으로 사용하기도 한다.

정답 및 해설: ①, 라틴어 herba가 어원이다.

23. 다음 중 잎을 먹으면 입과 혀가 부어서 음식물을 삼키거나 말하는 데 어려움이 생기고 체 내에 흡수되면 점막에 염증을 유발시키는 식물은?

① 주목 ② 델피늄 ③ 콜치컴 ④ 디켄바키아

정답 및 해설: ④

24. 미니돼지의 장점이 아닌 것은?

① 사람과 잘 어울린다.   ② 음식에 대한 집착이 강하다.
③ 자주 목소리를 들려주면 의사소통이 가능하다.   ④ 잡식성으로 모두 먹을 수 있다.

정답 및 해설: ②, 음식에 대한 집착이 강한 것이 미니돼지의 단점이다.

25. 다음 질병에 대한 설명으로 맞게 짝지워진 것은?

- 모기 생육이 왕성한 여름철(8~9월)에 발생하며, 젖소로 부터 유충을 모기가 매개하여 전 염시키는 병으로 중추 신경조직을 손상시키는 병
- 제2위에 가스가 충만한 상태로 변질 사료를 과식으로 인한 병

① 구제역과 유방염 ② 요마비병과 반추동물질병 ③ 진드기와 기생충 ④ 일사병과 열사병

정답 및 해설: ②, 요마비병과 반추동물질병에 대한 설명이다.

06. 6차시 출제예상문제 및 해설

1. 가지과에 속하는 채소가 아닌 것을 고르시오.

① 방울토마토 ② 고추 ③ 감자 ④ 고구마

정답 및 해설: ④, 고구마는 메꽃과 한해살이 식물이다.

2. 다음과 같이 설명하고 있는 식물을 고르시오.

> 비타민C가 풍부해 노화를 방지해주며 항산화, 항염증 효과가 탁월하다. 또한 비타민C는 철분과 결합하여 장에서 흡수를 돕기 때문에 빈혈을 방지하는데 효과가 크다. 사과의 6배에 달하는 비타민C를 함유하고 있다. 원줄기, 땅속줄기, 덩이줄기로 구성된다.

① 감자 ② 고구마 ③ 딸기 ④ 토란

정답 및 해설: ①

3. 화훼류에 대한 설명으로 옳지 않은 것은?

① 토지,자본,노동의 자연력에 의존하는 작물이다.
② 시대와 문화에 따른 종과 품종이 다양하다.
③ 환경을 개선하기 위한 장식으로도 쓰인다.
④ 국적을 막론하고 기호도 측면에서 공통점이 있다.

정답 및 해설: ①
　　　　화훼의 특징 중 하나, 대표적인 토지, 노동, 자본의 집약작물이다.

4. 꽃과 잎을 관상하는 초본식물인 초화류에 대한 설명이다. 옳은 것을 고르시오.

① 국화과의 다년생인 메리골드는 벌레를 제거하는 효과가 있어서 동반식물로 식재된다.
② 5매의 꽃잎이 한 꽃을 이루는 팬지는 꽃잎의 색이 3색을 띤다고 해서 tricolor 라고

명명 되었다.
③ 4개의 꽃잎을 가진 봉선화는 과거회상의 기회를 제공할 수 있다.
④ 국화는 두상화로 가운데는 설상화이며 주변부는 통상화이다.

정답 및 해설: ②

① 메리골드는 국화과의 일년초이며 벌레를 제거하는 효과가 있어서 정원이나 노지 몇 곳에 심어 가 꾸면 주위에 있는 벌레를 쫓는 효과를 가질 수 있어 동반식물로 식재된다.
③ 봉선화는 5개의 꽃잎을 각각 꽃이 가지고 있다.
④ 국화는 두상화로 가운데는 통상화, 주변부는 설상화이다.

5. 실내 공기정화 식물에 속하지 않은 것은?

① 수염틸란드시아 ② 스파티필럼 ③ 스킨답서스 ④ 몬스테라

정답 및 해설: ④

* 수염틸란드시아: 포름알데히드와 자일렌 등의 새집증후군 원인물질 제거효과에 우수하고 미세먼지 제거율이 높다.
* 스파티필럼: 알코올, 아세톤, 트리클로에틸렌, 벤젠, 포름알데히드 등 다양한 오염물질 제거 능력이 뛰어나다.
* 스킨답서스: 일산화탄소 제거량이 가장 우수하고 미세먼지 제거도 우수하다.

6. 식물자원의 재배 중 식량작물류 설명으로 바르지 않은 것은?

① 식량작물은 먹거리 생산작물로 밀, 쌀, 옥수수가 전 세계 3대 작물로 꼽힌다.
② 식량작물은 논재배와 밭재배 가능작물이 모두 있어서 농작업을 활용한 치유프로그램을 다 양하게 할 수 있다는 장점이 있다.
③ 타작물과 함께 체험치유의 다양화가 가능하다.
④ 밭은 넓은 경관을 보유하여 이를 활용한 경관치유가 가능하다.

정답 및 해설: ④

밭이 아니라 논은 밭에 비해 넓은 대지에 이루어지므로 경관치유가 가능하다.

7. 치유농업의 기타 작물 설명으로 바르지 않은 것은?

① 오감을 자극하는 촉감 자극 식물은 뇌의 자극이라기보다는 신체적 재활에 도움이 된다.
② 기타작물 활동 소재로 약용식물, 식용식물, 촉감 및 추억 자극하는 식물이 있다.
③ 약용식물이란 질병의 치료에 이용하는 식물로써 식물성 생약의 원식물이라고 할 수 있다.
④ 노인의 경우 기억력 자극에 중요한 요소로서 채송화, 봉선화, 백일홍 등의 초화류와 들깨, 참깨 감국 등은 정서적 안정과 젊은 시절의 회상을 가져올 수 있다.

정답 및 해설: ①, 오감 자극은 신체적 재활뿐만 아니라 뇌의 활성에도 매우 중요하다.

8. 식물자원의 치유효과와 활용 설명으로 바르지 않은 것은?

① 식물을 돌보는 물주기, 잡초 제거, 이식 등의 경험은 치유효과가 나타날 수 있다.
② 식물치유 매커니즘(mechanism)은 기작(機作), 기제(機制) 등으로 해석된다.
③ 치유농업은 농업·농촌 녹색환경과 농작업의 조건이 갖추어져야 한다.
④ 농업·농촌은 Kaplan과 Kaplan(1989)이 주장하는 '벗어나기, 매혹감, 확장, 공존성'의 네 요소가 상호작용을 하면서 만들어 내는 회복환경의 조건을 충족하는 자연환경을 품고 있다.

정답 및 해설: ③, 치유농업은 농업·농촌녹색환경과 농작업, 인적상호작용이라는 조건이 갖추어져야 한다.

9. 식물매개 치유농업의 효과로 보기 어려운 것은?

① 동물사료주기, 돌보기 등을 통해 소근육과 대근육의 신체적 건강을 향상시키는 효과가 있다.
② 공간능력, 문제해결 능력, 주의집중력 등의 인지적 촉매 역할을 한다.
③ 치유농업은 우울, 스트레스, 분노, 충동성등의 감소 및 완화를 가져온다.
④ 성취감과 만족감, 책임감은 대인관계 향상 및 의사소통기술을 증진시킨다.

정답 및 해설: ④, 성취감과 책임감은 자신감, 자아존중감 향상 등의 심리적 효과로 볼 수 있다. 대인관계 향상과 의사소통기술은 사회적 효과로 볼 수 있다.

10. 치유농업 동물·곤충자원의 설명으로 바르지 않은 것은?

① 치유농업 활동소재로써의 동물은 동물성 식량자원을 생산하는 일반적인 축산 동물과 구분 하여 치유프로그램에 활용될 동물을 말한다.
② 안전사고에 예측 및 예방이 가능한 동물이어야 한다.
③ 활동 동물 선택을 위한 8가지 기준으로 '사육성', '운반성', '상호접촉성', '감정 소통성', '안정성', '운동성', '동물 자신이 즐거움', '감염이 안전성' 등이 있다.
④ 닭, 오리, 염소, 토끼 중 활동소재로 가장 적합한 동물은 염소이다.

정답 및 해설: ④, 토끼이다.

11. 세계 3대 작물이 아닌 것은?

① 밀 ② 쌀 ③ 감자 ④ 옥수수

정답 및 해설: ③

식량작물은 인간이 삶을 유지하기 위해 섭취해야 하는 먹거리를 생산하는 작물로 흔히 밀, 쌀, 옥수수가 전 세계 3대 작물로 꼽힌다.

12. 오감을 자극하는 것은 신체적 재활뿐만 아니라 뇌의 활성에도 매우 중요하다. 그 중 촉감을 자극시킬 수 있는 식물은 감각자극, 회상, 유추에도 도움이 되는데 식물의 특징에 따라 자극할 수 있는 요소들은 다양한데 이 중 융모 질감의 잎을 가지고 있지 않은 식물은?

① 동백나무 ② 기누라 ③ 백묘국 ④ 램스이어

정답 및 해설: ①

13. 국립원예특작과학원(2016)에서 공감·배려증진 도시농업 프로그램 매뉴얼인 '정말로 나리꽃'에서 478명의 아동을 대상으로 원예활동 프로그램 선호도를 조사하였다. 그 중 만들기 활동 선호도가 가장 높은 것은?

① 향기주머니 ② 꽃바구니 ③ 허브비누 ④ 토피어리

정답 및 해설: ③

만들기 활동으로는 허브비누(10.15%), 꽃바구니(10.20%), 향기주머니(10.15%), 잔디인형(8.63), 테이블장식(8.18%), 꽃꽂이(6.62%), 리스(6.48%), 테라리움(6.26%), 토피어리(5.90%), 꽃묶음(4.74%), 코사지(3.76%), 누름꽃(3.71%), 갤런드(3.35%), 향기주머니(0.54%) 순으로 나타났다.

14. 동물을 이용한 치유농업 중 다음은 어느 동물의 특징에 해당하는가?

- 비교적 작고 다루기 쉬우며 사육장 설치가 간편
- 울음소리가 시끄러움
- 관리하는데 어려움
- 프로그램으로 접근하기가 쉬움

① 닭 ② 개 ③ 미니돼지 ④ 유산양

정답 및 해설: ①

15. 치유동물 중 염소의 장점에 해당하지 않는 것은?

① 사육하는데 많은 면적을 차지하지 않는다.
② 머리가 좋으며 사람과 유대관계를 형성할 수 있다.
③ 염소는 예민하지 않아 스트레스를 적게 받는 동물이다.
④ 상호 접촉성이 좋다.

정답 및 해설: ③

〈염소〉

가) 장점

① 사육하는데 많은 면적을 차지하지 않는다.
② 머리가 좋으며 사람과 유대관계를 형성할 수 있다.
③ 온순하여 안전하고 사람의 운동성도 활발하게 해주며 감정의 소통성도 좋은 편이다.

④ 상호 접촉성이 좋다.
나) 단점
① 도시 사육 시 번거로움이 크다.
② 체험 및 치유 프로그램을 진행할 때 인수공통전염병이 옮을 위험성이 있다.
③ 염소는 예민한 동물로 스트레스를 받기 쉬운 동물이다.

16. 치유농업 활동소재 동물의 선택 기준으로 바르지 않은 것은?

① 동물의 인지적능력 ② 상호접촉성 ③ 감정소통성 ④ 사육성

정답 및 해설: ①

사육성, 운반성, 상호접촉성, 감정 소통성, 안전성, 인간의 운동성 동물 자신의 즐거움, 감염의 안전성

17. 농장동물 활용 치유농장 운영 시 고려 사항으로 바르지 않은 것은?

① 치유농장의 생산 공간과 치유 공간의 통합적 운영 필요
② 대상자에 맞는 전문 치유 프로그램 개발 및 적용 연구 필요
③ 동물복지 가이드라인을 준수하여 프로그램 참여 동물들의 스트레스 감소 방안 마련
④ 치유농장 운영을 위한 치유 전문가 및 치유 관련 시설 마련

정답 및 해설: ①, 치유농장 운영 시 고려 사항 참조

18. 다음 중 정서곤충의 조건으로 바르지 않은 것은?

① 돌보는 과정에서 먹이를 조달하는 것이 어렵지 않아야 한다.
② 사육법이 알려져 있거나, 표준화된 사육법이 개발되어 있어야 한다.
③ 사람들에게 선호도가 높거나 이미지에 친근감이 있으면 좋다.
④ 외형적으로 매력적인 무늬나 색상을 가지고 있어야 한다.

정답 및 해설: ④

※ 정서곤충의 조건
① 위험하거나 고약한 냄새가 나지 않아야 한다.

② 질병/전염 등의 위험으로부터 안전해야 한다.
③ 외형적으로 매력적인 무늬나 색상 등 자원성이 있으면 좋다.
④ 돌보는 과정에서 먹이를 조달하는 것이 어렵지 않아야 한다.
⑤ 사육법이 알려져 있거나, 표준화된 사육법이 개발되어 있어야 한다.
⑥ 우리의 생활과 관계가 있거나 역사 · 문화적으로 관련이 있으면 좋다.
⑦ 사람들에게 선호도가 높거나 이미지에 친근감이 있으면 좋다.

19. 다음 중 활동소재동물 중 정서곤충 이용의 장점으로 바르지 않은 것은?

① 곤충은 짧은 기간 내 한살이 과정을 모두 관찰할 수 있다.
② 곤충은 생물군 가운데 종의 다양성이 가장 크다.
③ 곤충은 시각자극을 이용한 활동에 최적화되어있다.
④ 몸집이 큰 대동물에 비해 위험성이 적은 편이다.

정답 및 해설: ③

※ 정서곤충 이용의 장점
① 곤충은 생물군 가운데 종의 다양성이 가장 크다.
② 곤충은 크기가 작아서 돌보는 공간에 제약이 없고, 적은 비용으로 손쉽게 키울 수 있다.
③ 몸집이 큰 대동물에 비해 위험성이 적은 편이다.
④ 곤충은 짧은 기간 내 한살이 과정을 모두 관찰할 수 있다.
⑤ 곤충은 시각, 청각, 촉각, 후각 등 감각자극을 이용한 활동이 가능하다

20. 동물교감 치유 프로그램의 학술적 이론과 세부내용으로 잘못 짝지어진 것은?

① 인지이론 - 동물매개치료 동안에 대상자는 산책하기 등의 간단한 작업을 통하여 성취감을 느끼며, 자기효능감을 높일 수 있다.
② 애착이론 - 본성으로 어머니와 강한 애착을 갖는 유아기에 머물러 있는 문제 대상자들에게 농장의 동물과의 유대 형성 경험을 통하여 건전한 애착의 경험을 갖게 하고, 주변 대상자들에 자연스러운 애정 분산 효과를 얻을 수 있으며, 발달된 사회적 유대로 확장할 수 있음
③ 자연친화설 - 사람은 자연의 일부이고 동물 또한 자연의 일부라, 양자 간에는 자연

스러운 친화에 의한 유대감을 가지고 있다. 대상자들은 농장의 동물과의 접촉을 통하여 강한 유대 감을 얻을 수 있으며, 이러한 유대감이 대상자의 심리적, 정신적 안정감을 유도함

④ 학습이론 - 수술이나 치료에 대한 환자의 불안이나 공포를 줄여주는 효과가 있으며 수술이 나 치료 후 통증에 대한 처치를 적게 유지하는 효과도 있어 환자의 통증 감소에 기여한다.

정답 및 해설: ④

21. 동물 교감 활동에 의한 신경전달 물질 및 호르몬 변화 중 감소되는 호르몬은?

① dopamine ② oxytocin ③ cortisol ④ prolactin

정답 및 해설: ③, 동물 교감 활동에 의한 신경전달 물질 및 호르몬 변화 중 감소되는 호르몬은 cortisol이다.

22. 반려동물 활동 소재 중 새를 선택 시 장점이 아닌 것은?

① 공간적으로 사육이 쉽다.
② 털이나 배설물에 의한 천식을 유발한다.
③ 소리를 통한 치유효과도 있다.
④ 길들이기도 용이하다.

정답 및 해설: ②, 털이나 배설물에 의한 천식을 유발한다는 점은 새 사육시 단점으로 작용한다.

23. 농지법상 설치 가능한 시설로 옳은 것은?

① 농막 : 30 제곱미터 이하
② 간이 저온저장고 : 33 제곱미터 이하
③ 농산어촌 체험시설 : 3천 제곱미터 이하
④ 관광농원 : 3만 제곱미터 이하

정답 및 해설: ②

24. 다음 괄호 안에 알맞은 용어는?

분류	특 징
(A)	• 애벌레에서 어른벌레로 성장하기 위해서는 여러 차례의 탈바꿈 과정 • 이 과정에서 번데기 단계를 거침
(B)	• 번데기 단계를 거치지 않음

① A: 불완전탈바꿈 B: 불완전변태 ② A: 완전변태 B: 완전탈바꿈
③ A: 불완전변태 B: 완전탈바꿈 ④ A: 완전변태 B: 불완전변태

정답 및 해설: ④, A는 완전변태(완전탈바꿈)와 B는 불완전변태(불완전탈바꿈)에 대한 용어이다.

25. 현재까지 정서곤충으로 선발되어 치유프로그램을 개발하고 그 효과가 과학적으로 구명된 곤충 종이 아닌 것은?

① 왕귀뚜라미 ② 호랑나비 ③ 물매미 ④ 장수풍뎅이

정답 및 해설: ③, 현재까지 정서곤충으로 선발되어 치유프로그램을 개발하고 그 효과가 과학적으로 구명 된 곤충 종은 '왕귀뚜라미', '호랑나비', '누에나방', '장수풍뎅이' 가 있다.

07. 7차시 출제예상문제 및 해설

1. 동물자원의 치유 효과 중 신체적 효과에 포함되는 것은?

① 기억력 향상 ② 호르몬 변화 ③ 공동체 의식 향상 ④ 도움의 제공

정답 및 해설: ②, 동물자원의 치유 효과 중 신체적 효과는 호르몬 변화, 근육의 운동과 발달, 이완 반응, 접촉 이점, 통증 감소 효과 등이 포함된다.

2. 활동소재 동물 특성 중 강점으로서 사육성이 매우 좋은 것으로 짝지어진 농장동물은?

① 사슴과 염소 ② 곤충과 관상어 ③ 닭과 토끼 ④ 오리와 유산양

정답 및 해설: ③, 닭과 토끼는 비교적 사육성이 매우 좋은 것이 강점이다.

3. 동물 교감 치유 효과에 대한 학술적 이론 중 어디에 해당되는 내용인가?

> 대상자는 농장에서 동물을 돌보는 활동을 통하여 대처능력이 향상되고, 자존감 향상 및 자기효능감 향상과 자기지지가 높아진다.

① 인지이론 ② 애착이론 ③ 자연친화설 ④ 학습이론

정답 및 해설: ④, 학습이론에 대한 설명이다.

4. 농촌 진흥구역에서 자기가 생산한 농수산물을 판매할 수 있는 면적은?

① 1 천제곱미터 이하
② 2 천제곱미터 이하
③ 3 천제곱미터 이하
④ 5 천제곱미터 이하

정답 및 해설: ①

5. 동물자원의 치유 효과 중 아래에 해당되는 항목은?

> 동물들과 접촉하면서 직선적이며 그 순간의 감정대로 행동하는 동물의 행동을 이해하는 마음은 다른 사람들과의 관계에서도 상대방을 이해하고 포용할 수 있어 원만한 대인 관계를 갖는데 도움이 된다.

① 신체적 효과 ② 인지적 효과 ③ 심리 정서적 효과 ④ 사회적 효과

정답 및 해설: ④, 사회적 효과 항목에 대한 내용이며 "다른 사람에 대한 이해심 향상"을 설명하고 있다.

6. 농장동물 활용 치유농업시설 고려 사항 중 안전 항목에 대한 내용으로 맞는 것은?

① 실내시설 반드시 운영 ② 개인정보 취급 매뉴얼 운영
③ 보험 및 관련 협약 필수 ④ 인증된 치유 프로그램 문서화 운영

정답 및 해설: ③, 실내시설 반드시 운영은 시설항목, 개인정보 취급 매뉴얼 운영은 운영 관리 항목, 인증된 치유 프로그램 문서화 운영은 프로그램 항목이다. 보험 및 관련 협약 필수는 안전 항목이다.

7. 치유농업시설 전문인력 고려 사항 중 거리가 먼 것은?

① 대상자 치유프로그램 개발 및 적용
② 수의사법의 준수가 필요
③ 대상자 평가 지표 선발 및 적용
④ 전문인력의 역량 강화를 위한 교육 및 지원체계

정답 및 해설: ②, 모든 과정에서 '동물보호법'의 준수가 필요하다.

8. 누에 사육시 주의할 점이 아닌 것은?

① 직사광선을 피한다.
② 먹이로 주는 뽕잎은 시들지 않게 냉장고의 채소 칸에 보관한다.

③ 령이 바뀌기 전 애벌레가 잠을 잘 때는 절대 건드리지 않도록 한다.
④ 양지에서 사육해야 한다.

정답 및 해설: ④, 누에는 그늘진 곳에서 사육해야 한다.

9. 다음은 무엇에 대한 설명인가?

> - 동물과의 교감 활동은 대상자의 스트레스를 감소시키고 이완반응을 유도하는데, 이러한 일련의 반응으로 의료적 이점과 심리적 안정감을 얻을 수 있다.
> - 동물은 사람 대상자와의 상호교감을 통하여 대상자의 긴장 완화와 스트레스 감소, 대화의 증가, 신체 활동의 증가를 유발한다.

① 동물자원의 작용원리 ② 동물자원의 치유효과
③ 동물자원의 이론과 연구 ④ 곤충자원의 치유적 효과

정답 및 해설: ①, 동물자원의 작용원리에 대한 설명이다.

10. 다음에 해당되는 농장동물은?

강점	약점	기회	위협
• 사람과 잘어울림 • 의사소통 가능 • 청결함	• 겁이 많음 • 더운날씨에 취약함	• 털이 안 빠짐 • 교감활용 가능	• 프로그램 부족 • 여름활동에 취약

① 말 ② 소 ③ 돼지 ④ 닭

정답 및 해설: ③, 돼지에 대한 설명이다.

11. 반려묘는 숨을 곳이 마땅치 않으면 이글루처럼 생긴 곳에 들어가 숨는다. 이 이유는?

① 열량을 보존하기 위해 따뜻하고 편안한 곳에서 자는 것을 좋아한다.

② 높이가 높은 판에 체중을 실어 판을 발톱으로 긁는 것을 좋아한다.
③ 다른 사람이나 고양이가 보이지 않는 위치에 있을 때 안전하다고 느낀다.
④ 독립성이 강해 혼자 두고 갈 수 있다.

정답 및 해설: ③, 이러한 행동은 다른 사람이나 고양이가 보이지 않는 위치에 있을 때 안전하다고 느끼기 때문이다.

12. 식량작물을 이용한 치유농업 프로그램에 대한 설명으로 옳지 않은 것은?

① 식량작물은 인간이 삶을 유지하기 위해 섭취해야 하는 먹거리를 생산하는 작물로 밀, 쌀, 옥수수가 전 세계 3대 작물로 꼽힌다.
② 식량작물은 논재배와 밭재배 가능작물이 모두 있어, 농작업을 활용한 치유프로그램을 다양 하게 할 수 있다는 장점이 있다.
③ 식용이 가능하여 간접적인 치유(심리, 감정) 보다는 작물의 효능을 활용한 직접적인 치유에 더 도움이 될 수 있다는 장점이 있다.
④ 논은 밭에 비해 넓은 대지에서 이루어지는 농업으로, 넓은 경관을 필연적으로 보유하게 되 어, 이를 활용한 경관치유가 가능하다.

정답 및 해설: ③, 간접적인 치유와 직접적인 치유 모두에 도움이 됨

13. 다음은 식량작물을 활용한 치유농업활동에 대한 설명이다. 그 설명이 바르지 않은 것은?

① 쌀을 활용한 치유농업활동으로는 모심기, 수확하기, 쌀케이크, 가마솥 밥짓기, 엿기름 식혜 만들기, 짚으로 계란꾸러미 만들기, 짚신 만들기 등 다양하게 활용할 수 있다.
② 보리를 활용한 치유농업 활동으로는 보리 하바리움, 보리 염색, 보리 다발 만들기, 보리 싹 기르기 등 다양하게 활용할 수 있다.
③ 밀을 활용한 치유농업프로그램으로 밀 액자, 밀 다발 만들기, 밀 하바리움, 밀가루 만들기, 빵만들기, 쿠키 만들기 등 다양하게 활용할 수 있다.
④ 옥수수를 활용한 치유농업 활동으로는 옥수수 이삭을 싸고 있는 껍질로 방석, 모자 만들기, 콘 샐러드, 옥수수 차, 옥수수 수염을 이용한 공예품 등 다양하게 활용할 수 있다.

정답 및 해설: ①, 엿기름 식혜만들기는 보리로 함

14. 노인의 경우 어린시절의 추억을 되살리게 해주는 기억력 자극에 중요한 요소인 식물로 정서적 안정과 젊은 시절의 회상을 가져올 수 있는 식물이 아닌 것은?

① 수국 ② 원추리 ③ 백일홍 ④ 둥굴레

정답 및 해설: ①, 노인의 경우 어린 시절의 추억을 되살리게 해 주는 것은 기억력 자극에 중요한 요소이다. 채송화, 봉선화, 백일홍 등의 초화류 및 들깨, 참깨, 감국, 둥굴레, 당귀, 원추리, 쑥 등이 노인들에게 친숙한 향을 지닌 향토적 식물 등이 정서적 안정과 젊은 시절의 회상을 가져올 수 있다.

15. 다음중 실내에 재배되는 독성식물인 것은?

① 수선화 ② 디기탈리스 ③ 디펜바키아 ④ 델피늄

정답 및 해설: ③

1) 실내에서 재배되는 독성식물
   ① 디펜바키아(Dieffenbachia L, dumb cane): 잎을 먹으면 입과 혀가 부어서 음식물을 삼키거나 말하는 데 어려움이 생기고 체내에 흡수되면 점막에 염증을 유발한다.
   ② 기타: 꽃기린(Euphorbia milli, crown of thorns), 포인세티아(Euphorbia pulcherrima), 란타나(Lantana), 잉글리쉬 아이비(Hedera helix), 크로톤(Codiaeum variegatum) 등이 있다.

2) 실외에서 재배되는 독성식물
   미나리아재비와 복수초(Adonis amurensis, 미나리아재비과), 수선화(Narcissus tazetta), 콜치컴(Colchicum), 디기탈리스(Digitalis, foxglove), 델피늄(Delphinium, larkspur), 아주까리(ricinus castor bean), 은방울꽃(Convallaria, lily of the valley), 주목(Texus yew) 등이 있다.

16. 다음은 식물매개 치유농업의 효과에 대한 설명이다. 그 설명이 옳지 않은 것은?

① 신체적으로 근관절, 골격기능, 시지각 등 감각기능, 혈압 등 심혈관 기능이 강화된다.
② 인지적으로 뇌활성도, 문제해결능력, 판단력, 창의성, 주의 집중력, 기억력, 지남력 등이 향상된다.
③ 심리·정서적으로 스트레스, 우울, 분노의 감소, 긍정적 정서, 행복감, 자신감, 안정감, 정서지능, 성취감, 만족감 등이 향상된다.
④ 사회적으로 삶에 대한 동기부여, 정열의 증진효과, 대인관계 향상, 의사소통기술 증진, 사회성이 향상된다.

정답 및 해설: ④, 삶에 대한 동기부여, 정열의 증진효과는 심리정서적 효과이다.

17. 치유프로그램에 적합한 동물의 종류는 선택기준에 맞추어 비교 검토 후 선택을 하도록 하는데 활동 동물선택을 위한 8가지 기준이 아닌 것은?

① 상호접촉성 ② 인간의 운동성 ③ 인간의 안전성 ④ 감정 소통성

정답 및 해설: ③

18. 유산양의 질병 중 요마비병에 대한 설명 중 옳은 것은?

① 유충을 모기가 매개하여 전염시키는 병
② 밀집 사육시킨 후 황록색 설사를 하는 병
③ 거품섞인 침을 흘리거나 잘 일어서지 못하는 병
④ 바이러스성 질병으로 감염되어도 쉽게 증상이 나타나지 않는 병

정답 및 해설: ①

19. 정서곤충에 대한 설명 중 옳은 것은?

① 왕귀뚜라미는 가을을 대표하는 곤충의 하나로 암컷이 날개를 비벼 소리를 낸다.
② 호랑나비는 완전탈바꿈이며 냄새뿔을 내밀어 적을 쫓는데 사용한다.
③ 누에는 불완전탈바꿈을 한다.

④ 장수풍뎅이는 완전탈바꿈을 하고 암컷 앞가슴등판 한가운데에 뿔이 있다.

정답 및 해설: ②

20. 치유동물 중 '소'에 관한 설명이 아닌 것은?

① 고창증에 걸린 소의 반추위를 발달시키기 위해서는 조사료보다 배합사료를 먼저 공급한다.
② 제 1위 부전각화증에 걸렸을 때에는 농후사료의 편중을 피하고 양질의 조사료를 급여한다.
③ 제 1위염, 복막염, 제대염이 발병하면 즉시 적극적인 치료를 실시해야된다.
④ 소의 수태기간은 270~290일이며 보통 1~2마리의 새끼를 낳는다.

정답 및 해설: ①, 고창증에 걸린 소에게는 조사료 급여로 충분히 반추위를 발달시키는 것이 필수적이다. 사료가 떨어졌을 때에도 배합사료보다 조사료를 먼저 공급한다.
　　　　　　 * 조사료: 목초, 건초 등 섬유질 함량이 높은 사료
　　　　　　 * 농후사료: 부피가 작고 섬유소가 적으며 가소화 양분(음식물에 포함되어있어서 소화·흡수하여 얻을 수 있는 양분)이 많은 사료

21. 다음 중 농장동물을 활용한 치유 농장 운영 시 고려 사항으로 거리가 먼 것은?

① 치유 농장의 생산 공간과 치유 공간의 분리가 필요하다.
② 프로그램 참여 동물의 스트레스 감소를 위한 노력은 농장주의 자율에 맡긴다.
③ 대상자에 맞는 치유에 대한 과학적 평가지표 개발 및 적용 연구가 동반되어야 한다.
④ 물리적 외상 및 인수 공통 전염병을 포함한 안전 관리에 관한 지침 마련이 필요하다.

정답 및 해설: ②, 프로그램 참여 동물의 스트레스 감소를 위해서 동물복지가이드라인을 준수한 방안 마련이 필요하다.

22. 동물농장활용 치유농업 시설 고려사항 중 안전에 해당되는 내용으로 바르지 않은 것은?

① 안전요원 상시 배치　② 위험물 관리 매뉴얼 운영
③ 보험 및 관련 협약 필수　④ 안전안내 또는 게시판 필수

정답 및 해설: ①

23. 치유농업 시설 통로 조성 시 고려사항 중 잘못된 것은?

① 통로폭은 성인 교행 시 120cm 이상으로 하며 기타 이동수단의 폭을 확인하고 결정한다.
② 휠체어 이동 시 바퀴 이탈 방지를 위해 3cm의 방지턱을 설치한다.
③ 경사로는 배수를 위한 경사각은 2%를 유지하고 일반동선인 경우 경사도는 3~5% 범위가 적합하다.
④ 시각장애인을 위한 공간은 직선통로를 제공하고 보조수단으로 바닥포장의 질감과 형태를 달리하거나 유도음향을 제공한다.

정답 및 해설: ②
　　　　　휠체어 이동 시 바퀴 이탈 방지를 위해 5cm의 방지 턱을 설치한다.

24. 치유농업시설 안전관리에 대한 지침 중, 대상자 안전관리에 관한 내용으로 바르지 않은 것은?

① 예상되는 모든 위험에 대한 주의사항을 프로그램에 참여하는 대상자들이 알기 쉽게 표지판을 만들어 눈에 잘 띄는 곳에 부착하여야 한다.
② 치유 프로그램에 활용하는 동물들이 물거나 할퀴거나 발로 차거나 땅에 떨어지거나 뿔로 받는 등의 안전사고를 예방할 수 있는 지침을 마련하여 문서화하여 구비하여야 한다.
③ 시설물이나 장비, 기구에서 발생할 수 있는 안전사고를 예방할 수 있는 지침을 마련하여 문서화하여 구비하여야 한다.
④ 프로그램 운영 과정 중에 예상되는 물리적 외상 발생 시 보상 규정을 문서화하여 구비하여야 한다.

정답 및 해설: ④

프로그램 운영 과정 중에 예상되는 물리적 외상 발생 시 처치 및 대처 방법을 문서화하여 구비하여야 한다.

25. 메타 분석을 통하여 동물교감치료가 우울감을 감소시킬 수 있음을 입증한 학자는?

① Nimer와 Lundahl ② Souter와 Miller
③ Cole와 Gawlinski ④ Gavin과 Furman

정답 및 해설: ②

Souter와 Miller (2007)의 연구에서는 메타 분석을 통하여 동물교감치료가 우울감을 감소시킬 수 있음을 입증한 바 있다.

08. 8차시 출제예상문제 및 해설

1. 교미 시 자극에 의해 배란을 하는 농장동물은?

① 조랑말 ② 토끼 ③ 미니돼지 ④ 오리

정답 및 해설: ②, 토끼는 수컷의 교미자극에 의해 배란이 일어나는 동물로 출생 후 6~8개월이 되면 암컷은 임신이 가능하다.

2. 활동소재 동물 선택에 대한 설명으로 틀린 것은?

① 사육성: 기르기(사육)의 용이성
② 감정 소통성: 사람과의 친밀도
③ 감염의 안전성: 동물로 인해 감염될 수 있는 질병의 위험도
④ 안전성: 쉽게 기를 수 있는가?

정답 및 해설: ④, 안전성은 동물의 사람에 대한 공격성에 대한 내용이며 쉽게 기를 수 있는가?는 사육성에 해당된다.

3. 반추동물 위의 명칭이 맞게 나열된 것은?

① 1위 → 반추위 ② 2위 → 진위 ③ 3위 → 벌집위 ④ 4위 → 겹주름위

정답 및 해설: ①, 반추동물 위의 명칭은 1위 → 반추위, 2위 → 벌집위, 3위 → 겹주름위 ④ 4위 → 진위이다.

4. 동물교감중재(animal assisted intervention)의 효과로 틀린 내용은?

① 사회적 지지는 네트워크 형성과 연관성이 적다.
② 동물은 사람의 사회적 상호반응의 중재자 역할을 한다.
③ 동물들이 화가 나거나 흥분된 사람들의 상태를 경감시킨다.
④ 동물은 대상자에게 자기효능감을 제공할 수 있다.

정답 및 해설: ①, 동물교감중재 효과는 사회적 지지의 경우 네트워크 형성과 연관성이 중요하다.

5. 다음중 용도지역에서 확인할 수 없는 사항은?

① 건축물의 용도 ② 건폐율 ③ 면적 ④ 용적률

정답 및 해설: ③

6. 건폐율의 의미를 잘 나타낸 것은?

① 건물의 연면적에 대한 대지의 면적 비율
② 건물의 지하실 연면적에 대한 대지의 면적 비율
③ 건물의 1층 면적에 대한 대지의 면적 비율
④ 건물의 지하실 면적과 지상 건물의 합계 면적에 대한 비율

정답 및 해설: ③

7. 다음 용도지역중 아래 설명하는 지역에 해당하는 것은?

> 농업, 임업, 어업 생산 등을 위하여 관리가 필요하나, 주변 용도지역과의 관계 등을 고려할 때 농림지역으로 지정하여 관리하기가 곤란한 지역

① 녹지지역 ② 보전관리지역 ③ 생산관리지역 ④ 계획관리지역

정답 및 해설: ③

8. 농업진흥지역의 지정 대상이 아닌 것은?

① 주거지역 ② 녹지지역 ③ 보전관리지역 ④ 생산관리지역

정답 및 해설: ①

9. 농업진흥구역의 용수원 확보, 수질 보전 등 농업 환경을 보호하기 위하여 지정한 지역은?

① 계획관리지역 ② 녹지지역 ③ 보전관리지역 ④ 농업보호구역

정답 및 해설: ④

10. 현재 인증되는 친환경농축산물의 종류가 아닌 것은?

① 유기농산물 ② 무농약농산물 ③ 저농약농산물 ④ 무항생제축산물

정답 및 해설: ③

11. 아래 설명하는 농촌환경·문화자원의 유형은?

> 농업인이 해당 지역의 환경/사회/풍습 등에 적응하면서 오랫동안 형성시켜 온 유/무형의 농업자원

① 경관자원 ② 지형자원 ③ 특산자원 ④ 농업유산

정답 및 해설: ④

12. 아래 설명하는 농산물 인증제도는 무엇일까?

> 우수 농산물에 대한 체계적 관리와 안정성 인증을 위해 2006년부터 시행된 제도이다. 생산에서 판매까지 농산물의 안전관리체계를 구축하고, 소비자에게 안전 농산물을 공급하기 위해 시행되고 있는 국제적 규격제도다.

① PLS ② GAP ③ 6차인증 ④ CODEX

정답 및 해설: ②

13. 다음 중 반려동물에 대한 사육, 관리 의무로 바르지 않은 것은?

① 사육공간은 동물의 몸길이 2배 이상이어야 한다.
② 목줄을 사용하여 사육할 경우 목줄이 조여 상해를 입지 않도록 하여야 한다.
③ 개는 매월 1회 이상 구충을 하여야 한다.
④ 동물의 행동에 불편함이 없도록 털과 발톱을 적절하게 관리해야 한다.

정답 및 해설: ③, 개는 분기마다 1회 이상 구충을 하여야 한다.

14. 치유농장을 조성할 때는 접근성, 편리성, 안정성에 관련된 제도적 기준을 준수해야 한다. 다음 중 접근성에 해당하는 내용이 아닌 것은?

① 치유농업시설 출입구 ② 치유농업시설 안내도 ③ 화장실 ④ 주차 공간

정답 및 해설: ③

15. 농지법 제32조 제1항에 따르면 농업진흥구역에서는 대통령령으로 정하는 행위 외의 토지이용행위를 할 수 없다. 다음 중 대통령령으로 정하는 농업인의 편의시설 및 이용 시설의 설치에 해당하지 않는 것은?

① 마을 창고 ② 개별 화장실 ③ 마을공동 주차장 ④ 마을 공동 퇴비장

정답 및 해설: ②, 농지법 시행령 제29조 제3항

16. 치유농장에서 장애인을 수용할 수 있는 교육장을 조성할 때 고려해야 할 일반사항을 모두 고르시오.

① 장애인 등의 통행이 가능한 접근로를 만든다.
② 출입구는 높이 차이가 제거되도록 한다.
③ 장애인전용 주차구역을 만든다.
④ 복도는 휠체어가 통행할 수 있도록 한다.

정답 및 해설: ①, ②, ③, ④

17. 「치유농업법」 제2조에서 치유농업자원으로 분류되는 항목이 아닌 것은?

① 식물자원 ② 농촌 환경·문화 ③ 가공처리시설 ④ 동물자원

정답 및 해설: ③, 「치유농업법」 제2조에서 치유농업이란 "국민의 건강 회복 및 유지·증진을 도모하기 위하여 이용되는 다양한 농업·농촌자원(이하 "치유농업자원"이라 한다)의 활용과 이와 관련한 활동"으로 정의하고 있으며, 이때 치유농업자원으로 "식물, 동물, 농촌 환경·문화, 음식 등의 자원"으로 분류할 수 있다.

18. 농촌다움 자원의 유형에 대한 설명이 잘못된 것은?

구 분	항 목
① 환경자원	• 식생(보호수, 노거수, 마을숲, 보호수림 등)
② 경관자원	• 농업경관, 하천경관, 산림경관, 주거지경관
③ 공동체생활자원	• 공동생활시설, 기반시설, 공공편익시설, 환경관리시설, 농업시설
④ 역사자원	• 전통건조물, 전통주택 및 마을의 전통적인 요소, 신앙공간, 마을상징물, 유명인물, 풍수지리나 전설 등

정답 및 해설: ③

19. 농촌다움 자원을 토대로 치유환경으로 선정된 「농촌 치유자원의 8개분야」가 아닌 것은?

① 생태자원 ② 시설자원 ③ 경제활동자원 ④ 농촌체험자원

정답 및 해설: ④

20. 다음 농촌치유관광의 개념에 대한 설명으로 가장 바람직한 것은?

① 농촌치유란, 농촌 참여를 통하여, 심리, 정서적 역량을 회복하는 경험을 말한다.
② 치유관광은 건강관광(health tourism)의 한 영역으로 웰빙(웰니스)관광에 가깝다.
③ 치유관광은 치료(치유)를 목적으로 자연기반의 관광목적지에서 건강추구와 관련된 관광활동 이다.
④ 치유(농촌)관광은 농촌자원을 이용하여 지역사회주민들이 주체가 되어 농촌 방문객들에게 향토문화와 서비스를 제공하는데 있다.

정답 및 해설: ①

21. 농촌 치유관광의 특징 및 활동에 대한 설명으로 맞지 않는 것은?

① 치유대상자를 고려한 서비스 제공

② 농촌문화 · 생활체험, 레크리에이션 활동, 마을둘러보기(농촌 체험관광)
③ 치유서비스 공급자와 참여자의 상호작용이 중요
④ 명상, 산책, 휴식 · 휴양, 보양 등 치유활동 및 자가진단체크 등

정답 및 해설: ②

22. 다음 농촌 치유관광의 특징에 대한 설명으로 가장 바람직한 것은?

① 농촌 치유관광의 지향점은 농촌주민의 소득증대보다 관광객의 치유가 우선(함께)되어야 한다.
② 농촌관광 활성화 지원을 위해 부문별로 10개(4개)부문을 평가하여 등급제를 운영하고 있다.
③ 농촌 치유관광의 대상은 일상회복이 필요한 스트레스 고위험군, 건강라이프스타일 추구 집단 등을 주요 대상으로 하고 있다.
④ 일상에서의 피로와 스트레스에서 회복하고 질병을 예방할 수 있는 치료단계(예방단계)의 치 유라고 할 수 있다.

정답 및 해설: ③

23. 다음 중 농촌관광 활성화 지원 내용에 해당되지 않는 것은?

① 농촌 공동체 활동 지원   ② 부문별 등급제 운영
③ 역량강화 교육   ④ 농촌 체험학습 지원

정답 및 해설: ①

24. 다음 괄호 안에 들어갈 말이 올바른 것은?

> 농촌지역 특유의 자연환경, 전통문화, 지역특산물 등 지역의 정체성과 농촌다움을 바탕으로 인간에게 즐겁고 쾌적한 감성을 제공하는 휴양적, 경제적 가치를 지니고 있는 모든 유 · 무형의 자원으로, 농촌의 정체성을 반영하는(   )를 제공하는 자원이다.

① 농촌치유 + 구성원에게 사회적 × 문화적 가치
② 농촌다움 + 구성원에게 사회적 × 문화적 가치
③ 농촌치유 + 구성원에게 사회적 × 경제적 가치
④ 농촌다움 + 구성원에게 사회적 × 경제적 가치

정답 및 해설: ④

25. 다음 농촌 치유관광 소재에 대한 설명중 가장 올바른 것은?

① 농촌다움 자원을 토대로 치유환경으로 선정된 농촌 치유자원의 8개 분야, 29개 항목이다.
② 농촌휴양은 노동을 병행하면서 지치거나 병든 몸과 마음을 보양하고 활력을 되찾게 해주는 과정이다.
③ 농촌에서의 문화자원은 마을공동체가 창조해온 농경문화 자원으로 전통자원인 무형 자원이다.
④ 민간요법과 전통 농업·농촌유산은 농촌 치유관광 프로그램 개발에 간접적인 요소가 될 수 있다.

정답 및 해설: ①

26. 다음 농촌의 문화자원 중 성격이 다른 하나는?

① 마을경관 ② 마을조직 ③ 농업경관 ④ 물질민속

정답 및 해설: ②, 마을조직은 무형자산임.

27. 괄호 안에 맞는 내용을 고르시오.

> "치유농장에서 이용객이 활동하는 주변에 추락위험이 있는 곳에는 울타리나 안전난간을 설치하여 안전을 확보하여야 한다. 산업안전보건기준에 관한 규칙 제13조 (안전난간의 구조 및 설치요건)에 따르면 임의의 방향에서 (   )kg 이상의 하중에 견딜 수 있어야 하며 높이는 (   )cm, 난간대는 지름은 (   )cm 이상의 금속파이프로 설치하는 것이 바람직하다"

① 100, 90~120, 2.7 ② 100, 90~120, 3.7 ③ 100, 60~100, 2.7 ④ 90, 90~120, 2.7

정답 및 해설: ①

09. 9차시 출제예상문제 및 해설

1. 조랑말을 사육시 주의 사항으로 옳은 것은?

> ㉠ 조랑말은 피부손질과 발톱관리에 주의해야한다.
> ㉡ 승마용 말은 1일 3시간 정도씩 승마 훈련을 실시한다.
> ㉢ 운동 후에는 안장을 떼고 30분간 체온을 식힌 다음 피부손질을 해준다.
> ㉣ 말은 나쁜 버릇이 있어 훈련을 통하여 교정해주어야 한다.
> ㉤ 말은 산통이 자주 발생한다.

① ㉠, ㉡, ㉢   ② ㉠, ㉢, ㉤   ③ ㉢, ㉣, ㉤   ④ ㉠, ㉣, ㉤

정답 및 해설: ④
　　　　　　㉡ 승마용 말은 1일 1~2시간 정도씩 승마 훈련을 실시한다.
　　　　　　㉢ 운동 후에는 안장을 떼고 10~15분간 체온을 식힌 다음 피부손질을 해준다.

2. 돼지의 특징에 관한 설명 중 틀린 것은?

① 후각, 판단력, 기억력 등이 뛰어나다.
② 코의 힘이 매우 강하여 코를 이용하여 물건을 들어 올리거나 땅을 파서 먹이를 찾는 습성이 있다.
③ 미각이 뛰어나고 잡식성으로 식물성 먹이를 찾는 습성이 있다.
④ 더울 때 체온을 떨어뜨리거나, 피부에 진드기 및 기생충을 제거하기 위해 물로 목욕을 한다.

정답 및 해설: ④, 더울 때 체온을 떨어뜨리거나, 피부에 진드기 및 기생충을 제거하기 위해 진흙으로 목욕을 한다.

3. 다음 중 토끼 사육시 관리해야 할 질병인 것은 ?

① 답창(Foot abscesses) ② 장 콕시듐(coccidiosis)
③ 제엽염(Laminitis) ④ 제차부란(Thrush)

정답 및 해설: ②

장 콕시듐은 원충성 질병으로 장내뷰에 기생하며 토끼를 죽음에 이르게 하는 질병이다. 특히 생후 4개월 미만의 토끼에게 매우 치명적인 병이다.

4. 동물교감치료 과정에서 동물복지를 향상하기 위한 권장사항으로 옳지 않은 것은?

① 동물 훈련을 위해 단시간적 훈련 방법이 개발되어 적용되어야 한다.
② 치유 프로그램에 동물 친화적 장비와 시설이 계획되고 구축되어야 한다.
③ 동물은 임무를 수행하도록 적절히 준비될 수 있도록 발육단계에서부터 환경과 교육에 주 의를 기울여야만 한다.
④ 동물의 최종 사용자인 치유농업사와 참여자에게 동물복지 관점에서 동물의 돌보기와 대 하기에 대한 지속적인 교육프로그램이 확산되어야 한다.

정답 및 해설: ①, 동물의 훈련을 위해 단시간적 훈련방법이 아닌 동물복지 관점에서 방법이 개발되어 적용되어야 한다.

5. 동물 활용 치유활동에서 젖소에게 먹이 주기 및 젖소 우유로 요리하기 활동 개요의 내용으 로 옳지 않는 것은?

① 젖소, 송아지에게 먹이를 준다.
② 젖소 우유로 아이스크림과 피자를 만들어 본다.
③ 완성된 요리를 먹어보며 이야기 나누는 시간을 가진다.
④ 내가 꾸미고 싶은 젖소 가면을 생각하며 꾸며본다.

정답 및 해설: ④, 먹이주기 및 요리하기 활동에 가면 꾸미기는 활동으로 옳지 않다

6. 가지과에 속하는 한해살이 풀이며 사과의 10개가 넘는 비타민 C를 함유한 식물은?

① 가지 ② 딸기 ③ 오이 ④ 고추

정답 및 해설: ④

7. 토끼의 설명으로 바르지 않은 것은?

① 토끼는 배변훈련을 통해 배설장소를 익힐 필요가 있다.
② 토끼는 소음이 적어서 가정에서 키우기가 적합하다.
③ 토끼는 질병에 취약하며 질병으로는 장 콕시듐, 스나플병, 바이러스성 출혈병이 있다.
④ 실외 사육 시 배설물 관리를 따로 하지 않아도 되는 장점이 있다.

정답 및 해설: ①, 토끼는 배변훈련을 하지 않아도 선천적으로 배설장소를 기억한다.

8. 다음 동물 설명으로 바르지 않은 것은?

① 돼지는 자주 목소리를 들려주면 의사소통을 할 수 있다.
② 돼지는 환경 온도가 높아지면 열사병에 걸릴 수 있으니 충분한 그늘과 수분, 염분 공급과 환기를 잘 해 주어야 한다.
③ 젖소는 신체적인 접촉에 민감함으로 직접적 교감이 어려울 수 있으니 주의하여야 한다.
④ 말은 적당한 운동과 일광욕을 위해 방목을 할 시 탈출에 유의하여야 한다.

정답 및 해설: ③, 젖소는 신체적인 직접적 교감을 나눌 수 있다.

9. 농장동물 활용 치유농장 운영시 고려할 사항으로 보기 어려운 것은?

① 치유농장 운영을 위한 치유 전문가 및 이유 관련 시설 마련
② 농장주 및 스탭들이 역량 강화를 위한 교육 및 지원체계 마련
③ 치유농장의 생산 공간과 치유 공간의 분리 필요.
④ 대상자에 맞는 치유에 대한 평가 지표는 기존의 자료를 활용한다.

정답 및 해설: ④, 치유에 대한 과학적 평가 지표 개발 및 적용 연구가 필요하다.

10. 치유동물 활용 치유농업시설 고려사항으로 바르지 않은 것은?

① 시설면에서 치유동물을 위한 높은 수준 편의시설 운영 필요
② 프로그램의 관련 기관 인증 및 평가 관리를 통한 정기적인 질 관리 수행
③ 위험물 관리 매뉴얼 운영
④ 치유 프로그램 운영은 관련 자격을 보유한자는 미 자격자를 채용하여 운영을 대행할 수 있다.

정답 및 해설: ④, 치유 프로그램 운영 관련 자격보유자가 필수

11. 바닥재 중 경관개선효과가 있고, 눈비침이 적으며 견인력과 마찰력이 있는 것은?

① 현무암 ② 콘크리트 ③ 화강암 ④ 잔디

정답 및 해설: ①

12. 반려묘에 관한 설명 중 틀린 것은?

① 독립성이 강해 스스로 털 관리를 하고 배변훈련이 필요 없다.
② 임신 기간은 약 65일로 한 번에 4~6마리의 새끼를 낳는다.
③ 고양이의 청각은 개보다 발달되어 있으나 후각은 개보다 덜 발달되어 있다.
④ 고양이의 질병으로는 호흡기 바이러스와 세균이 관여해서 일어나는 급성 호흡기 질병인 전염성 기관지염(켄넬코프)이 있다.

정답 및 해설: ④, 전염성 기관지염(켄넬코프)은 개의 질병이며 고양이의 질병으로 모구증(헤어볼)이 있다.

13. 반려조에 관한 설명이다. 옳은 것은?

① 반려조는 앞다리는 날개로 변형되어 날 수 있고 입은 부리로 되어 손을 대신하는 구실을 하며 온몸이 깃털로 덮인 냉혈동물이다.
② 모두 난생이고, 폐에 이어지는 기낭이 있으며 머리에 비해 눈알이 큰 편이다.
③ 다양한 종 중에서 카나리아는 소리가 아름다운 종류이며 구관조, 앵무새, 잉꼬 등은

털의 색채가 아름다운 편이다.
④ 사람을 좋아하여 길들이기 쉬워 손노리개용으로 활용되는 새로는 문조, 금화조, 호금 조, 꿩류이다.

정답 및 해설: ②

* 반려조의 특성 *
① 새는 앞다리는 날개로 변형되어 날 수 있고 입은 부리로 되어 손을 대신하는 구실을 하며 온몸 이 깃털로 덮인 온혈동물이다.
③ 다양한 종 중에서 카나리아는 소리가 아름다운 종류이며 문조, 잉꼬, 금화조, 호금조, 꿩류 등은 털의 색채가 아름다운 편이다.
④ 사람을 좋아하여 길들이기 쉬워 손 노리개용으로 활용되는 새로는 문조, 잉꼬, 모란앵무, 왕관앵 무 등이 있다.

14. 치유농업시설 영업배상책임보험 가입에 대한 설명으로 적절하지 않는 것은?

① 시설운영규모와 장소에 따라 직접의무가입 대상에서는 제외된다.
② 청소년 이용객이 있을 경우에는 필수사항으로 되어 있다.
③ 농어업인은 청소년 활동진흥법 제25조(보험 가입)에 따라 영업배상책임보험을 가입해야 한다.
④ 만일의 경우를 대비하여 영업배상책임보험을 가입하는 것이 권고된다.
⑤ 보험 가입은 이용객의 신뢰와 농장 이미지 개선과 불의의 사고를 대비한다.

정답 및 해설: ③

15. 괄호 안에 맞는 내용을 고르시오.

> 청소년성보호법 제56조(아동·청소년 관련기관 등에의 취업제한 등)에 따라 아동·청소년을 대상으로 치유농업서비스를 제공하는 사업장에서는 성범죄 경력자에 대해 (　　)년간 (　　)기간을 두어야 한다. 따라서 동법 시행령 제25조에 따라 직원채용이나 프로그램 운영자에 대한 (　　) 요청을 실시해야 한다.

① 5, 취업제한, 성범죄 조사   ② 10, 취업제한, 성범죄 조사

③ 10, 취업금지, 성범죄 경력조회 ④ 10, 취업제한, 성범죄 경력조회

정답 및 해설: ④

16. 농막에 대한 설명이다. 틀린 것을 고르시오.

① 농작업에 직접 필요한 농자재 및 농기계 보관, 수확 농산물 간이 처리 시설이다.
② 농작업 중 일시 휴식을 위하여 설치하는 시설이다.
③ 연면적 20㎡이상 이어야 한다.
④ 주거 목적이 아닌 경우로 한정되어 있다

정답 및 해설: ③

17. 치유환경 배경이론에 해당하지 않는 것은?

① 조망과 피신이론 ② 생존과 미적선호 이론 ③ 스트레스 감소이론 ④ 주의 회복이론

정답 및 해설: ②

18. 다음 중 주의를 회복시키는 환경의 4요소에 대한 설명으로 적절하지 않은 것은?

① 매혹: 무의식적인 주의를 이끌어낼 정도로 매력적인 환경
② 벗어나기: 피로를 유발하는 업무로부터 멀리 떨어져있는 환경
③ 확장 : 상위요소가 유기적으로 연결되는 환경
④ 적합성: 개인의 선호와 가치관과 맞는 경험을 제공해주는 환경

정답 및 해설: ③

19. 치유환경 개념과 하위 개념이 바르게 연결된 것은?

① 물리적 환경으로부터 발생하는 스트레스 인자를 줄이거나 제거할 수 있는 환경-미적요소
② 긍정적인 기분전환이 가능한 환경 - 실내 쾌적한 공기 질 유지
③ 사회적 관계형성이 가능한 환경 - 명상정원
④ 환자가 자립적으로 환경을 조절할 수 있는 환경 - 환자들 간의 사회적 관계를 맺을

수 있는 공간 제시

　정답 및 해설: ①

20. 다음 중 물리적 환경의 치유환경의 디자인 요소로 바르지 않은 것은?

① 친근함　② 자립심 증진　③ 쾌적성　④ 개방감

　정답 및 해설: ②

21. 치유정원을 위한 물리적 디자인 가이드라인 중 보편적 고려사항에 대한 설명으로 바르지 않은 것은?

① 충분한 그늘이 제공되어야 한다.
② 곡선보다는 직선 사용이 권장된다.
③ 안전감과 사생활 보호를 위해 휀스나 생울타리를 조성할 수 있다.
④ 식물로의 접근성 개선을 위해 높임화단을 고려한다.

　정답 및 해설: ②

22. 치유농업시설 주요 구성요소에 해당하지 않은 것은?

① 통로와 바닥포장　② 높임화단　③ 휀스　④ 그린하우스

　정답 및 해설: ③

23. 높임 화단의 규격 중 어린아이들의 활동 범위에 적합한 것은?

① 높이 45cm　② 높이 60cm　③ 높이 75cm　④ 폭 60cm

　정답 및 해설: ①

24. 정원식물을 선택할 때 주의 사항으로 바르지 않은 것은?

① 사계절 흥미를 제공하는 식물 선택

② 호기심을 자극하는 색과 향기, 질감, 형태를 가진 식물 도입
③ 관리하기 쉽도록 식생은 단조롭게 구성
④ 독성 식물의 사용을 지양

정답 및 해설: ③

25. 치유환경 발달의 배경의 조망과 피신이론에 대한 설명중 바르지 않은 것은?

① 예술과 경관에 대한 사람의 미적 선호는 생존으로부터 유래
② 길어진 유도된 주의로 발생한 정신적 피로로부터 회복이 필수적
③ 병이 있거나, 만성스트레스에 시달리는 사람들의 피신 욕구가 더 높음
④ 안전한 위치에서의 경험에 대해 선호

정답 및 해설: ②

10. 10차시 출제예상문제 및 해설

1. 정서곤충의 장점에 해당하는 것을 모두 고르시오.

> ㉠ 생물군 가운데 종의 다양성이 가장 크다.
> ㉡ 크기가 작아 돌보는 공간에 제약이 없고 적은 비용으로 손쉽게 키울 수 있다.
> ㉢ 몸집이 작아 위험성이 작은 편이다.
> ㉣ 짧은 기간 내 한 살이 과정을 모두 관찰할 수 있다.
> ㉤ 먹이 조달이 쉽다.
> ㉥ 감각자극을 이용한 활동이 가능하다.

① ㉠, ㉡, ㉢, ㉣, ㉤, ㉥   ② ㉠, ㉡, ㉢, ㉣
③ ㉠, ㉡, ㉢, ㉣, ㉤   ④ ㉠, ㉡, ㉢, ㉣, ㉥

정답 및 해설: ④

* 정서곤충의 장점 *
① 생물군 가운데 종의 다양성이 가장 크다.
② 짧은 기간 내 한 살이 과정을 모두 관찰 가능
③ 크기가 작고 돌볼 공간 제약이 없어 적은 비용으로 손쉽게 기를 수 있다.
④ 몸집이 작아 위험성이 작은 편이다.
⑤ 감각자극(시·청·후·촉각)이용 활동 가능

2. 아래 내용은 동물의 역할 중 무엇에 대한 설명인가?

> 대화를 시작하거나 이어주는 역할을 할 수 있으며, Arkow(1982)는 이 과정을 '잔물결 효과'라고 설명하였는데, 동물의 존재 자체가 안정감을 주고 신뢰감을 증진시킨다고 말하고 있다.

① 사회적 윤활제   ② 신뢰감 향상   ③ 감정의 촉진제   ④ 부드러운 환경제공

정답 및 해설: ①

* 치유농업 자원에서의 동물의 역할 *
① 신뢰감 향상 : 처음 만난 방문객에게 열광적인 환영을 보여준다. Levinson(1965)은 반려동물 활동 소재 관련된 글에서 행동장애를 보이는 어린이들의 치료 초기에 반려동물의 동행이 질병 상담 에 도움이 된다고 하였다.
② 감정의 촉진제 : 정신건강의 문제가 점점 대두되고 있는데 동물은 인간의 스트레스를 감소시킬 수 있고 다양한 질병을 가진 환자들의 회복을 위해 긍정적으로 작용한다.
③ 부드러운 환경제공 : 생명체를 활용함으로써 마음을 끌고 편히 쉴 수 있는 공간을 만들 수 있는 데 동물들은 안전하고 따뜻한 환경을 만들어 준다.

3. 더불어 살아가는 동물로 정의되는 반려동물은 사람들이 함께 활동하고 접촉, 교감하면 심리 적인 안정을 찾거나 신체활동이 증진되어 치유농업 현장에서 활용되는 소재 중 하나이다. 다 음 설명 중 바른 것은?

① 반려묘는 안전한 곳에서 휴식 취하는 것을 좋아하므로 수평적 구조로 반려묘의 가구를 마련하는 게 좋다.
② 반려묘는 공격성을 자극할 수 있는 모든 행위를 금지한다.
③ 반려조는 시신경이 발달 해 있어 시력이 발달하여서 원거리와 근거리의 물체를 동시에 파악할 수 있지만 초점을 맞추는 건 어렵다.
④ 반려묘는 개보다 청각과 후각 모두 잘 발달되어 있다.

정답 및 해설: ②, 고양이의 청각은 개보다 발달되어 있으나 후각은 개보다 덜 발달되어 있다.

4. 동물자원의 치유 효과 중 다른 하나와 성격이 다른 것은?
① 교육효과 ② 의사소통기술 및 사회기술 향상 ③ 공동체 의식 향상 ④ 도움의 제공

정답 및 해설: ①

* 동물자원의 치유효과 *

- 신체적 효과 : 호르몬 변화, 근육의 운동과 발달, 이완 반응, 접촉 이점, 통증 감소 효과
- 인지적 효과: 언어발달 향상, 기억력 향상, 회상 기회 제공, 교육 효과
- 심리 정서적 효과: 비밀 보장에 대한 신뢰, 과제 수행을 통한 성취감 획득, 스트레스 감소 및 대처기술, 자아존중감과 자기 효능감의 향상, 기분 개선과 흥미 유발, 안정감 제공
- 사회적 효과: 사회적지지 제공, 다른 사람에 대한 이해심 향상, 의사소통기술 및 사회기술 향상, 조건 없는 사랑과 친화력 습득, 공동체 의식 향상, 도움의 제공

5. 곤충 자원에 대한 설명으로 바르지 않은 것을 고르시오.

① 용도별 구분에 따라 곤충의 종류는 나뉠 수 있는데 이 중 식용곤충과 학습곤충으로 유통 또는 판매가 가능한 곤충을 정서곤충이라고 한다.
② 곤충은 감각자극을 이용한 활동이 가능하다.
③ 왕귀뚜라미는 수컷만 날개를 비벼서 소리를 낼 수 있다.
④ 호랑이 애벌레는 냄새뿔이라는 방어기작을 갖고 있다.

정답 및 해설: ①

① 정서곤충은 학습, 애완곤충으로 유통 또는 판매가 가능한 곤충을 말한다.
② 곤충은 시각, 청각, 촉각, 후각 등 감각자극을 이용한 활동이 가능하다.
③ 왕귀뚜라미는 수컷만 우는 소리를 낸다. 수컷의 앞날개 안쪽에 굴곡이 있어 날개를 비 소리를 낸다.
④ 호랑나비 애벌레는 냄새뿔이라는 방어기작을 갖고 있는데 냄새뿔은 1령시기부터 내밀어 적을 쫓는데 사용한다.

6. 정서곤충의 특성에 관한 연결로 옳지 않은 것은?

① 왕귀뚜라미 - 생활사는 완전탈바꿈   ② 호랑나비 - 주요 먹이는 운항과식물
③ 누에 - 한 살이 기간은 약 45일   ④ 장수풍뎅이 - 적용대상은 아동

정답 및 해설: ①, 왕귀뚜라미 - 생활사는 완전탈바꿈 → 불완전탈바꿈

7. 왕귀뚜라미에 대한 설명으로 옳지 않은 것은?

① 수컷만 우는 소리를 내는데 주로 암컷을 찾거나 자신의 조재를 표시하고 영역 다툼을 할 때 소리를 낸다.
② 애벌레는 색이 검고 가슴과 배 사이에 있는 흰 띠가 특징이며, 이 시기에는 산란관이 보이기 때문에 암수 구분이 가능하다.
③ 광주기는 24시간 밝게 하는 것보다 1일 중 16시간만 밝게 해서 사육한다.
④ 사육시 사육통 안에 수컷만 키울 경우 서로 영역 다툼이 심하기 때문에 적정 비율로 넣어 주는 것이 좋은데 암컷4 : 수컷3의 비율이 적당하다.

정답 및 해설: ④, 암컷3마리/ 수컷 4마리 정도의 비율이 적당

8. 호랑나비의 생태적 특성에 관한 설명이다. 옳지 않은 것은?

① 알→애벌레(유충)→번데기→어른벌레(성충)로 성장하는 완전탈바꿈
② 애벌레는 5령까지 존재하며, 4령까지의 모습은 새똥과 유사한 모습을 하고 있다가 5령에서 몸 색이 초록색으로 완전히 바뀐다.
③ 애벌레는 냄새뿔이라는 방어기작을 갖고 있는데 냄새뿔은 1령 시기부터 내밀어 적을 쫓는데 사용한다.
④ 먹이를 충분히 먹은 5령 애벌레는 주변의 지형지물을 이용해 은신하고 실을 내어 몸을 고정한 다음 번데기가 되는데, 번데기로 지내는 기간은 7일 정도이다.

정답 및 해설: ④, 번데기로 지내는 기간은 10일 정도

9. 인간을 위하여 하늘이 내려준 귀한 곤충이라는 의미를 가진 누에의 생태적 특성으로 옳은 것은?

① 알→애벌레(유충)→번데기→어른벌레(성충)
② 30일을 한살이
③ 네 번의 허물을 벗고 나면 5령이 되는데 이때는 태어났을 때 보다 1,000배 정도로 몸이 자라난다.
④ 고치가 되기 위해서는 1,500m 내외의 실을 뽑아 고치를 짓고 그 속에서 번데기가 되는데, 약 10일이 지나면 나방이 고치를 뚫고 나와 짝짓기를 한다.

정답 및 해설: ①

　　② 30일을 한 살이 → 40일 한살이

　　③ 1,000배 정도로 몸이 자라난다 → 10,000배

　　④ 약 10일이 지나면 나방이 고치를 뚫고 나와 짝짓기를 한다 → 1주일

10. 장수풍뎅이는 곤충 돌보기를 처음 시작하는 사람들이 가장 많이 선택하는 정서곤충으로서 생태적 특성으로서 옳지 않은 것은?

① 수컷은 이마와 앞가슴등판에 뿔이 나 있는데, 그 끝이 사슴뿔처럼 갈라졌다.
② 암컷은 광택이 없고 앞가슴등판 한가운데 세로 홈이 있다.
③ 어른벌레는 야행성으로 밤에 참나무 진에 날아와 수컷끼리 자리다툼을 하는 등 매우 활동적이지만, 낮에는 나무뿌리 근처의 낙엽 아래나 나뭇가지에 매달려 쉰다.
④ 애벌레로 지내는 기간은 5~11개월인데, 5령까지 존재하며 이 시기에는 암수구별이 가능하다.

정답 및 해설: ④, 5령 → 3령

11. 국내 전통 농업·농촌 유산자원 중 치유자원 성격이 다른 하나는?

① 김제 지평선 논(농업농촌경관 활용)　② 보성 계단식 차밭(농업농촌경관 활용)
③ 진안 마을 숲(마을 숲 활용)　④ 하동 야생차 군락지(농업농촌경관 활용)

정답 및 해설: ③

12. 다음 국가 중요 농업유산 지정 17개소에 해당되지 않는 곳은?

① 완도 청산도 구들장논
② 고창복분자 농업
③ 상주 전통 곶감농업
④ 의성 전통 수리농업시스템

정답 및 해설: ②

13. 다음은 농촌 치유관광 운영관리 체계에 대한 설명이다. 방문자 운영·관리 내용과 거리가 먼 것은?

① 건강과 위생관리(휴양,건강서비스 운영) ② 도시민 요구분석 파악
③ 적정 이용률 준수 ④ 안전준수, 정보 및 가이드 제공

정답 및 해설: ①

14. 교류치유형 프로그램 운영의 주요 핵심 타겟 층에 속하지 않는 것은?

① 농촌에서의 느린 삶과 휴식으로 자신과 삶을 돌아보고 마음의 여유를 찾고싶은 사람(휴식치 유형)
② 농촌의 삶, 사람들과의 만남 속에서 감성적 힐링을 느끼고 공동체 안에서 삶의 의미를 느끼고 싶은 사람
③ 트라우마(마음의 상처 등)에서 벗어나 정서적 안정과 삶의 의미를 되찾고 마음의 건강을 회복하고자 하는 사람
④ 사회적, 심리적, 정서적 치유를 통해 사회적 소외감이나 우울감, 스트레스에서 벗어나 삶의 희망과 활력을 되찾고자 하는 사람

정답 및 해설: ①

15. 운동치유형 프로그램 운영에 있어 효과측정항목에 속하지 않는 것은?

① 회복탄력성 ② 지각된 회복력 ③ 주관적 활력도 ④ 회복경험인식

정답 및 해설: ④, 휴식치유형

16. 농촌 치유관광 운영관리에 있어 안전관리에 대한 지침에 해당되지 않는 것은?

① 저장고 및 기계관리 ② 사고와 비상시 관리
③ 운영 인력 관리 ④ 화재 안전 관리

정답 및 해설: ③

17. 다음은 시간의 흐름에 따른 농촌치유관광의 단계별 효과이다. 단계별 순서가 올바른 것은?

> ⓐ 경험 단계 ⓑ 혜택 단계 ⓒ 시작 단계 ⓓ 기대 단계 ⓔ 사라짐 단계

① ⓓ, ⓐ, ⓑ, ⓔ ② ⓐ, ⓑ, ⓓ, ⓔ
③ ⓒ, ⓓ, ⓑ, ⓔ ④ ⓑ, ⓐ, ⓓ, ⓔ

정답 및 해설: ①

18 다음과 같은 농촌 치유관광 프로그램 유형은?

> (   )은 농촌의 자연환경 속에서 정신적, 신체적 이완을 통해 바쁘고 피로한 일상에서 벗어나 심신의 재충전 및 일상을 회복하는 데 있다.

① 운동치유형 ② 휴식치유형 ③ 교류치유형 ④ 심리치유형

정답 및 해설: ②

19. 농촌 치유관광의 효과와 관계가 적은 것은?

① 신체적 휴식 ② 정신적 휴식 ③ 건강 증진 ④ 교육적 효과

정답 및 해설: ④, 교육적 효과(농촌 체험관광)

20. 다음 중 스트레스에 대한 설명으로 바르지 않은 것은?

① 신체적, 정서적으로 장. 단기에 걸쳐 부정적 영향을 줄 수 있다.
② 스트레스 감소를 위해서는 신체적 움직임을 최소화 해야한다.
③ 자연과의 접촉은 스트레스 감소의 주요 요인이다.
④ 스트레스 감소를 위해서는 긍적적인 자연의 오락활동이 도움이 된다.

정답 및 해설: ②

21. Sadler와 DuBose는 1인실이 환자 치유에 효과적이라는 가족, 환자 등을 위한 가이드 라인을 제시하였다. 이때 주안점을 두었던 효과가 아닌 것은?

① 스트레스 감소 ② 낙상방지 ③ 공기정화 ④ 자연과의 접촉

정답 및 해설: ④

22. 치유환경 요소와 디자인 요소의 연결이 바르지 않은 것은?

① 이중문이 달린 더 넓은 화장실 - 환자 낙상방지
② 각 병실 옆의 손 세정제 - 감염 감소
③ 환자의 거동을 도울 수 있는 리프트 - 환자 스트레스 감소
④ 소음의 표준화 - 환자의 수면박탈 감소

정답 및 해설: ③

23. 모든 형태의 치유정원을 위한 물리적 디자인 가이드라인 중 동선에 대한 설명으로 바르지 않은 것은?

① 주요 동선은 계단 제외, 경사도는 3% 이하
② 보행시 교행을 위해 최소 1.2m폭 요구
③ 바닥 포장재는 미끄럼 방지를 위해 적정 마찰력 고려
④ 루트는 최대한 단순하게 조성

정답 및 해설: ④

24. 모든 형태의 치유정원을 위한 물리적 디자인 가이드라인 중 좌석에 대한 설명으로 바르지 않은 것은?

① 등받이와 팔걸이 필수
② 재질은 어떤 것이든 미관적으로 아름다운 것으로 한다.
③ 좌석 일부는 이동이 가능하도록 한다.
④ 공간 규모에 따라 테이블을 포함 할 수 있다.

정답 및 해설: ②

25. 모든 형태의 치유정원을 위한 물리적 디자인 가이드라인 중 식재에 대한 설명으로 바르지 않은 것은?

① 정원 면적의 90%를 식물로 구성
② 다양한 식물 식재를 통해 계절변화, 색상과 촉감의 조화, 향기 등 다양한 감각을 적용
③ 저관리형, 회복력이 높은 식물 선택
④ 식물을 활용해 안정감을 줄 수 있는 터널 또는 그늘막 등 특징적 공간 조성

정답 및 해설: ①

11. 11차시 출제예상문제 및 해설

1. 토지의 이용 및 건축물의 용도, 건폐율, 용적률, 높이 등을 제한함으로써 토지를 경제적, 효 율적으로 이용하고 공공복리의 증진을 도모하기 위하여 도, 시, 군 관리계획으로 지정하는 지역은?

① 용도지구 ② 농림지구 ③ 용도지역 ④ 용도구역

정답 및 해설: ③

2. 자연환경, 수자원, 해안, 생태계, 상수원 및 문화재의 보전과 수산자원의 보호, 육성 등을 위 하여 필요한 지역은?

① 도시지역 ② 관리지역 ③ 농림지역 ④ 자연환경보전지역

정답 및 해설: ④

3. 용도지역의 지정 중 농업, 임업, 어업, 생산 등을 위하여 관리가 필요하나, 주변용도지역과의 관계 등을 고려할 때 농림지역으로 지정하여 관리하기가 곤란한 지역은?

① 농업보호구역 ② 자연보호구역 ③ 생산관리지역 ④ 보전관리구역

정답 및 해설: ③

4. 다음 중 농업진흥구역에서 할 수 있는 행위는?

① 자기가 생산한 농수산물과 그 가공품을 판매하는 총면적이 2,000제곱미터 미만의 시설
② 자기가 생산한 농수산물과 그 가공품을 판매하는 총면적이 1,000제곱미터 미만의 시설
③ 자기가 경영하는 농지를 체험교육하기 위한 시설로 총면적이 2,000제곱미터 미만의 시설

④ 자기가 경영하는 농지를 체험교육하기 위한 시설로 총면적이 3,000제곱미터 미만의 시설

정답 및 해설: ②

5. 농산물 우수관리에 포함되지 않는 수확 후 과정은?

① 저장 ② 세척 ③ 조제 ④ 유인

정답 및 해설: ④

6. 농약허용기준 강화제도에 적합한 잔류농약 허용 기준은?

① 0.01ppm ② 0.05ppm ③ 0.1ppm ④ 0.5ppm

정답 및 해설: ①

7. 다음 중 친환경 농축산물의 종류 및 기준에 속하지 않는 것은?

① 유기농산물 ② 저농약 농산물 ③ 무농약 농산물 ④ 무항생제 축산물

정답 및 해설: ②

8. 다음 중 치유농장에서 출장음식 서비스를 받고자 할 때 가입해야 하는 보험을 고르시오.

① 영업배상책임보험 ② 음식물안전보험 ③ 생산물배상책임보험 ④ 식품위생보험

정답 및 해설: ③

9. 청소년활동진흥법 시행규칙에 명시된 수련시설에서 1인당 실내집회장 설치기준은?

① 1제곱미터 ② 2제곱미터 ③ 3제곱미터 ④ 0.2 제곱미터

정답 및 해설: ①

10. 치유농업시설에서 안전성을 고려한 안전난간의 기준이 바르게 기술된 것은?

① 100kg 이상의 하중, 높이 90~120cm, 지름 3.7cm의 금속파이프
② 100kg 이상의 하중, 높이 100~130cm, 지름 2.7cm의 금속파이프
③ 100kg 이상의 하중, 높이 90~120cm, 지름 2.7cm의 금속파이프
④ 90kg 이상의 하중, 높이 90~120cm, 지름 2.7cm의 금속파이프

정답 및 해설: ③

11. 안전관리에 대한 지침에 따른 사고와 비상시 관리가 적절하지 못한 것은?

① 소화기와 구급약품 상자는 농장의 여러 장소에 비치하고 잘 보이도록 표시한다.
② 비상 대응 계획을 서류로 만들고 전문인력 및 대상자가 잘 볼 수 있도록 한다.
③ 비상시를 대비해 체험자는 빠르고 효율적으로 통신할 수 있는 휴대전화나 무전기를 소지 해야 한다.
④ 특정 비상사태를 대비한 특수 차량을 준비하고 차량 운영권을 미리 정해둔다.

정답 및 해설: ③
비상시를 대비해 종사자는 빠르고 효율적으로 통신할 수 있는 휴대전화나 무전기를 소지해야 한다.

12. 바닥포장재의 종류별 특징 연결이 잘못된 것은?

① 일반토양 : 저렴하고 손쉽게 사용   ② 잔디 : 부상의 위험 감소
③ 우드칩 : 휠체어 이동에 용이   ④ 목재데크 : 경관개선 효과 증대

정답 및 해설: ③

13. 치유농업시설의 환경조성 관련 제도에 대한 설명이 틀린 것은?

① 농업진흥구역내 개별주차장설치가 허용되므로 이를 활용할 수 있다.
② 농막은 시설규모가 20㎡이내여야 하며 상시 거주에 사용될 수 없다.
③ 가급적 사고를 대비해 영업배상책임보험을 가입하는 것이 바람직하다.
④ 안전난간은 2.7cm 이상의 금속파이프로 설치하는 것이 적절하다.

정답 및 해설: ①

농업진흥구역에서는 개별주차장설치가 금지되어 있으므로 마을공동주차장 이용이나 설치 후 활용할 수 있다.

14. 다음은 조망과 피신이론에 대한 내용이다. (   )안에 들어갈 인물은?

> (   )는(은) '환경 거주성 신호'에 대한 연구에서 사람들이 생존하고 번영할 수 있는 4가지 주요 요인을 제시하였고, 그 내용은 '자원 이용 가능성', '피신처', '위험 신호', 그리고 '길 찾기' 라고 하였다.

① Jay Appleton(1975) ② Ulrich(1999)
③ Roger Ulrich(1999) ④ Heerwagen과 Orians(1993)

정답 및 해설: ④

15. Ulrich(1999)의 스트레스 감소 이론에 대한 4가지 요소가 아닌 것은?

① 제어 감각 ② 환경 거주성 신호 활동
③ 신체적 움직임 및 운동 ④ 긍정적인 자연의 오락 활동

정답 및 해설: ②

Ulrich(1999)는 그의 연구에서 ①제어 감각(sense of control), ②사회적 지원(socialsupport), ③신체적 움직임 및 운동(physical movement and exercise), 그리고 ④긍정적인 자연의 오락 활동(positive natural distractions)의 4가지 요소는 스트레스를 줄이는데 도움이 된다는 많은 증거들이 있다.

16. Stephen Kaplan의 주의 회복 이론에 관한 4가지 요소가 아닌 것은?

① 매혹(Fascination) ② 확장(Extension)
③ 사회적 지원(social support), ④ 적합성(Compatibility)

정답 및 해설: ③

Stephen Kaplan은 주의를 회복시키는 환경의 4가지 요소를 주장하였음.
① 매혹 Fascination: 무의식적인 주의를 이끌어 낼 정도의 매력적인 환경
② 벗어나기 Being away: 피로를 유발하는 업무로부터 멀리 떨어져 있는 환경
③ 확장 Extension: 하부요소가 유기적으로 연결되는 환경
④ 적합성 Compatibility: 개인의 선호와 가치관과 맞는 경험을 제공해 주는 환경

17. Tyson(2007)가 제시한 치유환경의 조경 디자인 3요소가 아닌 것은?

① 상호작용의 치유환경 요소 ② 물리적 환경의 공간
③ 상호작용의 행위 ④ 개인의 요구를 의미하는 인간

정답 및 해설: ①

18. 물리적 환경의 치유환경 요소로 적합하지 않는 것은?

① 쾌적성 ② 접근성 ③ 수용성 ④ 개방감

정답 및 해설: ③

19. 다음은 치유환경을 위한 디자인 효과의 설명이다. ( )안에 들어갈 인물은?

( )은(는) 병실에서의 환자 스트레스의 감소, 낙상 방지, 공기 정화에 주안점을 두면서, 특히 다인실 보다 1인 병실이 환자 치유에 효과적임을 제안하였다.

① Sadler 등(2008) ② Ulrich(1999)
③ Roger Ulrich(1999) ④ Heerwagen과 Orians(1993)

정답 및 해설: ①

20. 치유농업시설으로의 물리적 접근성 개선을 위한 통로 조성 시 고려사항에 대한 내용이 틀린 것은?

항 목	내 용
① 통로폭	• 성인 교행 시 120cm, 기타 이동수단의 폭을 확인하고 결정함.
② 답압	• 적당한 단단함을 유지하여 이동을 지원한다
③ 견인력	• 물이 고이거나 조류(algae)가 생장하면 넘어질 위험이 높아짐. • 목재가 젖어있을 경우 마찰력이 높아 미끄럼 유발.
④ 경사로	• 넓거나 길게 조성된 공간은 배수를 위한 경사각(2%) 유지. • 일반 동선의 경우 경사각은 3~5%의 범위가 적합함.

정답: ③, 목재가 젖어있을 경우 마찰력이 낮아 미끄럼 유발

21. 치유농업시설으로의 바닥포장제 중 "잔디"의 장점이 아닌 것은?

① 저렴하고 손쉽게 사용 ② 증산으로 냉각기능 제공
③ 부상의 위험 감소 ④ 접근성 개선에는 매우적합

정답 및 해설: ④, 바닥포장재의 종류별 특징

22. 다음 치유환경 발달의 배경 이론 조망과 피신이론에 대한 설명 중 바르지 않은 것은?

① 예술과 경관에 대한 사람의 미적 선호는 생존으로부터 유래
② 길어진 유도된 주의로 발생한 정신적 피로로부터 회복이 필수적(주의 회복이론)
③ 병이 있거나, 만성스트레스에 시달리는 사람들의 피신 욕구가 더 높음
④ 안전한 위치에서의 경험에 대해 선호

정답 및 해설: ②

23. 온실형 치유농업 공간에 대한 설명으로 바르지 않은 것은?

① 농장 내 조성된 온실을 활용 ② 농장형에서는 조성이 어려움
③ 다양한 재료를 사용 ④ 온실 형태의 치유정원, 카페, 체험장 등 다양한 용도로 조성

정답 및 해설: ②

24. 인공지반형 치유농업시설에서 지반을 설치할 때 필요하지 않은 것은?

① 방수층 ② 방근층 ③ 관수시설 ④ 배수층

정답 및 해설: ③

25. 치유환경 디자인 요소 중 개인의 요구에 해당하는 디자인 요소의 연결이 바르지 않은 것은?

① 감각 인식고취 - 식물의 선택 ② 사생활 - 시각적 완충 요소
③ 친근함 - 색채, 조명 ④ 소유 - 환경적응 능력

정답 및 해설: ③

12. 12차시 출제예상문제 및 해설

1. 국토의 용도 구분 설명 중 옳지 않은 것은?

① 인구와 산업이 밀집되어 있거나 체계적인 개발, 정비, 관리, 보전 등이 필요한 지역을 도시지역이라 한다.
② 농림업의 진흥, 자연환경 또는 산림의 보전을 위하여 농림지역 또는 자연환경보전지역에 준하여 관리할 필요가 있는 지역을 계획관리지역이라 한다.
③ 도시지역에 속하지 아니하는 농지법에 따른 농업진흥지역으로 농림업을 진흥시키고 산림을 보전하기 위하여 필요한 지역을 농림지역이라고 한다.
④ 자연환경, 수자원, 해안, 생태계, 상수원 및 문화재의 보전과 수산자원의 보호, 육성 등을 위하여 필요한 지역을 자연환경보전지역이라고 한다.

정답 및 해설: ②, 국토의 용도 구분 참조
도시지역의 인구와 산업을 수용하기 위하여 도시지역에 준하여 체계적으로 관리하거나 농림업의 진흥, 자연환경 또는 산림의 보전을 위하여 농림지역 또는 자연환경보전지역에 준하여 관리할 필요가 있는 지역을 관리지역이라고 한다.

2. 농지법에 따른 시설 가능범위에 대한 설명 중 옳은 것은?

① 농업인, 어업인 또는 농업법인, 어업법인이 경영하는 농수산물 가공, 처리시설을 체험하기 위한 교육, 홍보시설 또는 가공품을 판매하는 시설로 총면적이 2천m2 미만인 시설은 농 업진흥구역에서 가능하다.
② 농업보호구역에서 할 수 있는 행위로 관광농원사업으로 설치하는 시설은 부지 면적이 1만 m2 미만이면 가능하다.
③ 농업 보호구역에서는 농업인 소득을 위한 건축물, 공작물 등의 시설이 허용된다.
④ 가공, 처리 시설의 설치 및 농수산업 관련 연구 시설의 설치는 할 수 없다.

정답 및 해설: ③
① 2천m2 가 아닌 1천m2
② 1만 m2 가 아닌 2만 m2

④ 대통령령으로 정하는 농수산물의 가공, 처리 시설의 설치 및 농수산업 관련 시험, 연구시설의 설치 는 농업진흥구역에서 가능하다.

3. 치유농업 자원에 대한 설명 중 바르지 않은 것은?

① 식물자원에 대해 식약처는 2019년부터 국내 잔류허용기준이 설정된 농약 이외에는 일률 기준 (0.1 ppm) 으로 관리하는 PLS 제도를 도입, 시행하고 있다.
② 유기농산물은 기합성농약과 화학비료를 전혀 사용하지 않고 전환기간 다년생 식물은 최초 수확 전 3년, 그 외 작물은 파종 재식 전 2년을 지킨 재배를 말한다.
③ 치유농장의 음식업 등록 여부는 치유농업법과 무관하기 때문에 등록하지 않아도 된다.
④ 도시지역의 비닐하우스 면적이 100m2 이상이면 가설건축물 축조 신고사항이므로 건축법 에 위반되지 않기 위해선 신고를 해야 한다.

정답 및 해설: ①, PLS 제도의 일률기준은 0.001ppm 임

4. Tyson이 제시한 치유환경의 조경 디자인 요소로 옳지 않은 것은?

① 개인의 요구 ② 물리적 환경 ③ 상호작용 ④ 안전성

정답 및 해설: ④, Tyson이 제시한 치유환경의 조경 디자인 3요소는 개인의 요구를 의미하는 '인간', 물리적 환경의 '공간', 그리고 상호작용의 '행위' 이다.

5. 치유정원 가이드 라인에 대한 설명이다. 옳은 것을 고르시오.

① 사생활이 보호 될 수 있도록 펜스를 설치하거나 수목을 이용한 직선의 사용이 권장된다.
② 출입문은 천천히 닫혀야 하므로 무게감이 있는 제품이 좋다.
③ 주요 동선은 계단이 있어서는 안 되고 경사로는 4% 이하로 조성되어야한다.
④ 벽천이나 분수를 사용하면 주변의 소음을 감소시키는 경향이 있다.

정답 및 해설: ④
① 정원은 사용자에게 자연적인 느낌을 제공할 수 있도록 직선보다는 곡선의 사용이 권장된다.
② 출입문은 쉽게 열 수 있고 가벼워야 하며 천천히 닫혀야 한다.

③ 주요 동선은 계단이 있어서는 안 되고 경사로는 3% 이하로 조성되어야 한다.

6. 치유농업시설 조성에 대한 제도적 설명으로 바르지 않은 것은?

① 치유시설에 필요한 토지는 「국토의 계획 및 이용에 관한 법률(이하 국토계획법)」에 따라 용도지역, 용도지구, 용도구역으로 이용할 수 있는 범위가 정해져 있다.
② 용도구역이란 토지의 이용 및 건축물의 용도·건폐율·높이 등에 대한 용도지역 및 용도지구 의 제한을 강화하거나 완화하여 따로 정함으로써 시가지의 무질서한 확산방지, 계획적이고 단계적인 토지이용의 도모, 토지이용의 종합적 조성·관리 등을 위하여 도시·군관리계획으로 결정하는 지역이다.
③ 용도지역이란 토지의 이용 및 건축물의 용도, 건폐율(「건축법」 제55조의 건폐율을 말한다. 이하 같다). 용적률(「건축법」 제56조의 용적률을 말한다. 이하 같다). 높이 등을 제한함으로써 토지를 경제적·효율적으로 이용하고 공공복리의 증진을 도모하기 위하여 서로 중복되지 아니하게 도시·군관리 계획으로 결정하는 지역을 말한다.
④ 치유농업시설은 농업시설의 역할이 우선이며 치유목적과는 관련이 없다.

정답 및 해설: ④, 농업시설의 역할과 함께 치유목적을 가지고 있는 시설이다.

7. 농지법의 설명으로 바르지 않은 것은?

① 농업진흥구역은 용수원 확보, 수질 보전 등 농업환경을 위해 필요한 지역을 말한다.
② 「농지법 제2조」에서 정의하는 농지는 '전·답, 과수원, 그 밖에 법적 지목(地目)을 불문하고 실제로 농작물 경작지 또는 대통령령으로 정하는 다년생식물 재배지로 이용되는 토지'로 작물의 생산을 목적으로 한다.
③ 시·도지사는 농지를 효율적으로 이용하고 보전하기 이하여 농업진흥지역을 지정한다.
④ 농업진흥구역은 농업의 진흥을 도모하는 구역으로서 농림축산식품부장관이 정하는 규모로 농지가 집단화되어 농업 목적으로 이용할 필요가 있는 지역을 의미한다(농지법 제28조2항 1호).

정답 및 해설: ①, 농업보호구역 설명이다.

8. 치유농업자원 설명으로 바르지 않은 것은?

① 치유농업자원은 '식물, 동물, 농촌 환경·문화, 음식 등의 자원'으로 분류할 수 있다.
② 식물자원은 재비하고 있는 자원과 자연 생산물을 말하며, 1회 이용 인원에 따른 적정한 활 동 공간 확보가 필요하고, 재미와 안전한 농산물의 생산(GAP)을 위한 농약 사용(PLS)기준도 고려해야 한다.
③ 치유농장의 음식업 등록 여부는 치유농업법과 관련이 있다.
④ 2021년 동물보호법에서는 동물의 생명보호, 안전 보장 및 복지 증진을 꾀하고 동물의 생 명 존중 등 사람과 동물의 조화로운 공존을 추구하고 있다.

정답 및 해설: ③
　　　　　치유농업법과 무관하며, 음식업으로 업태를 동록하여 음식을 제조·판매할 경우「식품위생법」을 준수하여야 한다.

9. 치유농업시설의 특징으로 거리가 먼 것은?

① 주자장과 주차 공간을 확보하여 접근성을 높여야 한다.
② 치유농업서비스를 제공받는 치유대상자의 유형에 다른 필수 시설과 치유효과 증진을 위하 여 제공되는 편의시설 공간을 환경 특성의 편리성이라 한다.
③ 치유농업시설은 접근성, 편리성, 안정성을 확보하여야 한다.
④ 안전시설은 제도로 안전난간은 100kg이상의 하중을 결딜 수 있고, 높이는 90~120, 지름은 2m 이상의 금속파이프를 설치하는 것이 적절하다.

정답 및 해설: ④, 지름은 2.7m 이상이다.

10. 치유환경 배경이론의 설명으로 바르지 않은 것은?

① 환경 심리학자 Roger Ulrich는 '충문을 통한 자연경관이 수술 후 환자의 회복에 미치는 영 향'이라는 연구에서 자연으로의 접근이 환자의 치료에 효과적인 영향을 미친다고 1984년 'Science'를 통해 발표하였다.
② 바이오필리아(Biophilia)이론은 자연친화적 성향이 인간의 DNA에 내재되어 있어 '녹색 갈 증', '자연 회기'등과 같은 본능에 따라 정서, 인지, 신체적으로 긍정적 효과를 가져온다고 본다.

③ 스트레스 감소 이론은 Ulrich(1999)의 연구에서 제어 감각, 사회적 지원, 신체적 움직임 및 운동, 긍정적 자연의 오락 활동이 스트레스를 줄이는데 도움이 된다고 보고되었다.
④ Jay Appleton(1975)는 몸이 병들거나 스트레스에 시달리는 사람, 특히 청소년은 조망보다 피신을 선호하며 스트레스를 완화한다고 보고하고 있다.

정답 및 해설: ④

일반적으로 사람들은 피신을 선호하나 청소년의 경우는 피신보다 조망(보거나 보여지는 것)을 더 선호한다고 본다. 조망피신이론은 대상자의 후면과 측면이 안전하게 자신을 지켜주며 전방이 트여있는 조망이 갖추어진 풍부한 자연환경의 필요성이 강조된다.

11. 국토의 계획 및 이용에 관한 법률에서 국토의 용도 구분으로 잘못된 것은?

용도	주요 내용
① 도시지역	인구와 산업이 밀집되어 있거나 밀집이 예상되어 그 지역에 대하여 체계적인 개발·정비·관리·보전 등이 필요한 지역
② 관리지역	농촌지역의 인구와 산업을 수용하기 위하여 농촌지역에 준하여 체계적으로 관리하거나 농림업의 진흥, 자연환경 또는 산림의 보전을 위하여 농림지역 또는 자연환경보전지역에 준하여 관리할 필요가 있는 지역
③ 농림지역	도시지역에 속하지 아니하는 농지법에 따른 농업진흥지역 또는 산지관리법에 따른 보전산지 등으로 농림업을 진흥시키고 산림을 보전하기 위하여 필요한 지역
④ 자연환경보전지역	자연환경·수자원·해안·생태계·상수원 및문화재의 보전과 수산자원의 보호·육성 등을 위하여 필요한 지역

정답 및 해설: ②

관리지역 - 도시지역의 인구와 산업을 수용하기 위하여 도시지역에 준하여 체계적으로 관리하거나 농림업의 진흥, 자연환경 또는 산림의 보전을 위하여 농림지역 또는 자연환경보전지역에 준하여 관리할 필요가 있는 지역

12. 다음은 농지법에 따른 시설 가능 범위를 나타낸 것이다. ( )에 알맞은 것끼리 짝지어 진것은?

> 농업진흥구역에서 할 수 있는 행위로 교육·홍보시설 또는 자기가 생산한 농수산물과 그 가공품을 판내하는 시설로서 그 부지의 총면적이 (   )㎡ 미만인 시설
>
> 농업보호구역에서 할 수 있는 행위로 관광농원사업으로 설치하는 시설로서 농업보호구역 안의 부지면적이 (   )㎡ 미만인 것

① 900 - 15000 ② 1000 - 15000 ③ 1000 - 20000 ④ 1500 - 20000

정답 및 해설: ③

농지법 시행령 제 29조(농업진흥구역에서 할 수 있는 행위)
농지법 시행령 제 30조(농업보호구역에서 할 수 있는 행위)

13. 친환경농축산물의 종류 및 기준에 대한 설명이 바른 것은?

① 유기농산물 - 유기합성농약과 화학비료를 전혀 사용하지 않고 재배(전환기간 : 다년생 작 물은 최초 수확 전 5년, 그 외 작물은 파종 재식 전 3년)
② 유기축산물 - 유기농산물의 재배·생산 기준에 맞게 생산된 유기사료를 급여하면서 인증기 준을 지켜 생산한 축산물
③ 무농약농산물 - 유기합성농약을 전혀사용하지 않고, 화학비료는 권장 시비량의 1/2 이내 사용
④ 무항생제축산물 - 항생제, 합성항균제, 호르몬제가 첨가되지 않은 무항생제사료를 급여하 면서 인증 기준을 지켜 생산한 축산물

정답 및 해설: ②

① 유기농산물 - 유기합성농약과 화학비료를 전혀 사용하지 않고 재배 (전환기간 : 다년생 작물은 최 초 수확 전 3년, 그 외 작물은 파종 재식 전 2년)
③ 무농약농산물 - 유기합성농약을 전혀사용하지 않고, 화학비료는 권장 시비량의 1/3 이내 사용 ④ 무항생제축산물 - 항생제, 합성항균제, 호르몬제가 첨가되지 않은 일반사료를 급여하 면서 인증 기준을 지켜 생산한 축산물

14. 동물의 적절한 사육·관리 방법 중 개별기준에 맞지 않는 것은?

① 육계의 경우 바닥의 평균 조명도가 최소 20lux 이상이 되도록 하되, 6시간 이상 연속된 명기를 제공 해야 한다.
② 돼지의 경우 바닥의 평균 조명도가 최소 40lux 이상이 되도록 하되, 8시간 이상 연속된 명기를 제공해야 한다.
③ 소, 돼지, 산란계 또는 육계를 사육하는 축사 내 암모니아 농도는 25ppm을 넘어서는 안된다.
④ 깔짚을 이용하는 육계를 사육하는 경우에는 깔짚을 주기적으로 교체하여 건조하게 관리 해야 한다.

정답 및 해설: ①
　　　　　육계의 경우 바닥의 평균 조명도가 최소 20lux 이상이 되도록 하되, 6시간 이상 연속된 암기를 제공 해야 한다.

15. Heerwagen와 Orians(1993)는 '환경 거주성 신호'에 대한 연구에서 사람들이 생존하고 번영할 수 있는 4가지 주요요인을 제시하였다. 4가지의 요인에 해당하지 않는 것은?

① 자원 이용 가능성　② 피신처　③ 위험신호　④ 제어감각

정답 및 해설: ④, 4가지 요인 : 자원 이용 가능성, 피신처, 위험신호, 길찾기

16. 개인의 요구를 의미하는 인간, 물리적 환경의 공간, 상호작용의 행위, 3요소를 치유환경의 조경 디자인 3요소로 제시한 인물은?

① Tyson(2007)　② Sadler(2008)　③ Ulrich(1999)　④ Stephen Kaplan(1995)

정답 및 해설: ①
　　　　　② Sadler(2008) - 병실에서의 환자 스트레스의 감소, 낙상 방지, 공기 정화에 주안점을 두면서, 특히 다인실 보다 1인 병실이 환자 치유에 효과적임을 제안
　　　　　③ Ulrich(1999) - 그의 연구에서 제어감각, 사회적 지원, 신체적 움직임

및 운동, 긍정적인 자연의 오 락 활동의 4가지 요소는 스트레스를 줄이는데 도움이 된다는 많은 증거들이 있으며, 치유정원이 이러한 4가지 요소를 지원하도록 설계되는 정도만큼 스트레스 감소에 유익한 효과가 있음을 입증 했다.

④ Stephen Kaplan(1995) - 주의를 회복시키는 환경이 4가지요소(매혹, 벗어나기, 확장, 적합성)를 가져야한다고 주장

17. 다음은 치유농업시설 중 통로를 조성하는 데 고려해야 할 사항이다. 바르지 않은 것은?

① 경사로는 일반 동선의 경우 2~5%의 범위가 적합함
② 이탈방지턱은 휠체어 이동시 바퀴 이탈 방지를 위한 방지턱(5cm)설치
③ 시각장애인을 위하 공간의 경우 곡선보다는 직선통로 제공
④ 물이 고이거나 조류(algae)가 생장하면 미끄러져 넘어질 위험이 높아짐

정답 및 해설: ①

18. 다음은 바닥포장재의 장점과 단점에 대하여 설명한 것이다. 어떤 소재를 설명한 것인가?

> 장점 : 저렴하고 손쉽게 사용, 증산으로 냉각기능 제공, 부상의 위험감소
> 단점 : 휠체어 이동에 제약, 유지관리 발생, 관련규제 위험도 중

① 야자매트 ② 목재테크 ③ 마사토 ④ 잔디
정답 및 해설: ④

19. 다음중 높임화단(raised bed) 사용시 유의할 점이 아닌 것은?

① 화학비료 사용하지 말 것 ② 모든 해충은 제거할 것
③ 밀식하지 말 것 ④ 시비 계획 세울 것

정답 및 해설: ②

20. 다음은 정원식물의 선택과 활용에 대한 설명이다. 바르지 않은 것은?

① 호기심을 자극하는 색깔과 향기, 질감, 현태를 가진 식물을 도입한다.
② 지속가능함을 위해 지역 전통자원을 활용한다.
③ 병에 대한 저항성과 기후에 대한 적응을 위하여 생태적 단일성을 유지한다.
④ 먹는 즐거움을 제공할 수 있는 식물을 도입한다.

정답 및 해설: ③

정원식물의 선택 및 활용
사계절 흥미를 제공하는 식물을 적극 활용한다.
호기심을 자극하는 색깔과 향기, 질감, 형태를 가진 식물을 도입한다.
생태적 다양성을 유지할 수 있게 식재한다.
지속가능함을 위해 지역 전통자원을 활용한다.
먹는 즐거움을 제공할 수 있는 식물을 도입한다.
병에 대한 저항성과 기후에 대한 적응력이 뛰어난 식물을 선택한다.
독성 식물의 사용을 지양한다.

21. 다음의 보기는 건강관리시설 치유농업을 위한 환경조설 활동에 대한 내용이다. 순서대로 바르게 나열한 것은?

> 가. 이해관계자 지도 작성과 증거에 기반한 디자인
> 나. 행동양식을 파악하고 공간조성의 기본자료수집
> 다. 대상자 특성에 대한 자료 조사와 분석
> 라. 치유공간 기본 계획 수립

① 라-나-가-다 ② 라-나-다-가 ③ 다-나-라-가 ④ 다-가-나-라

정답 및 해설: ④

22. 치유농업시설 중 통로를 조성하는 데 고려해야 할 사항중 바르지 않은 것은?

① 경사로는 일반 동선의 경우 3~5%의 범위가 적합함
② 이탈방지턱은 휠체어 이동시 바퀴 이탈 방지를 위한 방지턱(6cm)설치
③ 시각장애인을 위하 공간의 경우 곡선보다는 직선통로 제공
④ 미끄럼 방지를 위해 바닥포장재 선택 시 충분히 고려되어야 함

정답 및 해설: ②

23. 바닥 포장재의 종류별 특징중 장점과 단점 설명중 어떤 소재를 설명한 것인가?

> 장점 : 경사지 마찰력 제공, 실내 오염물질 유입 방지, 관련규제 위험도 하
> 단점 : 곡선형태 동선 설치 어려움, 휠체어 이동에 제약, 설치시 고비용 발생

① 야자매트 ② 잔디 ③ 마사토 ④ 벽돌

정답 및 해설: ①

24. 높임화단의 규격에서 아이들이 활동범위에 적합하게 사용가능한 높이는?

① 45cm ② 55cm ③ 60cm ④ 75cm

정답 및 해설: ①

25. 건강관리시설 치유농업 환경조성에서 단계별 순서를 바르게 나열한 것은?

> 가. 대상자 특성에 대한 자료 조사와 분석
> 나. 치유공간 기본계획 수립
> 다. 행동양식을 파악하고 공간조성의 기본 자료 수집
> 라. 이해관계자 지도 작성과 증거에 기반한 디자인

① 가-나-다-라 ② 가-다-라-다 ③ 가-라-나-다 ④ 가-라-다-나

정답 및 해설: ④

활동개요 순서

1단계; 대상자 특성에 대한 자료 조사와 분석

2단계: 이해관계자 지도 작성과 증거에 기반한 디자인

3단계: 행동양식을 파악하고 공간조성의 기본자료 수집

4단계: 치유공간 기본계획 수립

13. 13차시 출제예상문제 및 해설

1. 치유농업 시설 통로 조성 시 고려사항 중 옳지 않은 것은?

① 통로폭은 성인 교행 시 120cm 이상으로 하며 기타 이동수단의 폭을 확인하고 결정한다.
② 휠체어 이동 시 바퀴 이탈 방지를 위해 3cm의 방지턱을 설치한다.
③ 경사로는 배수를 위한 경사각은 2%를 유지하고 일반동선인 경우 경사도는 3~5% 범위가 적합하다.
④ 시각장애인을 위한 공간은 직선통로를 제공하고 보조수단으로 바닥포장의 질감과 형태를 달리하거나 유도음향을 제공한다.

정답 및 해설: ②, 휠체어 이동 시 바퀴 이탈 방지를 위해 5cm의 방지턱을 설치한다.

2. 정원의 바닥포장 시 설치장소가 농지일 경우 법적 규제 위험이 가장 낮은 것은?

① 목재데크 ② 판석 ③ 마사토 ④ 잔디

정답 및 해설: ③

3. 높임화단의 장점이 아닌 것은?

① 인체치수를 고려한 높이 조절이 가능하므로 작업의 활동성을 높여준다.
② 노지에 심는 것보다 잡초의 관리가 용이하다.
③ 식재 작물에 따라 원하는 토양을 사용할 수 있다.
④ 배수와 통풍이 우수하여 수분관리가 편리하다.

정답 및 해설: ④
배수와 통풍이 우수하여 작물을 건강하게 자라게 해주나 건조해지지 않도록 수분관리에 유의해야 한다.

4. 다음에서 설명하는 온실의 종류는?

> ㉠ 경사 진 측벽은 결로현상을 유발한다.
> ㉡ 아래쪽 환기창은 통풍기류를 촉진한다.
> ㉢ 지붕 반사각은 빛의 반사를 최소화한다.
> ㉣ 하부까지 이어지는 대형 유리를 설치할 경우 교체비용이 높다.

① 양지붕형 ② 더치라이트형 ③ 폴리카보네이트형 ④ 비닐형

정답 및 해설: ②

5. 정원식물의 선택 및 활용 시 고려사항 중 옳지 않은 것은?

① 사계절 흥미를 제공하는 식물을 적극 활용한다.
② 먹는 즐거움을 제공할 수 있는 식물을 도입한다.
③ 호기심을 자극하는 색깔과 향기, 질감, 형태를 가진 식물을 도입한다.
④ 독성식물은 절대로 식재하지 않도록 한다.

정답 및 해설: ④ 독성식물의 사용은 지양하되 절대로 식재하지 않아야 하는 것은 아님

6. 작물의 다양한 가치에서 관상적 가치가 아닌 것은?

① 취미에 즐거움을 줌 ② 질병을 예방하고 치료함
③ 상대적 성장 잠재력이 큼 ④ 환경을 유지하고 개선 함

정답 및 해설: ③

7. 원예작물의 분류 중 아닌 것은?

① 채소 ② 과수 ③ 식물 ④ 화훼

정답 및 해설: ③

8. 채소의 분류중 식용부위에 따른 분류에서 틀린 것은?

① 괴근류 : 뿌리가 덩이로 된 채소로 고구마, 마, 카사바 등
② 근경류 : 뿌리 줄기가 덩이로 된 채소로 생강, 연근, 고추냉이 등
③ 직근류 : 뿌리가 곧은 채소로 무, 당근, 우엉 등
④ 괴경류 : 줄기가 덩이로 된 채소로 죽순, 토당귀 등

정답 및 해설: ④

9. 과수의 분류중 틀린 것은?

① 진과류 : 씨방이 발육하여 식용 부분으로 자란 열매로 감귤류, 포도, 복숭아, 감 등
② 인과류 : 씨방이 피층이 발달하여 과육부위가 되고 씨방은 과실 안쪽에 위치하여 과심 부위가 되는 과실로 사과, 배 등
③ 준인과류 : 감, 감귤, 오랜지 등
④ 핵과류 : 복숭아, 자두, 살구, 매실 등

징답 및 해설: ②

10. 원예학적 분류중 숙근초에 속하는 것은?

① 맨드라미 ② 백합 ③ 무궁화 ④ 카네이션

정답 및 해설: ④

11. 종자가 발아하기 위해서 필요한 것이 아닌 것은?

① 온도 ② 수분 ③ 흙 ④ 산소

정답 및 해설: ③

12. 종자의 분류중 틀린 것은?

① 교배종자 : 우수한 형질을 갖고 있는 서로 다른 품종을 교배하여 얻은 종자
　　　　　　고추, 토마토, 오이, 수박, 배추, 무, 가지, 호박, 참외 등

② 고정종자 : 강한 형질을 계속 선발하여 유전 형질을 고정시킨 종자
　　　　　　벼, 보리, 밀, 콩, 상추, 미나리, 고정종시금치, 재래종호박
③ 영양종자 : 영양체로 번식하는 작물의 우수한 유전정보가 영양체 안에 간직되어 있어
　　　　　　유전 형질이 퇴화되지 않고 그대로 발현된 종자
④ 영양종자 : 감자, 마늘, 부추, 딸기, 토란, 고구마, 쪽파 등

정답 및 해설: ②

13. 육묘를 하는 목적이 아닌 것은?

① 조기수확이 가능　② 출하기를 앞당길 수 있다
③ 종자를 절약할수 있다　④ 수량증대가 가능하지 못하다

정답 및 해설: ④

14. 파종방법 중 틀린 것은?

① 산파 : 토양 전면에 흩어 뿌리는 방법으로 노력이 적게 들지만 수량이 많이 들어감
　　　　열무, 얼갈이, 배추 등
② 조파 : 뿌림 골을 만든 후 종자를 뿌리는 방법으로 넓지 않는 작물에 적응
　　　　상추, 시금치, 파
③ 점파 : 점파를 할 때 한곳에 여러 개의 종자를 파종
　　　　무, 당근, 양배추
④ 적파 : 조파나 산파보다 노력이 많이 들지만 수분, 비료분, 수광등의 환경조건이 좋
　　　　아 생육이 건실하고 양호해짐

정답 및 해설: ③, 점파를 할때 일정한 간격으로 여러개의 종자를 파종함.

15 다음은 높임화단 규격에 대한 설명이다. 잘못된 것은?

① 45센티의 높임화단은 성인의 경우 화단식물을 관리하는 동안 모서리에 편안하게 걸
　 터앉을 수 있다.
② 60센티의 높임화단은 의자에 앉아 작업이 가능한 좌식 사용자 또는 휠체어 사용자

의 경우에 적당한 높이다.
③ 높이의 경우 기본적인 규격이 있는데 좌식사용자와 휠체어 사용자를 위한 높이는 50센티 전후이다.
④ 75센티의 높임화단은 몸을 굽히기 어려운 사용자가 선채로 활동할 때 최적의 높이다.

정답 및 해설: ③, 높이의 경우 기본적인 규격이 있는데 좌식사용자와 휠체어 사용자를 위한 높이는 60센티 전후이다.

16. 치유농업시설의 주요 구성요소 중 하나인 그린하우스에 대한 유형이 아닌 것은?

① 양지붕형 ② 더치라이트형 ③ 폴리카보네이트 ④ 벽면부착형

정답 및 해설: ④
그린하우스의 주요 유형으로는 양지붕형, 더치라이트형, 폴리카보네이트, 그리고 비닐온실로 구분한다.

17. 높임화단에 사용시 유의점에 대한 설명으로 바르지 않은 것은?

① 화학비료 사용하지 말 것 ② 관수대책을 세울 것
③ 일반 흙은 사용해도 좋음 ④ 밀식하는 것은 도움이 되지 않음

정답 및 해설: ③

18. 인공지반 형 치유농업 공간조성 효과에 대한 내용 중 틀린 것은?

① 에너지 절감 ② 농장 내에 치유 활동 공간
③ 대기환경 개선 ④ 원예치료나 치유농업 실현 공간

정답 및 해설: ②
농장 내에 치유 활동이 가능한 공간조성효과는 농장(노지)형 치유농업 공간사례에 해당됨

19. 치유농장에서 장애인을 수용할 수 있는 교육장을 조성할 때 고려해야 할 일반사항이 아닌 것을 고르시오.

① 출입구는 높이차이가 제거되도록 한다
② 장애인전용 주차구역을 만든다
③ 복도는 휠체어가 통행할 수 있도록 한다
④ 장애인의 통행이 가능한 계단은 없어도 된다.

정답 및 해설: ④

20. 그린하우스 장소 선정과 설치 시 고려해야 할 특징으로 바르지 않은 것은?

① 위치와 방향 선정 시 위도 관련 ② 설치비용 ③ 사용목적 ④ 이용자의 취향

정답 및 해설: ④

21. 정원의 시설물 도입시 온실형 치유농업 공간에 대한 설명으로 바르지 않은 것은?

① 농장 내 조성된 온실을 활용 ② 농장형 치유정원에서는 조성이 어려움
③ 다양한 재료를 사용 ④ 온실 형태의 치유정원, 카페, 체험장 등 다양한 용도로 조성

정답 및 해설: ②

22. 정원의 시설물 도입시 고려해야할 사항으로 바르지 않은 것은?

① 압도적인 크기 ② 방향감각에 도움을 주는 랜드마크적 요소
③ 도구 및 장비 보관을 위한 창고 ④ 수전은 일정한 간격으로 설치

정답 및 해설: ①

23. 정원식물의 선택 및 활용에 관한 설명 중 잘못된 것은?

① 흥미를 자극하는 양감 및 채도가 낮은 형태를 가진 식물을 도입한다.
② 사계절 흥미를 제공하는 식물을 적극 활용한다.

③ 지속가능함을 위해 지역 전통자원을 활용한다.
④ 먹는 즐거움을 제공할 수 있는 식물을 도입한다.

정답 및 해설: ①

24. 비닐형 온실에 대한 설명으로 바르지 않은 것은?

① 영어권에서는 폴리터널, 후프하우스로 불린다.
② 외벽은 폴리에틸렌으로 마감한다.
③ 외부공기를 차단하지 못해 실내온도 유지가 어렵다.
④ 국내의 경우 대부분 상업용 온실재배 형태이다.

정답 및 해설: ③

25. 산지 토양 분류 중 틀린 것은?

① 사토는 척박하고 한해를 입기 쉬우며 토양 침식이 심하여 점토의 객토, 유기물을 주어 토성을 개량할 필요가 없음
② 충적토 : 하천유역에 상류로부터 토사가 운반되어 퇴적된 토양이다.
③ 홍적토 : 남부 구릉지 등에 많이 분포된 토양으로 오랜 세월 염기가 융탈되어 산성을 띄는 경우가 많고 유기물이 부족하여 척박한 점질토
④ 화산회토 : 흙이 가볍고 배수가 양호하며 알루미늄 함양이 높음

정답 및 해설: ①, 유기물을 주어 토양을 개량할 필요가 있음

14. 14차시 출제예상문제 및 해설

1. 치유농업 시설 통로 조성 시 고려사항 중 옳지 않은 것은?

① 통로폭은 성인 교행 시 120cm 이상으로 하며 기타 이동수단의 폭을 확인하고 결정한다.
② 휠체어 이동 시 바퀴 이탈 방지를 위해 3cm의 방지턱을 설치한다.
③ 경사로는 배수를 위한 경사각은 2%를 유지하고 일반동선인 경우 경사도는 3~5% 범위가 적합하다.
④ 시각장애인을 위한 공간은 직선통로를 제공하고 보조수단으로 바닥포장의 질감과 형태를 달리하거나 유도음향을 제공한다.

정답 및 해설: ②, 휠체어 이동 시 바퀴 이탈 방지를 위해 5cm의 방지턱을 설치한다.

2. 정원의 바닥포장 시 설치장소가 농지일 경우 법적 규제 위험이 가장 낮은 것은?

① 목재데크 ② 판석 ③ 마사토 ④ 잔디

정답 및 해설: ③

3. 높임화단의 장점이 아닌 것은?

① 인체치수를 고려한 높이 조절이 가능하므로 작업의 활동성을 높여준다.
② 노지에 심는 것보다 잡초의 관리가 용이하다.
③ 식재 작물에 따라 원하는 토양을 사용할 수 있다.
④ 배수와 통풍이 우수하여 수분관리가 편리하다.

정답 및 해설: ④
배수와 통풍이 우수하여 작물을 건강하게 자라게 해주나 건조해지지 않도록 수분관리에 유의해야 한다.

4. 다음에서 설명하는 온실의 종류는?

> ⊙ 경사 진 측벽은 결로현상을 유발한다.
> ⓒ 아래쪽 환기창은 통풍기류를 촉진한다.
> ⓒ 지붕 반사각은 빛의 반사를 최소화한다.
> ⓔ 하부까지 이어지는 대형 유리를 설치할 경우 교체비용이 높다.

① 양지붕형 ② 더치라이트형 ③ 폴리카보네이트형 ④ 비닐형

정답 및 해설: ②

5. 정원식물의 선택 및 활용 시 고려사항 중 옳지 않은 것은?

① 사계절 흥미를 제공하는 식물을 적극 활용한다.
② 먹는 즐거움을 제공할 수 있는 식물을 도입한다.
③ 호기심을 자극하는 색깔과 향기, 질감, 형태를 가진 식물을 도입한다.
④ 독성식물은 절대로 식재하지 않도록 한다.

정답 및 해설: ④, 독성식물의 사용은 지양하되 절대로 식재하지 않아야 하는 것은 아님

6. 채소의 중요성이 아닌 것은?

① 탄수화물, 지방, 단백질의 기본 영양소 공급. 비타민과 다양한 무기질등 공급원
② 양질의 식이 섬유 공급
③ 여가선용 채소재배 및 주말농장 등 취미활동, 교육적 이용
④ 정신적 스트레스나 장애를 겪고 있는 사람들에게 회복과 재활을 위한 프로그램에 활용하는 정서적 중요성이 있다.

정답 및 해설: ③번, 여가신용이 아닌 판매용 채소재배 및 주말농장 등 취미활동, 교육적 이용

7. 동물자원의 치유효과 중 성격이 다른 하나는?

① 접촉 이점 ② 통증감소 효과 ③ 스트레스 감소 ④ 이완 반응

정답 및 해설: ③, 스트레스 감소 → 심리 정서적 효과

8. 식물매개 치유농업의 효과 와 먼 것은?

① 신체적 ② 인지적 ③ 심리적 ④ 관계적

정답 및 해설: ④

9. 활동소재 농장 동물의 특성분석에서 틀린 것은?

① 닭 : 작고 다루기 쉽고 울음소리가 시끄러움, 프로그램 접근 쉬움, 조류독감이 매년 발생
② 미니돼지 : 사람과 소통이 좋음, 관리가 쉬움, 다양한 동물체험 프로그램 가능, 여름에 활동 어려움
③ 토끼 : 소음이 없음, 털이 많이 빠짐, 신체적 접촉이 용이, 다른 농장동물에 비해 영역 의식이 강해 사람을 경계할 우려가 있음
④ 염소 : 면적을 많이 차지하지 않음, 인수공통 전염병 위험성 높음, 사육관리 어려움

정답 및 해설: ②

10. 농장 동물 활용 치유농장 운영시 고려사항이 아닌 것은?

① 생산 공간과 치유공간 분리
② 치유 전문가 및 치유관련 시설 마련
③ 대상자에 맞는 전문 치유 프로그램 개발
④ 동물복지 가이드라인을 준수하여 프로그램 참여 동물들의 먹이를 충분히 준다.

정답 및 해설: ④

11. 농장동물 활용 치유농업시설 고려사항 중 프로그램 이 아닌 것은?

① 인증된 치유프로그램 문서화 및 운영
② 프로그램 관련 기관 인증 및 평가 관리를 통한 정기적인 질 관리 수행
③ 대상자로부터 자체설문 또는 비형식적 기회 활용
④ 문서화 된 지침 및 규정 마련 및 운영

정답 및 해설: ④

12. 치유농업 활용소재로서 동물의 사육관리에 관한 동물복지 지침이 아닌 것은?

① 일반적 사항으로 새로운 환경에 적응하는데 필요한 조치를 취할 것
② 사육 환경으로 사육공간 및 사육시설은 일어나거나 눕거나 움직이는 등 지장이 없는 크기 일 것
③ 건강관리 : 수의사에 의해 질병예방 관리 받을 것
④ 일반적 사항으로 동물의 습성을 이해함으로써 최소한 본래의 습성에 가깝게 사육, 관리, 보호와 복지에 책임감을 가져야 함

정답 및 해설: ④

13. 다음 반려견의 특징 중 설명이 틀린 것은?

① 반려견의 감각 중 후각을 100이라고 할 때 청각 70, 시각 50, 미각 20, 촉각 10
② 가장 예민한 감각은 후각으로 사람의 10만~10억배 이다.
③ 시력은 100m 정도 떨어진 주인도 식별할 수 있다.
④ 청각은 사람보다 4배나 먼거리의 소리를 들을 수 있다.

정답 및 해설: ③

14. 반려견의 질병에 관한 설명으로 틀린 것은?

① 전염병 간염으로 예방법은 DHPPL종합 백신을 적기에 반드시 접종한다.
② 파보바이러스 감염증으로 CPV-2라는 바이러스가 외부에 있다가 개의 입을 통해 감염된다.

③ 광견병으로 법정 전염병으로서 타액을 통해 전파되어 사람에게는 공수병을 일으킨다.
④ 전염성 기관지염(켄넬코프) 호흡기 바이러스로 일어나는 급성 호흡기 질병으로 감염된 개의 오줌과 직접접촉 하거나 오줌에 오염된 물과 접촉 했을 때 전염력이 매우 강하다.

정답 및 해설: ①, DHPPL종합 백신을 필요시에 접종한다.

15. 완전 탈바꿈이 아닌 곤충은?

① 나비 ② 딱정벌레 ③ 호랑나비 ④ 메뚜기

정답 및 해설: ④

16. 정서 곤충 이용의 장점을 설명한 것 중 틀린 것은?

① 곤충은 생물군 가운데 종의 다양성이 가장 크다.
② 곤충은 크기가 작아서 돌보는 공간에 제약이 많고 적은 비용으로 손쉽게 키울 수 있다.
③ 곤충은 짧은 기간 내 한 살이 과정을 모두 관찰할 수 있다.
④ 곤충은 시각, 청각, 촉각, 후각 등 감각 자극을 이용한 활동이 가능하다.

정답 및 해설: ②

17. 동물자원 치유효과 중 인지적 효과와 거리가 먼 것은?

① 언어발달 향상 ② 기억력 향상
③ 회상기회 제공 ④ 자아 존중감과 자기 효능감 향상

정답 및 해설: ④

18. 다음 중 치유관광이 아닌 것은?

① 건강관광의 한 영역으로 웰니스 관광에 가깝다.
② 긴장완화와 스트레스 감소를 통한 건강추구다, 자연 기반의 아웃도어 레크리에이션이라고 볼 수 있다.(신체적, 정서적, 사회적, 지적, 영적)
③ 여행을 통한 심신치유와 회복과정으로 스스로 심신을 치유하고 정신건강을 회복 강

화하는 경험이다.
④ 향토 문화와 서비스를 제공하거나 농촌을 방문한 관광객들이 농촌지역에 머물면서 생활문화를 체험하고 여가생활을 즐기는 것.

정답 및 해설: ④

19. 농촌치유관광과 특징 및 활용으로 틀린 것은?

① 치유대상자를 고려한 서비스 제공
② 치유서비스 공급자와 참여자의 상호작용이 중요
③ 명상, 산책, 휴식, 휴양, 보양 등 치유활동 및 자가진단 체크
④ 신체적, 정신적, 휴식과 일상회복, 건강증진

정답 및 해설: ④

20. 농촌 치유관광의 대상이 아닌 것은?

① 건강 고위험군 ② 심신의 일상회복
③ 농업, 농촌의 경험, 여가활동과 교육체험 ④ 건강라이프 스타일 추구 집단

정답 및 해설: ③

21. 농촌다움 자원으로 생태자원이 아닌 것은?

① 수자원, 하천, 지하수 ② 마을숲 ③ 비옥한 토양 ④ 맑은 물

정답 및 해설: ④

22. 경관 자원이 아닌 것은?

① 다락논 ② 산림길(올레, 둘레길) ③ 하천의 흐름 ④ 배후 구릉지

정답 및 해설: ②

23. 다음 설명 중 올바른 것은?

> 『토지의 이용 및 건축물의 용도, 건폐율(건축법 제55조의 건폐율을 말한다, 이하 같다)
>
> 용적률, 높이 등을 제한함으로써 토지를 경제적, 효율적으로 이용하고 공공복지의 증진을 도모하기 위하여 서로 중복되지 아니하게 도시, 군 관리 계획으로 결정하는 지역』

① 용도지역 ② 용도지구 ③ 용도구역 ④ 용도구간

정답 및 해설: ①

24. 더치라이트형이 아닌 것은?

① 경사진 측벽은 결로현상을 유발한다.
② 타일 바닥의 경우 열을 유지하는 작용을 한다.
③ 아래쪽 환기창은 통풍기류를 촉진한다.
④ 지붕 반사각은 빛의 반사를 최대화 한다.

정답 및 해설: ④

25. 치유농업 시설환경 중 통로 조성 시 고려사항으로 옳은 것은?

① 보행 시 교행을 위해 폭은 800mm로 조정한다.
② 잔디의 탄력성은 휠체어 이동자에게 쉽게 이동하게 해준다.
③ 넓거나 길게 조성된 공간은 배수를 위해 경사를 2%로 일반 동선은 3~7%의 범위로 조성되어야 한다.
④ 치매노인들에게 목적지를 제공하기 위해 순환형태나 통로 끝에 다른 공간을 연결한다.

정답 및 해설: ④

제4장

치유농업사 핵심 총정리 1000문항 수록

치유농업서비스의 운영과 관리

제4장. 치유농업서비스의 운영과 관리

01. 01차시 출제예상문제 및 해설

1. 치유농업 프로그램 사회적 영역에 대한 평가도구의 설명으로 옳지 않은 것은?

① 사회적 지지를 측정하는 도구로는 사회적 지지도 척도, 아동·청소년 사회적 지지척도, 사회적지지 다차원척도 등이 있다.
② 대인관계를 측정하는 도구로는 KIIP, RCS, PCI 등이 있다.
③ 가족관계를 측정하는 도구로는 FACE-III, PARQ, PACI, CPIC 등이 있다.
④ 삶의 질을 측정하는 도구로는 삶의 만족도 척도, 노인 삶의 질 척도, 여가만족 척도 등이 있다.

정답 및 해설: ④ 삶의 질을 측정하는 도구는 심리·정서적 영역이다

2. 다음 평가 척도에 대한 설명으로 옳지 않은 것은?

① 대인관계 문제 척도(Korean Inventory of Interpersonal Problem: KIIP)는 총점이 높을 수록 대인관계에서 어려움을 느끼는 정도가 낮다고 이해된다.
② 대인관계변화 척도(Relationship Change Scale: RCS)는 총점이 높을수록 대인관계가 건강하다는 것을 의미한다.
③ 의사소통 능력 척도(Primary Communication Inventory: PCI)는 총점이 높을수록 의사소통 능력이 높은 것을 의미한다.
④ 자녀가 지각한 부모양육태도 척도(Parental Acceptance-Rejection Questionnaire: PARQ) 총점이 높을수록 부모의 양육태도가 수용적임을 의미한다.

정답 및 해설: ①, 대인관계 문제 척도(Korean Inventory of Interpersonal Problem: KIIP)는 총점이 높을수록 대인관계에서 어려움을 느끼는 정도가 높다고 이해된다.

3. 통계분석에 대한 설명 중 옳은 것은?

① 통계의 유형은 기능에 따라 기술통계와 추리통계로 구분되며 기술통계는 자료를 통해 일반적인 현상을 추리하는 데 초점을 두고, 추리통계는 수량적 자료들을 있는 그대로 제시 하는 방법이다.
② 통계의 유형을 변수에 따라 분류하면 하나의 변수만을 분석하는 방식의 통계인 일원적 통계와 두 개 이상의 변수를 동시에 분석하는 다원적 통계가 있다.
③ 변수는 인과관계에 따라 연구자에 의해 조작된 변수를 종속변수라 하고, 조작된 처리에 대해 영향을 받거나 결과로 나타나는 변수를 독립변수라 한다.
④ 척도의 종류로는 명목척도, 서열척도, 등간척도, 비율척도로 구분되며 등간척도는 절대 0점이 존재하므로 비율, 체중, 거리, 무게 등의 통계분석이 가능하다.

정답 및 해설: ②

① 통계의 유형은 기능에 따라 기술통계와 추리통계로 구분되며 추리통계는 자료를 통해 일반 적인 현상을 추리하는 데 초점을 두고, 기술통계는 수량적 자료들을 있는 그대로 제시하는 방법이다.
③ 변수는 인과관계에 따라 연구자에 의해 조작된 변수를 독립변수라 하고, 조작된 처리에 대 해 영향을 받거나 결과로 나타나는 변수를 종속변수라 한다.
④ 척도의 종류로는 명목척도, 서열척도, 등간척도, 비율척도로 구분되며 비율척도는 절대 0점이 존재하므로 비율, 체중, 거리, 무게 등의 통계분석이 가능하다.

4. 통계방법에 대한 설명 중 옳지 못한 것은?

① 대응표본 t-검정은 대상자의 치유농업 프로그램 참여 전·후의 평가점수를 비교하기 위해 사용된다.
② 독립표본 t-검정은 동일한 특성을 가진 치유농업 프로그램 참여군과 치유농업 프로그램 비참여군 두 개의 집단이 존재하는 경우, 치유농업 프로그램 참여 후 치유농업 프로그램 참여군과 치유농업 프로그램 비참여군의 평가 점수를 집단 간 비교하기 위해 활용한다.
③ 대응표본 t-검정 (Paired t-test)과 독립표본 t-검정(dependent t-test)은 비모수검

정에 활용하는 방법이다

④ 대응표본 t-검정과 독립표본 t-검정은 독립변수는 명목척도이고 종속변수는 등간/비율척 도이다

정답 및 해설: ③, 대응표본 t-검정 (Paired t-test)과 독립표본 t-검정(dependent t-test)은 모수검정에 활용하는 방법이다

5. 치유농업 프로그램 평가 결과보고서 작성내용에 대한 설명 중 옳지 않은 것은?

① 개요작성 내용으로는 평가의 배경, 목적, 범위, 방법 등을 작성한다.
② 시설운영 평가에는 체계적인 운영관리, 안전에 대한 적합성 부분 등의 지표에 대한 평가 결과를 요약하여 기술하고 종합 및 정리하여 작성한다.
③ 대상자 효과평가에는 대상자 만족도와 관련한 지표결과를 요약하여 기술하며 종합 및 문 제점을 작성한다.
④ 프로그램 운영평가는 프로그램 운영수준, 친절도 수준, 프로그램 이용객 수 및 매출액 등 지표에 대한 평가결과를 요약하여 작성한다.

정답 및 해설: ③
  * 대상자 효과평가에는 검사 및 측정결과와 관찰결과 제시 및 그 의미해석, 최종적으로 목적과 목표 의 달성 정도를 작성한다.
  * 대상자 만족도와 관련한 지표결과를 요약하여 기술하며 종합 및 문제점을 작성하는 것은 '만족도 수준평가'에 해당한다

6. 프로그램을 수행하기 위해서 자원과 기술을 보유하고 있어야 한다. 이에 대한 설명 중 옳은 것은?

① 프로그램 수행에 필요한 자원 중 인적자원은 치유농업시설 관리자, 치유농업사, 내부전문가 등이 해당된다.
② 프로그램 실행 장소 및 시설·설비는 치유농업시설에서 자체적으로 물리적 시설 및 장비 를 다 확보하여 진행한다.
③ 물적자원은 인적자원과 물리적 환경을 조성할 수 있는 실행장소 및 시설·설비를 포함하며 예산은 변동가능하다.

④ 기술은 치유목적을 실현하기 위한 각종 식물, 동물자원, 농촌문화, 웰빙음식, 농작업 활동을 활용하는 방법으로 치유농업사는 치유농업자원을 활용해 대상자가 가지고 있는 문제를 해 결한다.

정답 및 해설: ④

7. 프로그램의 기본적 구성요소는 학자들에 따라 다양하게 제시되었다. 프로그램이 성립하기 위해서는 필수적인 구성요소를 갖추고 있어야 하는데, 필수적인 구성요소에 해당하지 않는 것은?

① 자원과 기술 ② 서비스 비용 ③ 대상과 목적 ④ 계획된 활동

정답 및 해설: ②

8. 프로그램(program)의 설명으로 부적합 것은?

① 프로그램은 계획 및 설계를 위한 전제 조건의 일부가 된다.
② 프로그램은 의뢰인이 제공할 수도 있으며, 필요에 따라서는 치유농업사가 작성힐 수도 있다.
③ 프로그램은 치유농업사와 의뢰인의 대화 혹은 전문적 연구를 통하여 작성된다.
④ 프로그램은 프로젝트에서 기본목표의 상위개념이 되며 프로그램에 의하여 기본 목표가 설정된다.

정답 및 해설: ④, 프로그램은 목표의 하위 개념이다.

9. 프로그램의 기획·운영에서 피드백(feed back)과정을 가장 옳게 설명한 것은?

① 계획에서 피드백 과정이 필요하나 설계에서는 필요하지 않다.
② 피드백은 계획 수행 과정상 전단계로 돌아가서 작성된 안을 다시 한 번 검토해 보는 것을 말한다.
③ 피드백 과정 시에는 치유농업사만이 참여하며 의뢰인은 참여하지 않는다.
④ 피드백은 자료의 분석 후 이들을 종합하는 과정에서 주로 사용되는 기법이다.

정답 및 해설: ②

10. 계획과 설계를 비교한 다음 서술 중 잘못된 것은?

① 계획은 분석에 더욱 깊이 관련된다.
② 설계는 문제의 해결에 더욱 관련된다.
③ 계획은 프로젝트로부터 문제를 발견하고 해답을 찾는 과정에서 더욱 논리적이고 객관성 있게 접근한다.
④ 설계는 프로젝트의 제한성과 기호성을 더욱 확실하게 한다.

정답 및 해설: ④

11. 치유농업 프로그램 참여 대상자 정보수집 내용과 거리가 먼 것은?

① 인체생리검사적 정보   ② 인구통계학적 정보
③ 의학·건강학적 정보   ④ 치유농업적 정보

정답 및 해설: ①, 인체생리 검사적 정보는 해당 없음

12. 치유농업 프로그램 참여자의 개인정보 보호에 관한 사항 중 올바르지 않은 것은?

① 반드시 개인정보 수집 동의를 확인한 후 기관이나 병원에서 미리 확보한 참여자에 대한 인 구통계학적 정보 및 건강관리정보를 활용한다.
② 동의를 거부할 권리가 있다는 사실 및 동의 거부에 따른 불이익이 있는 경우에는 그 불이 익의 내용을 알리고 동의를 받아야 한다.
③ 개인정보 처리방침의 내용과 개인정보 처리자와 정보 주체 간에 체결한 계약 내용이 다른 경우에는 정보 주체에게 유리한 것을 원칙으로 한다.
④ 개인정보 처리자는 개인정보의 처리 목적을 명확하게 하여야 하고 그 목적에 필요한 범위 에서 최소한의 개인정보만을 적법하고 정당하게 수집하여야 한다.

정답 : ①, 개인정보 수집 동의 예외사항도 있음

13. 치유농업 프로그램 개발을 위한 대상자 집단 선택 시 중요한 질문에 해당되지 않는 것은?

① 대상 집단이 우리 치유농업 시설에서 제공하는 활동에 적합한 사람들인가?
② 어떤 대상 집단이 내가 제공하는 활동을 필요로 하는가?
③ 대상 집단에 대한 치유 활동을 위한 정보가 확보 되었는가?
④ 평소 염두에 두었던 대상 집단에 접근 가능한가

정답 및 해설: ③, 대상 집단에 대한 치유 활동을 위한 자원이 확보 되었는가?

14. 흔히 서베이 기법은 조사연구 기법이라고 하는데 서베이 기법의 대표적인 방법이 아닌 것은?

① 샘플조사 ② 우편조사 ③ 전화조사 ④ 대면조사

정답 및 해설: ①, 서베이 기법은 우편조사, 전화조사, 대면조사가 해당

15. 프로그램 참여자 요구파악을 위한 서베이 방법 중 응답에 대한 높은 통제력을 갖는 방법 은?

① 우편조사 ② 전화조사 ③ 대면조사 ④ 인터넷조사

정답 및 해설: ③

16. 참여자의 요구조건을 분석하기 위한 기법 중 전문가들의 식견, 직관 및 판단력을 효과적인 자원으로 활용하는 방법은?

① 무형식 요구분석기법 ② 결정적 사건분석법
③ 서베이 기법 ④ 델파이 기법

정답 및 해설: ④

17. 프로그램 참여자 요구분석에 있어서 델파이 기법에 관한 내용 중 옳지 않은 것은?

① 1950년대 미국의 Rand Corperation에서 개발된 의견조사방법이다.
② 프로그램 개발 전문가가 참여자와 매일 일상적인 접촉을 통해 이들의 요구를 파악하는 방법이다.
③ 미래를 예측했던 고대 그리스의 델파이 신전으로 거슬러 올라간다.
④ 일련의 질문지의 개발 및 응답수렴 과정을 통해 특정 주제에 대한 요구와 관련된 합의점을 도출해 내는 집단 의견수렴의 한 형태이다.

정답 및 해설: ②, 프로그램 개발 전문가가 참여자와 매일 일상적인 접촉을 통해 이들의 요구를 파악하는 방법은 무형식 요구분석기법에 해당

18. 심리검사의 공통적인 특징을 잘못 설명한 것은?

① 심리검사는 개인의 대표적인 행동표본을 심리학적 방식으로 측정함
② 심리검사는 다양화(diversify)된 방식에 따름
③ 심리검사는 한 개인의 반응을 여러 사람이 채점하더라도 거의 비슷한 수준의 점수가 나타남
④ 심리검사에 대한 객관적 평가는 신뢰도와 타당도를 결정함

정답 및 해설: ②, 심리검사는 표준화된 방식에 따름

19. 심리검사의 목적에 적합하지 않는 것은?

① 개인행동의 예측 ② 조사 및 연구 ③ 문제분석과 진단 ④ 자기이해의 증진

정답 및 해설: ③, 문제해결을 위한 진단임.

20. 다음의 심리검사 중 객관성을 보장하기 어려운 것은?

① 로샤검사 ② 지능검사 ③ 성격검사 ④ 적성검사

정답 및 해설: ①, 로샤검사는 검사종이에 잉크를 떨어뜨려 그것을 접었다 펴서 좌우 대칭으로 만든 그림

21. 심리검사의 대표적인 객관적 검사의 유형에 해당되지 않는 것은?

① 심리검사로서 로샤검사(Rorschich Test)
② 지능검사로서 WISC, WAIS, WPPST,
③ 성격검사로서 MMPI, MBTI,
④ 흥미검사로서 직업흥미검사, 학습흥미검사

정답 및 해설: ①, 로샤검사는 투사적 검사에 해당

22. 투사적 검사(Projective Test)의 특징이 아닌 것은?

① 구조적 검사 과제를 제시하여 개인의 다양함을 무제한적으로 허용
② 개인의 독특한 심리적 특성을 측정하는데 주목적을 둠
③ 모호한 검사자극에 대한 수검자의 비의도적 · 자기노출적 반응으로 나타남
④ 수검자가 자신의 내면적인 욕구나 성향을 외부에 자연스럽게 투사할 수 있도록 유도함

정답 및 해설: ①, 투사적 검사는 비구조적 검사 과제를 제시하여 개인의 다양한 반응을 무제한적으로 허용함

23. 심리검사의 분류 중에서 측정 구성(construct)개념별 분류에 해당되지 않는 것은?

① 능력검사(Ability Tests)
② 성격검사(personality tests)
③ 투사적 검사(Projective Test)
④ 습관적 수행검사(typical performance test)

정답 및 해설: ③, 투사적 검사(Projective Test)는 측정내용 및 제작방법별 분류항목에 해당

24. 치유농업 과정을 통해 생리적 기능의 회복을 검증할 수 있는 생체검사 방법이 아닌 것은?

① 심장의 구조와 기능을 평가하는 심전도 검사
② 소화기능과 신경기능을 평가하는 검사
③ 뇌의 기능을 평가하는 뇌파 검사
④ 허파의 기능을 검사 평가하는 폐기능 검사

정답 및 해설: ②, 소화기능과 신경기능을 평가하는 검사는 장기별 검사방법에 해당

25. 치유농업 대상자 요구의 우선순위 설정과정 순서가 올바른 것은?

ⓐ 요구의 보편성과 중요도에 따라 순위별로 나열한다.
ⓑ 프로그램으로 개발될 요구를 선정하고, 이에 대한 당위성을 간략히 기술한다.
ⓒ 프로그램의 목표로 기술될 내용이 기관의 목적과 부합되는지를 점검한다.
ⓓ 측정된 모든 요구의 리스트를 작성한다.
ⓔ 요구분석의 결과를 프로그램의 구체적인 목표로 전환한다.

① ⓓ, ⓐ, ⓑ, ⓔ, ⓒ
② ⓐ, ⓑ, ⓓ, ⓔ, ⓒ
③ ⓒ, ⓓ, ⓑ, ⓔ, ⓐ
④ ⓑ, ⓐ, ⓓ, ⓔ, ⓒ

정답 및 해설: ①

02. 02차시 출제예상문제 및 해설

1. 치유 프로그램이 성립하기 위해서는 필수적인 구성요소를 갖추고 있어야 하는데 그 구성 요 소에 해당 하지 않는 것은?

① 프로그램을 수혜하는 대상과 프로그램의 목적과 목표
② 프로그램을 달성하기 위한 자원과 기술
③ 계획된 활동
④ 프로그램의 평가

정답 및 해설: ④

　　　　　프로그램이 성립하기 위해서는 필수적인 구성요소를 갖추고 있어야한 다. 선행연구들을 종합하면 프로그램은 수혜하는 대상과 프로그램의 목적과 목표가 설정되어야 하며, 프로그램을 달성하기 위한 자원과 기술이 있어야 하고, 이들을 활용한 계획된 활동이 있어야 한다.

2. 치유농업 프로그램 참가자들의 요구를 정확히 파악하고, 이를 프로그램에 반영해야 한다. 치유농업 프로그램 개발을 위한 대상자 집단 선택 시 중요한 질문으로 옳지 않은 것은?

① 대상 집단이 우리 치유농업 시설에서 제공하는 활동에 적합한 사람들인가?
② 모든 대상 집단에 내가 제공하는 활동이 적합한가?
③ 대상 집단에 대한 치유 활동을 위한 자원이 확보 되었는가?
④ 평소 염두에 두었던 대상 집단에 접근 가능한가?

정답 및 해설: ②

　　　　　치유농업 프로그램 개발을 위한 대상자 집단 선택 시 중요한 질문으로는 다음과 같다.
　　　　　　• 대상 집단이 우리 치유농업 시설에서 제공하는 활동에 적합한 사람들인가?
　　　　　　• 어떤 대상 집단이 내가 제공하는 활동을 필요로 하는가?
　　　　　　• 대상 집단에 대한 치유 활동을 위한 자원이 확보 되었는가?
　　　　　　• 평소 염두에 두었던 대상 집단에 접근 가능한가?

3. 일대일의 개별치유 프로그램이 아닌 집단을 대상으로 프로그램을 진행한다면 집단의 크기 로 적절하지 않은 것은?

① 집단상담에서도 6~12명
② 국내 산림치유에서도 6~10명 또는 5명 이하
③ 집단상담은 인원이 많을수록 효과적이므로 20명이상
④ 15명 이내

정답 및 해설: ③

일대일의 개별치유 프로그램이 아닌 집단을 대상으로 프로그램을 진행한다면 집단의 크기는 15명 이내가 적절하다. 집단상담에서도 6~12명, 7~8명을 제안하고 있으며, 국내 산림치유에서도 6~10명 또는 5명 이하로 구성한 소규모 집단으로 운영하고 있다

4. 요구분석을 위한 서베이 방법 중 제시된 장·단점을 가진 방법은?

장 점	단 점
• 간단한 과정 • 양호한 응답률 • 어려운 질문 가능 • 질문에 대한 통제 가능 • 응답자에게 접근 용이	• 고비용 • 타당성이 결여된 정보

① 우편조사 ② 전화조사 ③ 대면조사 ④ 질문지

정답 및 해설: ②

5. 심리검사의 종류는 그 수를 헤아릴 수 없을 정도로 많지만, 유형과 관계없이 몇 가지 공 통적인 특징을 갖고 있는데 다음 중 그 특징에 해당하지 않는 것은?

① 심리검사는 개인의 대표적인 행동표본을 심리학적 방식으로 측정한다.
② 심리검사는 표준화(standardization)한 방식에 따른다.
③ 심리검사는 비체계적 과정이다.
④ 심리검사에 대한 객관적 평가는 신뢰도(reliability)와 타당도(validity)를 결정한다.

정답 및 해설: ③

심리검사의 종류는 그 수를 헤아릴 수 없을 정도로 많지만, 유형과 관계없이 다음과 같은 몇 가지 공통적인 특징을 갖고 있다.

첫째, 심리검사는 개인의 대표적인 행동표본(behavior sample)을 심리학적 방식으로 측정한다. 즉, 개인 행동을 모두 측정해보지 않더라도 소수의 표본 행동을 측정한 결과를 바탕으로 개인의 전체적인 행동을 예견할 수 있게 해준다. 검사 제작 과정에서 문항선정이 적절하게 이루어진다면 이러한 조건은 충족될 수 있을 것이다.

둘째, 심리검사는 표준화(standardization)한 방식에 따른다. 표준화는 검사를 실시하고 채점하는 과정에서 절차의 동일성을 의미한다. 이러한 검사의 표준화는 심리검사 반응이 실시조건이나 채점방식의 차이에 따라 다르게 나타나는 것을 방지해 주고 검사 반응이 순수한 개인차를 나타낼 수 있도록 보장해 준다.

셋째, 심리검사는 체계적 과정이다. 이는 한 가지 심리검사가 여러 개인들에게 실시될 때 동일한 종류의 정보가 수집된다는 의미이다. 심리검사는 객관적 채점 규칙에 따라서 한 개인의 반응을 여러 사람이 채점하더라도 거의 비슷한 수준의 점수가 나타난다. 이러한 심리검사는 표준화와 체계적인 조건으로 인하여 주관적 판단을 방지해 주며, 양적 측정을 통하여 개인 간의 행동을 비교할 수 있고, 횡단적인 시행을 통한 비교도 가능하게 해준다.

넷째, 심리검사에 대한 객관적 평가는 신뢰도(reliability)와 타당도(validity)를 결정한다. 신뢰도는 동일한 검사(identical test) 또는 동등한 형태의 검사(equivalent form)로 동일한 사람에게 재검사했을 때 관찰된 점수들의 일관성을 의미하며, 타당도는 그 검사가 측정하고자 한 것을 실제로 정확하게 측정하는지에 관한 정도를 점검하는 것이다.

6. 프로그램 목표 진술에 대한 설명이다. 옳지 않은 것은?

① 목표 진술에는 대상자에게 구체적으로 어떤 프로그램을 제공할 것인지, 궁극적으로 달성 하려는 결과가 무엇인지 명확히 제시해야 한다.
② 목표 진술의 원칙 중 많이 활용되는 기법은 'To-By-For'의 원칙이다.
③ 'To'는 프로그램을 통해 달성하려는 목표이다.

④ 'By'는 프로그램 대상자인 학습자이다.

정답 및 해설: ④

7. 치유농업 프로그램 목표 설정 시 고려사항에 해당하지 않는 것은?

① 잠재적(확장 가능) 대상자의 요구를 정확히 파악한다.
② 프로그램의 적절한 규모와 범위 및 기간을 결정한다.
③ 실현 가능한 요구를 선정하여 이를 토대로 구체적인 프로그램 목표를 진술한다.
④ 프로그램의 목표가 환경맥락의 변화추세 및 프로그램 제공기관이나 후원단체 등의 이념이나 방향과 일관되게 설정한다.

정답 및 해설: ①

* 프로그램 목표를 올바르게 설정하기 위한 고려사항
  첫째, 프로그램 잠재적 고객집단을 정확히 파악한다.
  둘째, 프로그램 대상자들의 요구를 정확히 측정한다.
  셋째, 실현 가능한 요구를 선정하여 이를 토대로 구체적인 프로그램 목표를 진술한다.
  넷째, 프로그램 목표가 환경맥락의 변화추세 및 프로그램 제공기관이나 후원단체 등의 이념이나 방향과 일관되도록 설정한다.
  다섯째, 프로그램의 적절한 규모와 범위 및 기간을 결정한다.
  여섯째, 가시적 성과의 측정이 가능하도록 프로그램 목표를 설정하고, 그 성과를 홍보에 활용하도록 한다.

8. 「개인정보 보호법」 제15조에 의해 개인정보처리자가 개인정보 수집 및 그 수집 목적의 범위에서 개인정보의 수집·이용할 수 있는 경우에 해당하지 않는 것은?

① 법률에 특별한 규정이 있거나 법령상 의무를 준수하기 위해 불가피한 경우
② 공공기관이 법령 등에서 정하는 소관업무의 수행을 위하여 불가피하게 필요한 경우
③ 정보주체와의 계약체결 및 이행을 위하여 불가피하게 필요한 경우
④ 개인정보처리자의 정당한 이익을 달성하기 위해 필요한 경우로서 명백하게 정보주

체의 권리가 정보처리자의 이익보다 우선하는 경우, 이 경우 개인정보처리자의 정당한 이익 과 상당한 관련이 있고 합리적인 범위를 초과하지 아니하는 경우에 한 한다.

정답 및 해설: ④

9. 다음에서 설명하는 대상자 요구분석방법으로 서베이 기법에 대한 설명 중 틀린 것은?

① '조사연구 기법'이라 하며 대상자의 요구를 파악하기 위해 가장 보편적으로 사용된다.
② 집단의 크기가 비교적 크고 광범위하게 분포되어 있을 때 사용된다.
③ 일련의 질문지의 개발 및 응답 수렴 과정을 통해 특정 주제에 대한 요구와 관련된 합의 점을 도출해 내는 집단 의견수렴의 한 형태이다.
④ 주로 핵심이슈나 추세, 대상자의 가치관과 관련하여 정보를 수집한다.

정답 및 해설: ③

* 일련의 질문지의 개발 및 응답 수렴 과정을 통해 특정 주제에 대한 요구와 관련된 합의점을 도출해 내는 집단 의견수렴의 한 형태는 델파이 기법

10. 심리검사의 목적과 관계가 먼 것은?

① 분류 및 진단 ② 조사 및 연구 ③ 개인행동의 판단 ④ 자기이해 증진

정답 및 해설: ③

*심리검사의 목적: 개인행동 예측, 조사와 연구, 분류 및 진단, 자기이해 증진, 문제해결을 위한 대안

11. 치유농업 프로그램의 개발 절차 중 목표 설정 순서가 바른 것은?

> 가. 프로그램 잠재적 고객집단을 정확히 파악한다
> 나. 프로그램 대상자들의 요구를 정확히 측정한다
> 다. 실현 가능한 요구를 선정하여 이를 토대로 구체적인 프로그램 목표를 진술한다

> 라. 프로그램 목표가 환경맥락의 변화추세 및 프로그램 제공기관이나 후원단체 등의 이념이나 방향과 일관되도록 설정한다
>
> 마. 프로그램의 적절한 규모와 범위 및 기간을 결정한다
>
> 바. 가시적 성과의 측정이 가능하도록 프로그램 목표를 설정하고, 그 성과를 홍보에 활용하도록 한다.

① 가, 나, 다, 라, 마, 바   ② 가, 나, 다, 라, 바, 마
③ 가, 다, 나.라, 마, 바   ④ 가, 다, 나, 라, 바, 마

정답 및 해설: ①

12. 대상자 개인정보 수집,이용 중 바르지 않은 것은?

① 정보주체의 동의를 받은 경우
② 법률에 특별한 규정이 없거나 법령상 의무를 준수하기 위하여 불가피한 경우
③ 정보주체와의 계약의 체결 및 이행을 위하여 불가피하게 필요한 경우
④ 공공기관이 법령 등에서 정하는 소관 업무의 수행을 위하여 불가피한 경우

정답 및 해설: ②, 법률에 특별한 규정이 있거나 법령상 의무를 준수하기 위하여 불가피한 경우

13. 다음 설명에서 대상자 요구 분석 방법 중 어떤 기법을 말하는가?

> 1단계에서는 해당 분야의 전문가들을 선정하여 조사대상 집단을 구성한다.
>
> 2단계에서는 특정 주제에 대한 요구 또는 핵심 이슈에 대한 전문가들의 견해 파악을 위한 질문지를 송부한다.
>
> 3단계에서는 1차 조사를 통해 파악된 견해를 요약한 후 2차 질문지를 개발하여 다시 2차로 송부한다.

> 4단계에서는 2차 조사 자료에 대한 기본적인 통계 분석 후 결과를 정리하여 다시 3차 질문지를 개발한 후 3차로 다시 조사 대상 집단에게 송부한다. 지난번 평정내용 수정 및 이유제시 한다.
>
> 5단계에서는 3차 조사 결과를 다시 통계처리한 후 다수 의견과 소수 의견을 요약한 후 다시 4차 질문지로 개발하여 송부함으로써 지금까지 의견을 최종적으로 수정할 기회를 제공한다.

① 서베이(survey) 기법 ② 관찰법
③ 결정적 사건 분석법(critical incidents) ④ 델파이(Deiphi) 기법

정답 및 해설: ④, 델파이 기법은 일반적으로 5단계로 구성된다.

14. 대상자 진단평가에서 심리검사 분류 중 객관적 검사내용을 바르게 설명한 것은?

① 지능검사로 WISC(웩슬러 아동용 지능검사), WAIS(웩슬러 성인용 지능검사), WPPSI(웩 슬러 취학 전 유아지능검사)가 있고 성격검사로 MMPI(심리유형검사), MBTI(미네소타 다 면적 인성검사), 흥미검사로 직업흥미검사, 학습흥미검사, 적성검사 등이 있다.
② 로샤 검사(Rorschach test), TAT(주제 통각 검사), CAT(아동용 주제 통각 검사), DAP(인물화 검사),HTP(집-나무-사람 검사).BGT(도형 모형 검사),SCT(문장 완성 검사) 등이 있다.
③ 대표적 검사로는 일반능력검사(지능검사), 적성검사, 성취검사 등이 있다.
④ 인성검사, 성향검사, 습관적 수행검사라고도 지칭된다.

정답 및 해설: ①

15. 대상자 진단평가에서 생리적 기능의 평가 지표로 거리가 먼 것은?

① 생체검사 방법 ② 장기별 검사방법 ③ 신체를 이용한 검사방법 ④ 장기별 검사방법

정답 및 해설: ③, 생리적 기능의 평가 지표 -> 첫째, 생체검사방법. 둘째, 검체를 이용한 검사방법. 셋째, 장기별 검사방법. 넷째, 자가 생리검사방법.

16. 대상자 요구의 우선순위 설정의 과정이 옳게 나열된 것은?

> ㉠ 요구분석의 결과를 프로그램의 구체적인 목표로 전환한다.
> ㉡ 요구의 보편성과 중요도에 따라 순위별로 나열한다.
> ㉢ 프로그램으로 개발될 요구를 선정하고 이에 대한 당위성을 간략히 기술한다.
> ㉣ 프로그램의 목표로 기술될 내용이 기관의 목적과 부합되는지를 점검한다.
> ㉤ 측정된 모든 요구의 리스트를 작성한다.

① ㉤, ㉡, ㉢, ㉠, ㉣ ② ㉠, ㉢, ㉣, ㉡, ㉤ ③ ㉠, ㉡, ㉢, ㉣, ㉤ ④ ㉣, ㉡, ㉢, ㉤, ㉠

정답 및 해설: ①

17. 치유농업 프로그램 계획에 관한 설명 중 틀린 것은?

① 치유농업 프로그램 대상자에 대한 다양한 정보수집을 한다.
② 대상자의 특성 및 요구를 파악한다.
③ 목적과 목표를 명확히 한다.
④ 치유농업 프로그램의 목적은 예방, 치료, 회복으로 구분된다.

정답 및 해설: ④, 치유농업 프로그램의 목적은 예방, 치료, 재활로 구분된다.

18. 참가자의 생애주기별 목표 설정 중 청소년을 위한 치유농업 프로그램 목표가 아닌 것은?

① 자아정체감 ② 대·소근육 발달 ③ 진로탐색 ④ 심리·정서적 안정

정답 및 해설: ②, 대·소근육 발달은 아동기 치유농업 프로그램 목표

19. Berned schmitt의 체험을 구성하는 전략적 체험모듈에 기반하여 구분한 자원의 설명으로 옳지 않은 것은?

① 시각, 청각, 촉각, 후각, 미각 등의 오감을 자극할 수 있는 자원은 감각체험 자원이다.

② 감성을 자극하는 이야기(스토리), 경험, 깨달음 등 소비자에게 들려주고 싶은 이야기(스 토리)는 인지체험 자원이다.
③ 신체적 경험이나 신체적 기능향상과 관련된 자극, 운동 뿐만 아니라 장기적인 행동 패턴이나 라이프 스타일은 행동체험 자원이다.
④ 활동을 통하여 타인, 사회, 국가 또는 문화적 의미와 연결하는 경험은 관계체험 자원이다.

정답 및 해설: ②

감성체험 자원이란 기분과 감정을 일으키는 체험 자원으로 즐거움, 자부심, 쾌락, 감동, 사랑, 낭만, 흥분, 향수, 안심, 행복감, 만족감, 평화로움 등의 감정을 일으키는 스토리를 의미한다.

20. 치유농업 프로그램 적용 시 인지적 영역의 설정 가능한 목적이 아닌 것은?

① 판단력 증가 ② 주의 집중력 향상 ③ 지시 수행 능력향상 ④ 지남력 감소

정답 및 해설: ④

인지적 영역의 설정 가능한 목적
·기억력 증가 ·판단력 증가 ·지남력 증가 ·집중력 증가 ·주의 집중력 향상
·지시 수행 능력 향상

21. 인체의 질병을 평가하는 지표가 될 수 있고, 치유농업 과정을 통해 인체 기능의 불균형에 대한 회복을 검증할 수 있는 지표로 활용할 수 있는 생리적 기능의 평가지표 검사 방법의 연결이 옳지 않은 것은?

① 생체검사방법 - 체질량지수 ② 검체를 이용한 검사방법 - 혈액
③ 장기별 검사방법 - 소화기능 ④ 자가 생리검사 방법 - 혈압

정답 및 해설: ①, 생체검사방법 - 체질량지수→ 자가생리검사 방법

생체검사 방법으로 심장의 구조와 기능을 평가하는 심전도 검사와 심초음파 검사, 뇌의 기능을 평가하는 뇌파 검사, 근육과 이에 분포하는 신경의 기능을 평가하는 근전도 검사, 허파의 기능을 검사 평가하는 폐기능 검사 등이 있다.

22. 인체는 끊임없이 단백질, 탄수화물, 지방 등의 영양소가 산화 작용으로 연소되어 열을 발생 시키고 있으며, 몸 밖으로의 열 발산과 생체의 체온 조절 작용에 의해 거의 일정한 체온이 유지되고 있다. 다음 중 체온에 관한 설명으로 옳지 않은 것은?

① 생물학적으로 내장의 온도를 가리키는데 사람의 경우에는 곧창자(직장)의 온도를 표준체온으로 본다.
② 건강한 성인의 체온은 겨드랑 부위에서는 36.5℃ 내외이지만 노인은 이보다 약간 낮고, 유 아는 약간 높다.
③ 체온은 아침에는 높고 저녁에 낮아지는데, 그 차이는 1℃를 넘지 않는다.
④ 극도의 냉한에서는 저하 되는 경우도 있으나 이것은 1시간 정도에서 원상 복귀되는 것이 보통이다.

정답 및 해설: ③, 체온은 아침에는 높고 저녁에 낮아지는데, 그 차이는 1℃를 넘지 않는다, * 아침에 낮고 저녁에 올라간다.

23. 혈압은 심혈관계통 회로에서 심장박동의 펌프작용으로 박출된 혈액에 의해서 혈관 벽(특히 동맥)에 생기는 압력이다. 다음중 혈압에 관한 설명으로 옳지 않은 것은?

① 심장이 수축할 때의 혈압이 가장 높은데 이것을 수축기혈압 또는 최고혈압이라고 한다.
② 나이가 많아짐에 따라 동맥벽의 탄력성이 감소하여 최고 혈압은 증가한다.
③ 근육운동 시 혈압이 상승하고 에너지대사 항진에 대응하여 혈류 증가를 초래한다.
④ 지질이 혈관에 침착하면 동맥은 경화되어 탄성을 잃기 때문에 혈압이 저하한다.

정답 및 해설: ④, 지질이 혈관에 침착하면 동맥은 경화되어 탄성을 잃기 때문에 혈압이 상승한다. 고혈압 - 최저혈압이 90mmHg를 넘는 경우

24. 심박수에 관한 설명이다. 옳지 않은 것은?

① 정상인은 약 70회/분이지만 개인 차이가 커서 60~90회/분 정도를 정상 범위로 보고 있다.
② 일반적으로 신생아는 높고 운동선수 등은 낮다.
③ 포유류에서는 몸이 큰 종류일수록 심박수가 높은 경향이 있다
④ 심박수의 변화요인은 체온변동, 운동, 수면, 섭식 상태, 감정동요 등이 있다.

정답 및 해설: ③

포유류에서는 몸이 작은 종류일수록 심박수가 높은 경향이 있는데 이것은 소동물일수록 체중에 대한 체표면 비율이 크고, 따라서 체표로부터의 열발산에 대해 대사활동을 왕성하게 할 필요가 있기 때문이다.

25. 맥박수에 관한 설명으로 옳지 않은 것은?

① 특수한 경우로 심장은 박동하나 팔에서 맥박이 없는 무맥병이 있다.
② 맥박수는 질병 있는 경우에 감소한다.
③ 정상인의 안정 시 맥박수는 신생아 140회/분, 유아 120~130회/분, 초등학생 80~90 회/분, 성인 70회/분 정도이다.
④ 운동 시의 맥박수는 그 사람의 최대 운동능력에 대한 상대적 운동 강도에 비례하여 증가 하는 경향이 있다.

정답 및 해설: ②

맥박수는 질병 있는 경우에 증가한다. 그 밖에 신체활동, 정신긴장, 고온, 산소 부족, 교감신경 흥분, 아드레날린이나 아트로핀 등의 투석 등 많은 인자에 의하여 증가한다.

03. 03차시 출제예상문제 및 해설

1. 체중을 측정하는 체질량지수(body mass index: BMI)는 키를 고려해서 체중을 평가하는 데 사용되데, 다음중 체질량지수에 관한 설명으로 옳지 않은 것은?

① 과체중은 표준체중을 10~20% 초과, 표준체중을 20% 이상 초과했을 경우 비만이라고 한다.
② 성인 체중은 여성의 경우에는 18세, 남성의 경우 20세에 완성된다.
③ 수치가 20 미만은 저체중, 20~24.9은 정상, 25~29.9는 과체중, 30~39.9은 비만, 40.0 이상이면 고도비만이다.
④ 체질량지수가 20 미만인 경우에는 여성의 경우 영양부족으로 인해 무월경이 시작될 수 있으며, 30 이상인 경우 에는 고혈압·당뇨병·심장병에 걸릴 확률이 높아지므로 주의가 필요하다

정답 및 해설: ④

체질량지수가 18 미만인 경우에는 여성의 경우 영양부족으로 인해 무월경이 시작될 수 있으며, 27 이상인 경우 에는 고혈압·당뇨병·심장병에 걸릴 확률이 높아지므로 주의가 필요하다.
체질량 지수가 26인 경우에는 21인 사람에 비해 당뇨병에 걸릴 가능성이 여성의 경우에는 8배, 남성의 경우에는 4배에 달하고 담석증 및 고혈압이 발생할 확률도 2~3배나 높아지는 것으로 알려져 있다.

2. 뇌파는 보통 두피 위에 전극을 놓고 거기에서 뇌신경세포에서 생기는 전기 활동을 검출하여 증폭하여 기록한 것으로 주파수에 따라 4가지 δ, θ, α, β 로 나뉜다. 다음 중 연결이 옳은 것은?

① δ파(delta wave) - 공상할 때 ② θ파(theta wave) - 수면 시
③ α파(alpha wave) - 기쁨을 느낄 때 ④ β파(beta wave) - 스트레스 상태

정답 및 해설: ④

* δ파(delta wave) - 소아, 성인의 수면 시 병적으로는 뇌 기능저하, 뇌혈관 장애, 뇌종양, 의식장애
* θ파(theta wave) - 정신을 집중하여 두뇌 내부의 정보를 활용할 때, 눈을 감고 심상, 공상을 할 때, 기쁨을 느끼거나 감정변화가 있을 때, 또는 불유쾌할 때나 졸린 경우, 최면 상태
* α파(alpha wave) - 정상 성인의 각성, 정신적 안정, 폐안 상태기분이 편안하고 느긋할 때, 조용한 명상음악을 듣거나 명상상태에 있을 때, 외부자극에 습관화되었을 때
* β파(beta wave) - 불안, 긴장, 암산 등의 정신활동 및 눈을 뜨고 있을 때, 자극, 통증 등의 흥분시. 외부정보에 주의집중 시 우세하며, 낮에 활동상태에 있을 때 베타파가 지배적 이며, 스트레스 상태에서 많이 나타난다.

3. 치유농업자원은 국민의 건강 회복 및 유지·증진을 도모하기 위하여 이용되는 다양한 농업·농촌자원을 의미한다(치유농업법 제2조). 치유농업의 핵심자원으로는 식물자원, 동물·곤충자원, 농촌환경·문화자원(자연경관) 등이 있는데 다음 중 환경자원의 대표적인 자연경관의 구분이 다른 하나는?

① 소경관 - 마을 숲 ② 중경관 - 하천 ③ 대경관 - 마을길 ④ 일시적 경관 - 석양

정답 및 해설: ③, 대경관 - 높은 곳에서의 조망점
숲 체험이나 산책 등을 위한 소경관(마을 숲, 간판, 돌담, 개별주택 등), 중경관(도로, 하천, 마을길 등), 대경관(높은 곳에서의 조망점 등), 일시적 경관(사계절, 석양등)으로 구분된다.

4. 농촌교육농장 설비 및 시설 기준으로 옳지 않은 것은?

① 교육생 1인당 3㎡ 정도의 공간을 확보해야 한다
② 칠판, 교탁, 책상, 걸상 등을 확보해야 한다
③ 책상면의 조도는 400lx 이상이어야 한다
④ 방송설비를 구비해야 한다

정답 및 해설: ①, 교육생 1인당 3㎡ 정도의 공간 → 2㎡

5. 치유농업 시설의 외부 환경은 안내시설, 대상자 접근성 시설, 활동 및 휴게시설, 경관 및 자연친화 시설, 장애인시설로 구분할 수 있다. 다음 중 안내시설의 종류로 옳지 않은 것은?

① 일정 안내판 ② 주변 안내지도 ③ 안전수칙 ④ 대중교통 이용정보 표지판

정답 및 해설: ④, 대중교통 이용정보 표지판 → 대상자 접근성 시설

6. 활동 및 휴게시설은 프로그램의 목적에 따라 체험·교육 시설, 놀이·체육 시설, 휴게시설로 분류한다. 다음 중 휴게시설이 아닌 것은?

① 테라스 ② 오두막 ③ 일광욕장 ④ 해먹

정답 및 해설: ③, 일광욕장 → 놀이, 체육시설

7. 치유농업시설 대상 유형별 활용 가능한 전문인력은 간병인, 봉사자, 의료계 종사자들이 있다. 그 외에 중증이상에서 대상유형별 추가적으로 요구되는 인력의 연결이 옳지 않은 것은?

① 지적/감각적 장애가 있는 사람 - 심리학자 ② 신체적 장애가 있는 사람 - 친구
③ 정신적 장애가 있는 사람 - 정신간병조무사 ④ 장애를 가진 노인 - 시설보호

정답 및 해설: ④, 장애를 가진 노인 - 시설보호

8. 노인을 위한 치유농업 프로그램의 목적에 맞는 목표 수립으로 다른 것은?

① 사회적 영역 - 사회성 증진 ② 신체적 영역 - 미세운동 기술 유지
③ 신체적 영역 - 균형 있는 영양섭취 ④ 사회적 영역 - 부당한 요구 행동 줄이기

정답 및 해설: ④, 사회적 영역 - 부당한 요구 행동 줄이기 → 아동 및 청소년을 위한 활동의 목표

9. 치유농업 프로그램을 개발하기 위하여 과정을 순서대로 나열한 것은?

① 운영기관이 보유한 자원분석 -〉 대상자 분석 -〉 프로그램 초안 작성 -〉 프로그램의 체험 균형도 및 감성체험 강화 -〉 프로그램 내 자원활용정도 파악 및 체험 모듈의 균형도 파악 -〉 대상자 특성 및 수준에 따른 프로그램 수정 및 완성

② 운영기관이 보유한 자원분석 -〉 대상자 분석 -〉 프로그램 초안 작성 -〉 프로그램 내 자원 활용정도 파악 및 체험 모듈의 균형도 파악 -〉 프로그램의 체험 균형도 및 감성체험 강화 -〉 대상자 특성 및 수준에 따른 프로그램 수정 및 완성

③ 대상자 분석 -〉 운영기관이 보유한 자원분석 -〉 프로그램 초안 작성 -〉 프로그램 내 자원 활용정도 파악 및 체험 모듈의 균형도 파악 -〉 프로그램의 체험 균형도 및 감성체험 강화 -〉 대상자 특성 및 수준에 따른 프로그램 수정 및 완성

④ 대상자 분석 -〉 운영기관이 보유한 자원분석 -〉 프로그램 초안 작성 -〉 프로그램의 체험 균형도 및 감성체험 강화 -〉 프로그램 내 자원활용정도 파악 및 체험 모듈의 균형도 파악 -〉 대상자 특성 및 수준에 따른 프로그램 수정 및 완성

정답 및 해설: ②

10. 다음 중 치유농업 프로그램 평가목적이 아닌 것은?

① 치유농업 프로그램 목적 변경 ② 대상자 만족도 확인
③ 프로그램 효과 검증 ④ 프로그램 지속여부 결정

정답 및 해설: ①, 치유농업 프로그램 내용 개선

11. 프로그램 개발(Program development)을 위해 포함되어야 하는 것 중 옳지 않은 것은?

① 변화 또는 개선되어야 할 문제 및 상황을 분석하고, 의사결정을 위한 조직 구조를 개발한 다.
② 수업계획을 설계할 때 학습자가 적절한 학습경험을 통해 심도있게 참여할 수 있도록 한다.
③ 회의, 모임, 워크숍, 상담이나 라디오 및 TV 프로그램 등을 활용하여 적절한 학습기회를 제 공하기 위한 실천계획을 실행한다.

④ 프로그램의 가치에 대한 효과적인 판단을 위해 지향 목적에 따라 기초한 접근 방법을 개발 한다.

정답 및 해설: ④, 프로그램의 가치에 대한 효과적인 판단을 위해 타당성에 따라 기초한 접근 방법을 개 발한다.

12. 치유농업 프로그램 유형의 분류에서 다음 설명에 해당하는 것은?

① 일일활동 ② 주말 및 휴일 휴양 ③ 교육·훈련서비스 ④ 요양서비스

정답 및 해설: ①

13. 프로그램 완료 후 종합평가의 성과측정 지표로 부적절 한 것은?

① 시설운영 측면 ② 시설안전 측면
③ 경제적 효율성 측면 ④ 이용자 만족도 측면

정답 및 해설: ③, 외 서비스 운영측면까지 총 4개

14. 치유농업시설이 보유하고 있는 유형자원을 분석하는 것은 치유농업 프로그램 개발을 위한 첫 과정이다. 전략적 체험모듈에 기반한 체험자원들로 구분할 수 있는데 이에 속하는 자원 이 아닌 것은?

① 관계체험 자원 ② 행동체험 자원 ③ 감각체험 자원 ④ 감정체험 자원

정답 및 해설: ④, 전략적 체험 모듈에 따른 자원분석은 감각체험, 감성체험, 인지체험, 행동체험 그리고 관계체험으로 나뉜다.

15. 치유농업 과정을 통해 생리적 기능의 회복을 검증할 수 있는 지표로 활용할 수 있는 인체 의 생리검사 방법들 중 생체검사 방법이 아닌 것은?

① 심장기능 ② 심전도 검사 ③ 근전도 ④ 뇌파검사

정답 및 해설: ①

* 생체검사 방법 : 심전도 검사, 심초음파 검사, 뇌파검사, 근전도 검사, 폐기능검사
* 검체를 이용한 검사방법: 혈액과 요, 분변, 객담, 뇌척수액 등을 얻어 화학물질과 면역인자들을 측정하여 평가
* 장기별 검사방법 : 간기능, 콩팥기능, 심장기능, 호흡기능, 내분비기능, 소화기능, 신경기능을 평가
* 자가생리검사 : 혈압, 심박수, 맥박수, 호흡수, 체온, 체질량지수, 미각, 후각, 시력, 청력 등 측정

16. 효과적인 치유농업 프로그램 실행을 위한 목적과 목표에 대한 설명 중 바르지 않은 것은?

① 목적은 치유농업 프로그램을 통해 나아가야 할 궁극적인 방향을 의미한다.
② 목표는 구체적이며 실현 가능 해야 한다.
③ 목적과 목표의 주요 용어는 중복 되어서는 안된다.
④ 목표는 빨리 달성할 수 있는 단기적이어야 한다.

정답 및 해설: ③, 목표는 목적과 주요 용어가 중복될 수도 있다.

17. 다음 용어에 대한 설명 중 바른 것을 고르시오.

① 생애주기를 거치는 동안 각 단계마다 수행하거나 성취해야 할 역할을 발달단계라 한다.
② 사회적불리란 사회적으로 불이익을 경험하는 것을 의미한다.
③ 손상은 질병,상해, 선천적 기형 등으로 인해 신체적 특정 부위가 손상 또는 상실되거나 그 기능의 감소 상태를 의미한다.
④ 능력 장애는 손상으로 인해 능력이 저하되어 사회적 차원의 활동에 제한을 받게 되는 것 을 의미한다.

정답 및 해설: ③
① 생애주기를 거치는 동안 각 단계마다 수행하거나 성취해야 할 역할이 있는데 이를 발달과업이라고 한다.

② 사회적불리란 손상이나 능력제한으로 인해 환경과의 상호작용에서 문제나 불이익을 경험하게 되는 것을 의미한다.
④ 능력 장애는 손상으로 인해 다른 사람이 보편적으로 수행하는 방법으로 특정 과제를 수행하기 어려운 상태로, 운동장애, 일상생활 동작장애 등 개인차원의 활동에 제한을 받게 되는 것을 의미한다.

18. 키가 160cm이고, 몸무게 60kg 인 사람의 체질량지수를 구한 것이다. 맞는 것은?

① 23.4 ② 24.5 ③ 25.3 ④ 26.3

정답 및 해설: ①, 체질량지수는 23.4, 60 ÷ (1.6 × 1.6) = 23.4
체중을 측정하는 체질량지수(BMI)
비만을 판정하는 방법 중 하나로 [체중(kg) ÷ (신장 ×신장)(m)) 로 구한다. 20미만은 저체중, 20~24.9 은 정상, 25~29.9는 과체중 (1도비만) 30~40 비만(2도 비만) , 40.1 이상이면 고도비만이다.

19. 치유농업 프로그램 계획서 작성 설명으로 바르지 않은 것은?

① 프로그램의 목적 및 목표가 우선 설정되어야 한다.
② 목적 및 목표 설정 후 대상자 또는 치유농업 전문인력이 프로그램 계획서를 작성한다.
③ 대상자의 유형, 대상자의 기능, 저체 프로그램의 횟수, 프로그램 시간, 실시 시기, 시설의 상황 등에 따라 프로그램이 달라질 수 있다.
④ 치유농업 프로그램명은 설정 후 변경이 어려우니 신중히 고려하여야 한다.

정답 및 해설: ④, 프로그램 이름은 향후 수정할 수 있다.

20. 치유프로그램 작성시 고려사항으로 보기 어려운 것은?

① 기록과 결과평가가 어려우면 평가는 하지 않아도 된다.
② 프로그램의 특성을 정확히 파악하여야 한다.
③ 프로그램은 대상자가 중심이 되어야 한다.
④ 모교 지향적이고 의도적인 프로그램이여야 한다.

정답 및 해설: ①, 평가 혹은 검사지를 통해 객관적·과학적 결과를 도출하여야 한다.

21. 치유농업 프로그램 대상자별 특성과 프로그램 상의 유의점으로 바르지 않은 것은?

① 정신 장애인은 공격성 완화를 위해 파괴행동이 허락되는 공간이 필요하다.
② 고령자는 오감을 자극하는 식물 사용으로 흥미를 유발한다.
③ 지적 장애인은 어린 시절을 회상할 수 있는 재료를 사용한다.
④ 지체장애인은 활동량이 많은 대상자 및 놀이에 견딜 수 있는 튼튼한 식물을 사용한다.

정답 및 해설: ③, '어린 시절을 회상'은 고령자 대상의 설명이다. 지적 장애인은 인지적 능력에 맞는 단계적 작업이 요구된다.

22. 치유농업 프로그램 단위활동 계획 초안 작성 설명으로 바르지 않은 것은?

① 도입, 전개, 정리 단계로 작성한다.
② 도입단계는 진행자와 대상자간의 관계를 형성하는 단계로서 대상자의 긴장완화가 요구 된다.
③ 전개단계는 어떤 농업·농촌활동이 이루어지는지, 그 농업 활동이 왜 치유적인지, 치유 적이기 위해서 어떻게 접근할 것인지가 포함된다.
④ 정리단계는 질문 등을 통해서 대상자의 언어적 반응을 확인한다.

정답 및 해설: ④, 언어적 반응 뿐만 아니라 비언어적 반응도 확인하여야 한다.

23. 치유농업 프로그램 완성 및 개요작성의 설명으로 바르지 않은 것은?

① 활동 계획서가 작성되면 치유농업시설의 구성원이나 자문단을 대상으로 실제 프로그램의 시연을 한 후 개선사항을 반영하여 최종적으로 프로그램을 완성한다.
② 감성체험 자원 분석은 감성을 자극하는 이야기, 경험, 깨달음 등 소비자에게 들려주고 싶은 이야기를 찾고 그 내용을 적어 둔다.
③ 프로그램 자원 분석 순서는 감각체험, 감성체험, 인지체험, 행동체험, 관계체험의 순으로 살펴볼 수 있다.
④ 치유농업 프로그램 자원분석중 감각체험 자원 분석은 농장을 찾는 소비자들이 배웠

으면 하는 내용을 중심으로 한다.

정답 및 해설: ④, '소비자들이 배웠으면 하는 내용을 중심으로'는 인지체험 자원 분석이다.

24. 치유농업 프로그램 작성 시 고려사항에 해당하지 않는 것은?

① 정보수집 및 요구분석에 기초하여 작성된 프로그램
② 목표 지향적이고 의도적인 프로그램
③ 농업활동 및 식물이 주는 장점을 최대한 활용한 프로그램
④ 운영자 중심적 프로그램

정답 및 해설: ④

25. 치유농업 프로그램 단위 활동 계획서 중 도입에 해당 하지 않는 것은?

① 도입은 대상자에게 동기 부여와 치유 목적과 목표를 전달하기 위한 과정이다.
② 단위활동 초안작성에서 보다 구체적으로 치유농업 활동을 계획하여 작성한다.
③ 대상자 또는 참여그룹 소개, 준비한 활동 및 활동 소재 소개, 소재와 활동 또는 일상에 대한 대상자와의 대화, 활동의 치유 목표 전달을 포함한다.
④ 일반적으로 도입과정에 전체 프로그램 시간의 50~60% 정도의 시간을 배정한다.

정답 및 해설: ④, 일반적으로 도입과정에 전체 프로그램 시간의 10~20% 정도의 시간을 배정한다.

04. 04차시 출제예상문제 및 해설

1. 치유농업 프로그램의 구성요소에 해당되지 않는 것은?

① 대상과 목적 ② 자원과 기술 ③ 계획된 활동 ④ 농업생산계획

정답 및 해설: ④

2. 다음 예시에서 프로그램 목표를 올바르게 설정하기 위해서 프로그램이 지향하는 바를 인식하고 고려할 사항을 바르게 선택한 것은?

> 가. 프로그램 잠재적 고객집단의 파악
>
> 나. 프로그램 목표의 미달성 시 목표를 달성하기 위한 재실행 계획수립
>
> 다. 실현 가능한 요구를 토대로 구체적인 프로그램 목표를 진술함
>
> 라. 프로그램 목표가 환경맥락의 변화추세 및 프로그램 제공기관이나 후원단체 등의 이념이나 방향과 일관되도록 설정함
>
> 마. 프로그램의 적절한 규모와 범위 및 기간을 결정함
>
> 바. 가시적 성과측정이 가능하도록 프로그램 목표를 설정하고, 그 성과를 홍보에 활용함

① 가-나-다-라-마-바   ② 가-나-라-바-마
③ 가-다-라-바-마   ④ 가-나-다-라-마

정답 및 해설: ③, 나'는 틀린 내용임, 재실행계획 수립 않음

3, 대상자 특징 및 수준에 따른 내용 조정 중 바르지 못한 것은?

① 유·아동이나 지적장애 등을 가진 대상의 경우에는 쉬운 용어로 설명
② 유·아동이나 지적장애의 경우 설명의 방법을 묘사하듯 자세히 단계적으로 시범을 보임
③ 교육정도가 높은 성인에게 아동을 대하는 듯한 태도나 수준에 맞지 않은 용어를 사

용하 는 것은 지향

④ 교육정도가 높은 성인은 철학적 질문을 던짐으로써 자신의 삶을 돌아보고, 의미부여를 할 수 있는 기회를 제공

정답 및 해설: ③, 교육정도가 높은 성인에게 아동을 대하는 듯한 태도나 수준에 맞지 않은 용어를 사용하는 것은 지양

4. REBT 집단상담의 다양한 기법 중 인지적 기법에 해당되지 않는 것은?

① 암시와 자기 암시 ② 방어의 해석 ③ 대안의 제시 ④ 역할 연기

정답 및 해설; ④

5. REBT 집단상담의 다양한 기법 중 정서적 기법이 바르지 못한 것은?

① 합리적 정서 상상: 대상자가 불쾌한 장면을 상상하고 감정의 기초가 된 신념들에 집중함
② 무조건적 수용: 대상자가 자기 자신을 적극적, 능동적으로 수용할 수 있도록 함
③ 전환방법: 신체적 활동을 통해 패배적인 자기교시 대신 활동에 집중하도록 함
④ 역할 연기: 대상자의 정서를 이끌어내기 위해 타인과의 상호작용을 행동화 함

정답 및 해설: ③

6. 치유농업 프로그램 작성 시 고려사항이 아닌 것은?

① 정보수집 및 요구분석에 기초하여 작성된 프로그램
② 농업활동 및 식물이 주는 장점을 최대한 활용한 프로그램
③ 활동의 모든 단계가 범주화/세분화되고 의도적으로 조직화된 프로그램
④ 기록과 결과 평가가 가능한 프로그램

정답 및 해설: ③

7. 치유농업 프로그램 대상자별 프로그램상의 유의점이 바르게 연결되지 않은 것은?

번호	대상자	프로그램 상의 유의점
①	정신장애인	- 개인적 공간 확보 - 개인작업과 그룹작업 제공
②	지적장애인	- 최대한의 자극재료와 안전대책 - 참가자의 인지적 능력에 맞는 단계적 작업
③	시각장애인	- 접근용이성 및 단순한 활동 - 환경에 대한 인식과 판단이 용이하도록 하는 대책 필요
④	지체장애인	- 폭넓은 표현이나 자극을 가능케 하는 식물 및 소재 - 활동량이 많은 대상자 및 놀이에 견딜 수 있는 튼튼한 식물 사용

정답 및 해설: ①

8. 치유농업 프로그램 단위활동 계획 초안 작성에 대한 설명으로 옳지 않은 것은?

① 치유농업 프로그램 초안은 형식에 크게 구애 받지 말고, 프로그램을 수행할 순서에 따라 형식에 맞게 나열식으로 작성한다
② 프로그램은 단회기로 완료될 수도 있으며, 여러 회기가 연속될 수도 있다.
③ 여러 회기 연속형 프로그램을 계획한다면 대상자의 상황 및 적절한 치유효과 도출을 위한 시설 방문 간격을 결정해야 한다.
④ 프로그램 초안 작성 시에는 가능한 도입, 전개, 정리의 순서로 작성한다.

정답 및 해설: ①, 형식에 맞게=> 자유롭게

9. 다음 중 REBT(인지정서행동치료)이 기법을 순서대로 바르게 나열한 것은?

① 선행사건=> 논박=> 효과=> 결과=>신념 ② 선행사건=> 신념=>결과=>논박=>효과
③ 신념=>선행사건=> 효과=> 논박=> 결과 ④ 신념=>선행사건 =>결과=> 효과=> 논박

정답 및 해설: ②, 1권 교재 96쪽과 연계해서 풀이할 것

10. 다음은 학교생활 부적응 청소년의 자아존중감을 위한 REBT기법을 이용한 원예프로그램 과정으로 바르게 연결된 것은?

학교생활 부적응 청소년의 자아존중감을 위한 원예프로그램 과정(국화 꺾꽂이)						
선행사건(A)	신념(B)		결과(C)		논박(D)	효과(E)
국화 꺾꽂이를 하였으나 뿌리가 내리지 못함	비합리적 신념	합리적 신념	바람직하지 않는 결과	바람직한 결과	꺾꽂이 잘하는 좋은 방법이 없을까?	실수로부터 뭔가 배우려고 노력한다면 꺾꽂이를 하지 않을 이유는 없다
	가	나	다	라		

① 가-뿌리를 잘 내리게 하는 다른 방법을 찾아야 한다.
② 나-다시는 꺾꽂이를 하지 않겠다.
③ 다-내가 꺾꽂이를 하면 절대로 뿌리를 내리지 못한다.
④ 라-다시 국화 꺾꽂이를 해 본다.

정답 및 해설: ④

　　　　가 - 내가 꺾꽂이를 하면 절대로 뿌리를 내리지 못한다.
　　　　나 - 뿌리를 잘 내리게 하는 다른 방법을 찾아야 한다.
　　　　다 - 다시는 꺾꽂이를 하지 않겠다.
　　　　라 - 다시 국화 꺾꽂이를 해 본다.

11. 다음은 치유농업 프로그램 대상자 분석의 활동 중 대상자의 치유문제 파악에 관한 내용이다. ( )안에 공통으로 들어갈 단어로 옳은 것은?

> 치유농업 프로그램 개발자가 치유농업 프로그램으로 접근하고 싶은 주 대상자의 주요 치유문제를 명확히 하여 간략하게 작성한다. 이때 대상자의 치유문제 뿐만 아니라 그 문제의 (　　)도 함께 작성한다. 그러나 그 (　　)과 문제는 농장주의 추론에 의한 것이어서는 안되며 관련문헌 등을 활용하여 문제와 (　　)에 대한 근거를 명확히 확보해야 한다.

① 결과 ② 원인 ③ 해결방법 ④ 내용

정답 및 해설: ②

> 치유농업 프로그램 개발자가 치유농업 프로그램으로 접근하고 싶은 주 대상자의 주요 치유문제를 명확히 하여 간략하게 작성한다. 이때 대상자의 치유문제 뿐만 아니라 그 문제의 (원인)도 함께 작성한다. 그러나 그 (원인)과 문제는 농장주의 추론에 의한 것이어서는 안되며 관련문헌 등을 활용하여 문제와 (원인)에 대한 근거를 명확히 확보해야 한다.

12. 치유농업 프로그램 초안 작성에 관한 설명 중 틀린 것은?

① 프로그램 초안은 형식에 크게 구애 받지 않는다.
② 프로그램 초안 작성 도입단계에서는 진행자와 대상자간의 관계를 형성하는 단계이다.
③ 프로그램 초안 작성 전개단계에서는 어떤 농업·농촌활동이 이루어지는지가 포함되도록 작성한다.
④ 프로그램 초안 작성 정리단계에서는 본격적인 활동이 이루어지는 시기이다.

정답 및 해설: ④

> 프로그램 초안 작성 정리단계에서는 수행했던 활동을 정리하고 질문 등을 통하여 대상자의 언어적, 비언어적 반응을 확인하며 도입단계에서 설정 또는 공유하였던 치유목적을 달성하였는지에 대해 확인하도록 작성한다.

13. 치유농업 프로그램 실행을 위한 운영인력에 관한 내용으로 옳지 않는 것은?

① 치유농업 프로그램의 운영은 치유농업시설 내 전문인력만 담당한다.
② 상황에 따라 고용된 외부 전문인력, 외부 치유기관에서 파견된 인력에 의해 진행될 수 있다.
③ 치유농업 프로그램의 목적, 운영인력의 전문성 및 자격에 따라 프로그램의 주 진행자, 보조진행자, 자원봉사자 등으로 구분된다.
④ 필요한 경우 운영인력에게 사전교육을 실시한다.

정답 및 해설: ①

14. 치유농업 프로그램 진행 사전준비에 맞지 않는 것은?

① 예행연습(리허설) ② 숙박 및 음식 준비
③ 치유농업 프로그램 준비 ④ 시설안내 및 사전 안전교육

정답 및 해설: ④

#치유농업 프로그램 진행 사전 준비
• 예행연습(리허설) • 이동수단의 확보 • 숙박 및 음식 준비
• 치유농업 프로그램 준비 • 안전관리 • 대체 프로그램 선정

15. 치유농업 프로그램 사전준비 내용과 맞는 것은?

단계별	준비 내용
① 예행연습(리허설)	치유농업 프로그램의 주요 활동에 대한 사전 준비 상태를 점검한다.
② 치유농업 프로그램 준비	프로그램 실행 전에 세부 일정표에 따라 프로그램의 장소, 필요 장비, 소요 시간, 이동경로, 안내 포인트 등을 정한다.
③ 대체 프로그램 선정	기상악화에 대비한 프로그램이 준비되어야 하며, 실내에서 대체할 수 있는 프로그램 및 공간이 마련되어야 한다.
④ 안전관리	프로그램 참여일정 및 인원에 따라 적절히 조절해야 하며 프로그램 대상자가 원할 경우 농가 민박도 활용이 가능하도록 준비해야 한다.

정답 및 해설: ③

① 예행연습(리허설)-프로그램 실행 전에 세부 일정표에 따라 프로그램의 장소, 필요 장비, 소요 시간, 이동경로, 안내 포인트 등을 정한다.
② 치유농업 프로그램 준비-치유농업 프로그램의 주요 활동에 대한 사전 준비 상태를 점검
③ 대체 프로그램 선정- 기상악화에 대비한 프로그램이 준비되어야 하며, 실내에서 대체할 수 있는 프로그램 및 공간이 마련
④ 안전관리-치유농업 프로그램이 이루어질 장소에 대한 안전점검이 사전에 이루어져야 하며, 사고 와 부상에 신속하게 대응할 수 있도록 긴급 상황에 대한 후송수단 및 비상연락망이 갖추어져야 한다.

16. 치유농업 프로그램 대상자 분석 시 활동의 설명으로 바르지 않은 것은?

① 주 대상자의 나이 대와 특징, 인원 등을 작성한다.
② 대상자의 치유문제를 파악하여 간략히 작성한다.
③ 치유농업의 대상은 초기단계에서는 비장애, 비질환 대상을 주 고객으로 한 예방형을 중심으로 하고 중장기적으로는 장애와 질환을 가진 대상으로 치료 및 재활형으로 접근한다.
④ 치유농업 프로그램 개발자는 대상자의 주요 치유 문제를 명확히 하여 작성하되, 문제의 원인은 파악하기 어렵다.

정답 및 해설: ④, 문제의 원인도 파악하여 함께 작성한다.

17. 치유농업 프로그램 실행계획 수립으로 보기 어려운 것은?

① 프로그램이 이루어질 장소에 대한 안정정감은 계획대로 진행을 하나 프로그램 당일에도 반드시 확인하여야 한다.
② 프로그램 계획서를 작성한 후 프로그램 실행의 운영인력을 확인하여 사전준비를 하여야 한다.
③ 치유농업 프로그램 진행 전, 프로그램 대상자의 특성 파악, 치유 핵심자원 및 시설환경점검, 인력 점검, 예행연습(리허설) 등 사전준비를 철저히 하여 대상자들의 프로그램 만 족도를 높이도록 한다.
④ 예행연습, 이동수단의 확보, 숙박 및 음식 준비, 치유농업 프로그램 준비, 안전 관리, 대체프로그램 선정등의 사전 준비가 필요하다.

정답 및 해설: ①, 장소에 대한 안전점검은 사전에 이루어져야 한다.

18. 치유농업 프로그램 사례 및 벤치마킹으로 바르지 않은 것은?

① 프로그램은 도입, 전개, 정리로 구성을 한다.
② 프로그램의 목적, 평가항목 및 평가시기, 준비물, 시간을 확인한다.
③ 활동소감 나누기 시간을 따로 배정하지 않고 수시로 진행을 하는 것이 더 좋다.
④ 대상자의 특징을 잘 파악하여 진행을 하되 특히 연령에 맞는 내용으로 구성을 한다.

정답 및 해설: ③, 마무리(정리) 단계에서 소감나누기를 한다.

19. 사례 프로그램 설명으로 바르지 않은 것은?

① 프로그램 명에서 내용이 구체적으로 인식할 수 있어야 한다.
② 주 대상에 맞는 프로그램 수준을 선정한다.
③ 목적이 뚜렷이 제시되어야 한다.
④ 사전 사후 평가 및 사중평가도 중요하다.

정답 및 해설: ④, 기본적으로 사전 사후 평가가 진행된다.

20. 치유농업 프로그램 계획안 작성의 설명으로 바르지 않은 것은?

① 요악하여 구분영역과 내용을 분류하여 실습명, 소요시간, 목적, 순서, 재료·자료, 도구, 안전·유의사항을 정검해 본다.
② 프로그램 초안으로 작성된 내용을 바탕으로 실제 시연 가능한 치유농업 프로그램 계획안 을 최종적으로 개발한다.
③ 프로그램 계획안을 최종적으로 개발하면 운영기관의 구성원이나 자문단을 대상으로 실제 프로그램을 시연 후 수정 및 개선사항을 반영하여 최종적으로 프로그램을 완성한다.
④ 최종적으로 완성된 프로그램을 설명할 수 있는 1~2문장의 프로그램 개요를 작성하며 프 로그램 개요에는 프로그램 주 대상자의 치유목적으로 구성한다.

정답 및 해설: ④, 프로그램 개요는 활용하는 대표자원(식물, 동물 등), 수행하는 대표 활동, 주대상자, 치유목적이 포함되도록 작성한다.

21. 치유농업 프로그램 시설점검 및 안전관리에 대한 설명 중 옳지 않은 것은?

① 프로그램 실행 전에 안전사고를 예방하기 위해 시설점검과 안전관리가 필요하며 이는 운영자와 운영기관에게만 해당한다.
② 치유농업 프로그램 실행 전 시설을 준비 점검하여 대상자의 안전성과 이용 편리성을 높이도록 한다.
③ 치유농업 프로그램이 진행될 진행장소, 외부환경, 활동 및 휴게시설, 편의시설 등 각각의 시설환경은 점검표를 활용하여 상태를 파악한다.
④ 프로그램 운영 중 운영인력은 대상자들의 안전보호장비 사용 등 사전안전교육 및

안전관리계획에 따라 각종 안전사항이 준수되고 있는지 확인한다.

정답 및 해설: ①, 안전사고 예방을 위한 안전관리는 운영자, 운영기관, 프로그램 대상자에게도 해당한다.

22. 치유농업 프로그램 대상자 안전관리에 대한 설명이다. ㉠과 ㉡에 알맞은 말을 고르시오.

> 치유농업 프로그램 대상자 안전수칙에는 (㉠)대응수칙과 (㉡)대응수칙으로 구성된다. (㉠)에는 사고로 인한 의식저하 또는 호흡곤란, 찰과상 등 피부 손상 및 출혈, 독성식물이나 곤충으로 인한 부상, 화상 또는 동상 등으로 구분된다. (㉡)에는 태풍, 호우, 홍수, 폭염, 폭설, 지진, 산불, 건물붕괴, 폭발·화재 등이 있다

① ㉠ 안전사고, ㉡ 응급 사고   ② ㉠ 안전사고 ㉡ 재난사고
③ ㉠ 재난사고 ㉡ 화재 사고   ④ ㉠ 응급사고 ㉡ 화재사고

정답 및 해설: ②, 치유농업 프로그램 대상자 안전수칙은 안전사고대응수칙과 재난사고대응수칙으로 구성된다.

23. 안전사고 대응수칙이다. 프로그램 활동 중에 실시 될 사항이 아닌 것은?

① 안전관리 총괄책임자 및 관리책임자 지정
② 안전요원 배치
③ 안전수칙에 따른 프로그램 운영
④ 안전관리 사항 사전안내

정답 및 해설: ①

　　　　　* 안전사고 대응수칙
　　　　　1) 사전준비 : 안전사고 관리계획 수립, 안전관리 총괄책임자 및 관리책임자 지정, 안전교육 이수, 안전시설 및 안전표지판 점검
　　　　　2) 프로그램 활동 중 : 안전관리 사항 사전안내, 활동 안전수칙 고지, 안

전요원 배치, 안전수칙에 따른 프로그램 운영

3) 사고 발생 시 : 대응요령에 따라 신속히 대응, 비상연락망에 따라 유관 기관 등에 신고

4) 사후관리 : 사고 후속처리 및 처리 과정 모니터링, 위로, 사고처리 만족도 조사, 재발방지대책 및 안전사고 관리계획 등 보완

24. 안전사고 발생 초기 대응요령이다. 잘못된 것은?

① 프로그램 활동 중 골절이나 탈구, 수지절단, 화상, 물놀이 사고, 호흡곤란 등이 발생한 경우에는 10분 이내에 119에 신고하고 응급조치를 실시한다.
② 식중독이나 집단급식소 이용으로 인한 음식위생사고 발생 시 60분 이내에 119에 신고 및 병원 및 보건당국에 신고한다.
③ 안전사고 원인으로 의심되거나 집단으로 제공된 음식 및 급식현장은 재감염 우려가 있으므로 깨끗하게 정리하고 소독한다.
④ 수지절단 시 지혈하고 절단 부위를 마른 거즈로 싸 비닐봉지나 방수 용기에 담아 얼음 위에 보관한다.

정답 및 해설: ③, 급식현장은 그대로 보존한다

25. 소방·전기·가스시설의 안전관리에 관한 설명이다. 알맞지 않은 것은?

① 소방·전기·가스시설의 공통 항목으로 관리자 소방교육, 시설·장비 파손 여부, 작동 여부 확인한다.
② 소방·전기·가스시설의 정기점검은 월 1회, 종합정밀점검은 연 2회 실시한다.
③ 전기시설의 안전관리 항목은 누전차단기 작동, 배선 등 내구연한 경과 여부 등이다.
④ 소방·시설물 관리의 사전 준비 세부절차는 안전관리체계 및 교육, 소방시설의 사용 및 점검, 피난 및 방화시설의 유지관리, 안전운영 안내 게시판 등이 있다.

정답 및 해설: ②, 소방·전기·가스시설의 정기점검은 월1회, 종합정밀점검은 연 1회 실시한다.

05. 05차시 출제예상문제 및 해설

1. 치유농업 프로그램에 대한 설명이다. 다음 설명 중 바른 것을 고르시오.

① 치유농업 프로그램 진행 시, 대상자 환영 시간에는 방문한 이력이 있는 대상자에게는 설 명을 생략해도 된다.
② 프로그램 대상자들에게는 시설 안내 시, 기본적인 안전수칙이나 주의사항들을 구체적으 로 자세하고 길게 설명하는 것이 중요하다.
③ 치유농업시설주의 가족에 대한 소개글을 프로필에 넣는다.
④ 새로운 활동을 기획 할 경우, 보호자 동반이 필수적이다.

정답 및 해설: ③, 치유농업시설에서 제공해야할 기본적인 프로필 참조
① 방문 및 이용경험이 있는 대상자라도 재차 설명하면서 환대받고 있다는 느낌이 들도록 분위기를 조성한다.
② 프로그램 대상자들을 환영 한 후, 시설을 안내하면서 대상자들에게 기본적인 안전수칙이나 주의사항을 간단명료하게 설명하는 것이 중요하다.
④ 새로운 활동을 기획 할 경우, 주의사항 등을 점검하고 보호자를 동반할 것인지 여부 확인

2. 치유농업 프로그램 진행 중에 안전사고 발생 시 초기대응으로 맞지 않는 것은?

① 골절 탈구 시 부목으로 고정하며 불편하지 않게 뼈를 맞춘다.
② 화상을 입었을 때에는 찬물로 10분 이상 씻은 후 거즈로 화상 부위를 덮는다.
③ 호흡 곤란 시에는 사고자 뒤에서 주먹으로 상복부를 강하게 밀쳐 올린다.
④ 설사 증세가 있을 경우 탈수 방지를 위해 수분을 섭취한다.

정답 및 해설: ①, 골절, 탈구 시 부목으로 고정시키고 뼈를 직접 맞추지 않는다.

3. 다음 중 치유농업 프로그램 평가자료 수집방법이 아닌 것은?

① 대상자 관계자 면담을 통한 방법 ② 자기보고에 의한 방법
③ 점검목록표에 의한 방법 ④ 기록물 내용분석법

정답 및 해설: ④, 포럼만 대집단 학습법이다.

4. 치유대상자 요구분석에 대한 설명 중 틀린 것은?

① 대상자 수, 시간, 비용에 대한 분석이 포함된다.
② 프로그램에 참여하게 될 고객의 특성과 상황을 파악하고 해석한다.
③ 평가는 프로그램 시작 전과 프로그램 완료 후 최소 2회 실시하는 것이 적절하다.
④ 치유효과 분석 방법으로 델파이 기법 등이 있다.

정답 및 해설: ④, 델파이 기법은 치유효과 분석법이 아닌 소규모 전문가 집단의 합의점을 도출하는 의견 수렴 과정임.

5. 체질량지수에 대한 설명으로 틀린 것은?

① 체중(kg)을 신장(m)의 제곱으로 나눈 값이다.
② 체질량지수가 클수록 건강한 편이다.
③ 나이와 성별은 체질량지수에 영향을 미치지 않는다.
④ 체질량지수를 통하여 어떠한 질병에 걸릴 확률이 높은지 예측할 수 있다

정답 및 해설: ②

6. 생리적 기능에 대한 평가지표의 설명으로 잘못된 것은?

① 심장이 수축할 때 혈압이 가장 높고, 이완할 때 혈압이 가장 낮다.
② 수축기 혈압이 110mmHg, 이완기혈압이 80mmHg이면 맥압은 30mmHg이다.
③ 정상인의 안정 시 맥박수는 유아 120~130회/분, 초등학생 80~90회/분, 성인 70회/분 정도 이다.
④ 피부전기활동(GSR)은 근섬유들의 수축에서 발생하는 생체전위를 기록한다.

정답 및 해설: ④, EMG에 대한 설명이다.

7. 다음 중 스트레스 호르몬은?

① 도파민(dopamine) ② 세로토닌(serotonin)
③ 코티졸(cortisol) ④ 아드레날린(adrenaline)

정답 및 해설: ③

8. 신체적 경험이나 신체적 기능향상과 관련된 자극, 운동 뿐만 아니라 장기적인 행동패턴이나 라이프 스타일을 의미하는 프로그램은?

① 고구마 캐기 ② 접시정원만들기 ③ 식물에 물주기 ④ 봉숭화 스토리 텔링

정답 및 해설: ①

9. 기분과 감정을 일으키는 체험 자원으로 즐거움, 자부심, 쾌락, 감동, 사랑, 낭만, 흥분, 향수, 안심, 행복감, 만족감, 평화로움 등의 감정을 일으키는 치유 프로그램은?

① 고구마 캐기 ② 접시정원만들기 ③ 식물에 물주기 ④ 봉숭화 스토리 텔링

정답 및 해설: ④

10. 활동을 통하여 타인, 사회, 국가 또는 문화적 의미와 연결하는 경험이며, 혈연이나 집단 소 속감과 같이 사회적 범위, 사회적 역할, 사회적 영향, 사회적 정체성등에 대해 경험할 수 있 는 자원을 무엇이라고 하는가 ?

① 인지체험자원 ② 관계체험 자원 ③ 행동체험자원 ④ 감성체험자원

정답 및 해설: ②

11. 다음과 같은 치유농업 프로그램의 목표가 이루어졌을 경우 어떤 효과가 있는지요?

- 활동 결과물을 타인에게 선물할 수 있다.
- 활동 동안에 자신이 수행한 활동에 대하여 비하하거나 불만을 표시하지 않을 수 있다.
- 자발적으로 새로운 활동계획이나 창의적인 활동을 계획할 수 있다.
- 자발적으로 다음 활동에 대한 제안을 할 수 있다.

① 자존감 향상 ② 불안감 감소 ③ 사회성 개선 ④ 인지도 향상

정답 및 해설: ①, 11번 문제는 교재 1건 참조

12. 다음과 같은 치유농업 프로그램의 목표가 이루어졌을 경우 어떤 효과가 있는지요?

- 20분 이상 실외 산책에 참석할 수 있다.
- 활동 동안 치료사와 눈을 5번 이상 맞출 수 있다.
- 10분 이상 협력하여 활동하는 작업에 참여할 수 있다.
- 동료에게 먼저 인사를 건네고 협동 활동에서 자발적 의사표현을 할 수 있다.

① 자존감 향상 ② 불안감 감소 ③ 대인관계능력 향상 ④ 인지도 향상

정답 및 해설: ③

13. 다음과 어떠한 유형의 대상자에 대한 특징인가요?

- 낮은 의사전달능력
- 이해력과 집중력 저하
- 타인에 대한 높은 의존도
- 신체장애 동반 가능

① 정신 장애인 ② 지적 장애인 ③ 지체 장애인 ④ 고령자

정답 및 해설: ②

14. 다음과 어떠한 유형의 대상자에 대한 특징인가요?

- 다양한 원예적 지식
- 신체허약(장기간 활동 어려움)
- 건망증
- 경쟁이나 대화를 좋아함

① 정신 장애인 ② 지적 장애인 ③ 지체 장애인 ④ 고령자

정답 및 해설: ④

15. 치유농업 프로그램 개발시 다음 사항을 유의해야할 대상자는?

> • 기존 원예활동의 지속성 부여
> • 단순하고 난이도가 낮은 신체적 활동
> • 오감을 자극하는 식물 사용으로 흥미 유발
> • 다양한 식재시설(높은 화단이나 컨테이너)
> • 그룹 활동 및 가정에서도 가능한 활동

① 정신 장애인 ② 지적 장애인 ③ 지체 장애인 ④ 고령자

정답 및 해설: ④

16. W. Glasser가 주창한 심리치료 방법으로 인간의 모든 행동(혹은 생각, 감정)은 자신이 스스로 선택한 결과이기 때문에 치유농업고객의 건전한 가치관에 따라 스스로 문제를 해결하도록 하는 치료기법으로 WDEP(want-doing-evaluation-plan)단계를 따르는 것은?

① 현실요법(치료) ② 인지정서행동치료 ③ 자기평가요법 ④ MBTI요법

정답 및 해설: ①

17. 감각운동 요소와 꽃꽂이 활동을 잘 못 연결한 것은?

① 감각인식 ·················· 꽃꽂이에 필요한 재료들을 눈감고 구별하기
② 입체인지지각 ············ 꽃의 형태를 만지고 이름 맞히기
③ 신경근육의 근긴장 ······ 작업의 집중 시간을 조절하여 꽃기
④ 운동조절 ·················· 넝쿨 종류를 엮거나 감아 작품 완성하기

정답 및 해설: ④, 지구력에 대한 설명임

18. 치유농업 시설에서 제공해야할 기본적인 프로필이 아닌 것은?

① 치유농업시설 소개에 대한 안내(사진 등)
② 농업활동에 대한 간략한 소개(시설규모, 주변환경, 가축, 작물 등)
③ 연간 활동 목록(중요 활동, 매년 바뀌는 활동 등)
④ 치유농업시설 운영주의 학력, 전공 등

정답 및 해설: ④

19. 치유농업 프로그램 운영 중 안전사항이 아닌 것은?

① 안전사고가 높은 어린이, 노약자 등은 유심히 관찰한다.
② 안전 미준수 행동이 발생할 때 프로그램 직후에 주의를 시킨다.
③ 프로그램 운영 중 자력 모니터링이 불가할 경우 안전사고전담요원을 활용한다.
④ 참여자들의 안전보호 장비사용 등 안전교육, 안전관리계획에 따라 확인한다.

정답 및 해설: ②

20. 치유농업 프로그램 운영자 및 운영인력의 안전관리 구성요소가 아닌 것은?

① 프로그램 참여자 안전관리   ② 시설물 및 위험지역 안전관리
③ 소방, 전기, 가스시설 안전관리   ④ 주변 공공시설의 안전관리

정답 및 해설: ④

21. 치유농업 프로그램 진행 시 안전사고 대응수칙이 틀린 것은?

① 응급상황 시 사고자에게 응급조치를 한다.
② 사고 현장에 남아있는 참여자들의 안전을 확보한다.
③ 골절, 탈구, 수지절단, 화상, 물놀이 중 호흡곤란 시 15분 이내로 119에 신고한다.
④ 식중독이나 집단급식소 위생사고 발생시 현장을 그대로 보존한다.

정답 및 해설: ③, 10분 이내로 신고한다.

22. 치유농업 프로그램 활동 시 안전사고 발생 초기 대응이 아닌 것은?

① 물놀이 사고 시 인공호흡, 심폐소생술 실시
② 화상은 흐르는 찬물로 10분 이상 씻은 후 거즈로 화상부위를 덮는다.
③ 수지절단은 지혈하고, 절단부위를 마른 거즈로 싸 비닐봉지나 방수 용기에 담고 얼음 위에 보관한다.
④ 골절, 탈구는 뼈를 당겨서 맞춘다.

정답 및 해설: ④

23. 의식저하 및 호흡곤란을 일으키는 참여자에 대한 응급조치로 바르지 못한 것은?

① 환자 반응, 상태를 확인하고 119에 연락한다.
② 근처에 있는 성인이 심폐소생술을 실시한다.
③ 출혈여부를 확인한다.
④ 기도를 확보한다.

정답 및 해설: ②

24. 성인 심정지 환자의 기본소생술 지침의 순서로 맞는 것은?

① 환자 반응 평가- 신고 및 제세동기 요청- 맥박 및 호흡 확인- 고품질의 가슴압박 실시- 기도 유지- 인공호흡
② 환자 반응 평가- 맥박 및 호흡 확인- 신고 및 제세동기 요청- 고품질의 가슴압박 실시- 기도 유지- 인공호흡
③ 맥박 및 호흡 확인- 신고 및 제세동기 요청- 환자 반응 평가- 고품질의 가슴압박 실시- 기도 유지- 인공호흡
④ 환자 반응 평가- 맥박 및 호흡 확인- 신고 및 제세동기 요청- 고품질의 가슴압박 실시- 인공호흡- 기도 유지

정답 및 해설: ①

25. 심정지 환자의 기본소생술을 실시할 때 올바른 방법이 아닌 것은?

① 맥박 및 호흡확인은 10초 이내로 한다.
② 가슴압박 위치는 가슴뼈의 아래쪽 절반 부위에 실시한다.
③ 압박 속도는 30회의 가슴압박을 최소 15~18초 이내에 실시한다.
④ 가슴압박 중단의 최소화는 2회의 인공호흡을 30초 이내에 시행한다.

정답 및 해설: ④, 가슴압박 중단의 최소화는 2회의 인공호흡을 10초 이내에 시행한다.

06. 06차시 출제예상문제 및 해설

1. 독성식물, 곤충이나 동물로 인한 부상을 당한 경우 처치방법으로 옳지 않은 것을 고르시오.

① 독성 식물과 접촉 후에는 찬물로 나무진을 씻어내고 충분한 양의 과산화수소로 닦아낸다.
② 벌에 쏘인 경우, 핀셋을 이용하거나 신용카드 등으로 밀어서 벌침을 제거한다.
③ 뱀이나 광견병 동물에 물린 경우, 상처 부위를 깨끗이 씻고, 지혈 한 후 즉시 병원으로 이송한다.
④ 동물로부터 물리거나 찔렸을 경우 냉찜질을 해준다.

정답 및 해설: ④, 독성 식물과 접촉 후에는 비누와 찬물로 나무진을 씻어내고 충분한 양의 알코올로 닦아낸다.

2. 화상 또는 동상이 걸렸을 경우 처치 방법으로 틀린 것은?

① 화상 부위는 흐르는 물로 차갑게 식힌다.
② 물집은 소독된 거즈로 느슨하게 드레싱을 한다.
③ 동상이 발생 한 경우에는 동상부위를 원래 색깔이 될 때까지 문질러준다.
④ 동상이 발생 한 경우에는 멸균된 거즈를 사이사이에 넣어준다.

정답 및 해설: ③, 화상 또는 동상 참조.
기온 저하 등으로 동상이 발생한 경우, 동상 부위를 움직이거나 문지르면 더욱 손상이 커 지므로, 동상 부위를 원래의 색깔이 될 때까지 따뜻하게 해준다.

3. 의식저하 및 안전사고 발생 시 대처 요령으로 옳은 것은?

① 호흡이 없으면 즉시 흉부압박 20회에 인공호흡 2회의 심폐소생술을 실시한다.
② 출혈이 심한 상처는 심장에서 먼 부위를 묶어 즉시 지혈을 한다.
③ 염좌가 발생한 경우에는 손상된 골절부위가 움직이지 않도록 고정시켜준 후 온찜질

을 하고, 병원으로 이송하여 치료를 받게 한다.
④ 출혈이 있으면 직접압박, 혈관 압박, 지혈대 사용 등을 통해 적극적으로 지혈한다.

정답 및 해설: ④
① 호흡이 없으면 즉시 흉부압박 30회에 인공호흡 2회의 심폐 소생술을 실시한다.
② 출혈이 심한 상처는 심장에 가까운 부위를 묶어 즉시 지혈을 하며, 깨끗한 찬물이나 얼음을 이용하여 찜질한다.
③ 손상된 골절부위가 움직이지 않도록 고정시켜준 후 냉찜질을 하고, 병원으로 이송하여 치료를 받게 한다.

4. 치유농업이 진행되는 시설에서 발생할 수 있는 재난사고는 자연재난과 인적·사회 적재난으로 구분된다. 다음 중 자연재난에 해당되지 않는 것은?

① 태풍 ② 홍수 ③ 산불 ④ 폭설

정답 및 해설: ③, 산불 → 인적, 사회적 재난

5. 재난사고 발생 초기 대응 요령으로 옳지 않은 것은?

① 화재 발생시 연기가 있는 경우 낮은 자세를 취한다.
② 바람의 반대 방향으로 산불구역보다 높은 곳으로 대피한다.
③ 감전, 가스중독의 경우 의식·호흡이 없는 경우에는 심폐소생술을 실시한다.
④ 산사태나 폭우 발생시 산림 내에 잇을 경우 계곡부에서 벗어나 높은곳으로 피신한다.

정답 및 해설: ②

6. 소화기 종류별 사용방법에 대한 내용이다. 옳지 않은 것은?

① 분말 소화기는 바람을 등지고 호스를 불쪽으로 향하게 잡는다.
② 유류화재의 경우 투척용 소화기는 발화점에 직접 던져 화재 부위를 덮도록 한다.
③ 목재 화자의 경우 투척용 소화기는 발화점에 직접 던진다.

④ 아파트나 빌딩 등 대형건물의 옥내 소화기는 노즐을 단단히 잡고 불이 타는 곳을 향해 직접 물을 뿌린다.

정답 및 해설: ②

7. 치유농업 프로그램의 운영인력에 대한 평가내용과 거리가 먼 것은?

① 외현(연출된 외모) ② 행동 ③ 전문성 ④ 관심

정답 및 해설: ④

8. 치유농업 프로그램 평가시기에 대한 설명으로 옳지 않은 것은?

① 평가시기는 평가결과에 영향을 미치는 요인이 된다.
② 사전평가와 사후평가로 프로그램 실행 전후의 평가내용을 비교 분석한다.
③ 프로그램이 끝난 직후 평가하는 경우에는 평가내용 회수율이 낮다.
④ 일정시간이 지난 후 평가하는 경우 객관적인 평가를 하는데 도움이 된다.

정답 및 해설: ③

9. 프로그램 평가자 설정 및 평가장소에 대한 설명 중 틀린 것은?

① 평가대상과 상관없이 평가자는 항상 고정적으로 유지하는 것이 좋다.
② 운영인력이 평가할 수도 있고 참여한 대상자들이 평가할 수도 있다.
③ 평가장소가 평가결과에 영향을 미칠 수 있다.
④ 평가자 입장에서 장소의 쾌적성이나 환경조건 등을 평가할 수 있다.

정답 및 해설: ①

10. 치유농업 프로그램 평가방법에 대한 설명 중 틀린 것은?

① 평가방법은 목적, 평가자, 평가내용 등에 따라 달라진다.
② 검사지 또는 설문지를 이용한 평가는 질문의 맥락을 이해하고 평가할 수 있는 참여자에게만 이용이 가능하다.
③ 검사지 또는 전문도구를 통한 효과평가는 결과를 정량화할 수 있다.

④ 만족도나 프로그램 개선사항에 관한 평가시에는 제한된 질문으로 구성된 설문지를 활용하여 정보를 얻는 것이 바람직하다.

정답 및 해설: ④

11. 치유농업 프로그램 평가 결과 분석의 내용으로 틀린 것은?

① 자료분석은 평가방법에 따라 다양할 수 있다.
② 전문성을 필요로 하는 분석 등은 계획단계에서 자료분석을 누가 진행할지 결정해야 한다.
③ 평가자료 분석을 위해서는 기본적인 통계분석 능력만 있으면 충분하다.
④ 평가자료 분석을 데이터를 체계적으로 정리한 것을 바탕으로 진행한다.

정답 및 해설: ③

12. 치유농업 프로그램 결과보고에 대한 설명으로 옳지 않은 것은?

① 평가자료분석은 데이터들을 체계적으로 정리해 둔 것에 지나지 않는다.
② 자료분석을 통해 도출된 평가결과를 바탕으로 활용방안을 도출한다.
③ 활용방안을 도출할 때는 실제 시행 가능한 대안을 제시한다.
④ 평가결과를 바탕으로 제시한 대안이 이상적이거나 실효성이 떨어지더라도 프로그램을 개선하거나 보완하는데 적절히 활용할 수 있다.

정답 및 해설: ④

13. 일반적인 치유농업 프로그램 평가 구분과 거리가 먼 것은?

① 목적·목표 달성평가 ② 상황평가 ③ 자원·도구평가 ④ 안전평가

정답 및 해설: ④

14. 치유농업 프로그램이 시행되는 장소와 시기, 치유농업 단위활동 프로그램 중 운영자와 대상자의 상호관계와 대상자간의 상호관계, 대상자와 비대상

자간의 상호 관계, 프로그램 분위기 등을 파악하고 이를 평가하는 것을 무엇이라 하는가?

① 목적·목표 달성평가 ② 상황평가 ③ 자원·도구평가 ④ 사후평가

정답 및 해설: ②

15. '치유농업 프로그램 운영 중 상황평가'에 대한 설명 중 틀린 것은?

① 진단평가 또는 모니터링 평가라고 한다.
② 프로그램의 결과나 효과 보다는 진행되는 과정에 초점을 두고 평가한다.
③ 체계적인 피드백을 제공하여 프로그램을 향상하는데 목적을 둔다.
④ 프로그램이 실시되는 통제가능한 주변 여건을 파악하고 수정·보완한다.

정답 및 해설: ①

16. '치유농업 프로그램 완료 후 평가'에 대한 설명 중 틀린 것은?

① 일명 목적·목표 달성평가라고도 한다.
② 프로그램의 목표달성 및 효과성 여부를 개별적으로 평가한다.
③ 효과에 대한 경험적 자료를 수집하여 프로그램의 가치를 산출한다.
④ 만족도가 높거나 효과가 좋을 경우 프로그램을 확장한다.

정답 및 해설: ②

17. '경제적 효율성 평가'에 대한 설명으로 거리가 먼 것은?

① 투입된 예산과 자원 대비 산출된 결과물에 대한 것이다.
② 편익 비용에 대해 평가하는 것으로 일반적으로 프로그램 시작 전 수행된다.
③ 투입예산 대비 어느 정도 경제적 부가가치가 창출했는지 효율적이었는지 등의 투자 수익률을 확인할 수 있다.
④ 대상자가 치유농업 프로그램 참여여부를 결정할 때 도움이 된다.

정답 및 해설: ②

18. 프로그램 전 참여자의 상태를 파악하기 위해 이루어지는 평가는?

① 목적·목표 달성평가 ② 상황평가 ③ 대상자 진단평가 ④ 경제적 효율성 평가

정답 및 해설: ③

19. 치유농업 프로그램은 평가 시기에 따라 평가결과에 영향을 미치게 되는데, 다음 중 프로그램이 끝난 직후 평가하는 경우의 특징이 아닌 것은?

① 평가 내용의 회수율이 높다
② 프로그램에 대한 객관적인 평가를 하는데 도움이 된다.
③ 대상자들이 빨리 돌아가고자 하는 마음에 진지하게 평가에 임하지 않는다.
④ 간단하고 짧게, 상황에 영향을 미치지 않는 내용을 평가한다.

정답 및 해설: ②

20. 치유농업 프로그램 평가 방법에 관한 설명이다. 틀린 것은?

① 평가 방법이 평가자에게 적합한 방법인지 고려해야 한다.
② 객관적인 효과검증을 위해 평가의 목저과 내용에 맞는 신뢰도와 타당도가 검증된 설문지 를 사용해야 한다.
③ 검사지 또는 전문 도구를 통한 효과평가는 결과를 정량화할 수 있다.
④ 대표적인 검사지 또는 설문지를 통한 평가는 보편적으로 누구에게나 사용 가능하다.

정답 및 해설: ④

21. 피부손상, 출혈 시에 나타나는 증상과 대처방안으로 잘못된 것은?

① 찰과상, 베임, 찔림 등으로 출혈이 발생할 때 감염 방지에 주의한다.
② 상처 부위를 깨끗하게 씻어낸 다음 소독된 거즈, 붕대로 드레싱 후 의사의 치료를 받는다.
③ 출혈이 심한 상처는 심장에 가까운 부위를 묶어 지혈한다.
④ 염좌 발생 시 손상 부위가 움직이지 않도록 고정 후 냉찜질 후 병원치료를 받게한다.

정답 및 해설: ②

상처부위가 더러울 경우 흐르는 깨끗한 물로 이물질만 걷어내듯이 씻은 다음 소독된 거즈붕대로 드레싱 후에 의사의 치료를 받게 한다.

22. 치유농업 프로그램 운영 평가항목과 가장 관계가 먼 것은?

① 사전 준비 - 활동에 대한 사전 준비 및 날씨에 대한 대비, 청결상태 등을 점검
② 진행능력- 활동에 대한 설명, 진행의 매끄러움, 복장, 대상자의 수준에 맞는 운영과 진행 등을 점검
③ 대상자 만족도- 흥미도나 재참여 여부 등 점검
④ 안전관리-안전교육 이수, 안전시설 및 안전표시판 점검

정답 및 해설: ④

* 치유농업 프로그램 운영 평가항목
① 사전준비-각 프로그램의 사전준비, 날씨 대비준비사항, 청결 상태 등
② 진행능력-활동에 대한 설명, 진행의 매끄러움, 복장, 대상자의 수준에 맞는 운영과 진행 등
③ 프로그램 운영-식사, 이동 시 불편사항 여부, 프로그램 간 연계, 설명 장소의 적합성 등
④ 상황대처 및 서비스-운영인력의 친절도, 위생상태, 프로그램 기록, 특이상황에 대한 대처 등
⑤ 대상자 만족도- 흥미도나 재참여 여부 등 점검

23. 치유농업 프로그램 평가의 역할과 목적에 대한 설명이 잘못 된 것은?

① 치유농업 프로그램 대상자의 요구 충족 여부를 파악한다.
② 치유농업 프로그램 목표 달성을 위한 진행과정 및 절차를 개선한다.
③ 치유농업 프로그램의 지속 또는 폐지 의사결정 자료로 사용한다.
④ 치유농업 프로그램 평가의 역할 및 목적이 중복되어서는 안 된다.

정답 및 해설: ④

24. 치유농업 프로그램 평가에 대한 설명이 틀린 것은?

① 최근 단위 활동별 수행능력에 관한 평가는 전적으로 관찰법에 의존하고 있다.
② 효과평가는 목적·목표 달성 평가 또는 대상자 평가라고도 한다.
③ 치유농업 프로그램 단위활동 수행능력 평가는 일종의 효과평가에 해당한다.
④ 만족도 평가 중 가장 일반적으로 사용되는 방법은 설문 방법이다.

정답 및 해설: ①

25. 다음 괄호 안에 들어갈 적절한 말은?

> 평가도구의 신뢰도는 (　　　　)로 나타낸다. 이 계수는 0에서 1 사이의 값을 가지게 되는데, 값이 높을수록 신뢰도가 높은 평가도구이며, 일반적으로 크론바흐 알파계수가 0.6 이상인 평가도구를 선택한다.

① 크론바흐 알파계수　② 독립표본 t-검정계수
③ 모수표본 알파계수　④ 대응표본 t-검정계수

정답 및 해설: ①

07. 07차시 출제예상문제 및 해설

1. 치유농업 프로그램 평가과정을 순서대로 바르게 나열한 것은?

① 평가의 목적=〉 자료수집=〉 수집된 자료 분석=〉 평가도구 선정=〉 환류개선=〉 결과보고서 작성
② 평가의 목적=〉 평가도구 선정=〉자료수집=〉 수집된 자료분석 =〉 환류개선=〉결과보고서작성
③ 평가의 목적=〉 자료수집=〉 수집된 자료분석=〉 평가도구 선정=〉 결과보고서 작성=〉 환류개선
④ 평가의 목적=〉 평가도구 선정=. 자료수집=〉 수집된 자료분석 =〉 결과보고서 작성=〉 환류개선

정답 및 해설: ④

: 치유농업 프로그램의 평가과정은 1) 평가의 목적을 확인하고, 2) 프로그램의 목표와 운영방법, 대상자를 파악하여 구체적 평가계획을 수립하고 평가도구를 선정하며, 3) 평가를 실시하여 자료를 수집하고, 4) 수집된 자료를 분석하며, 5) 결과 보고 및 활용방안을 도출하는 과정을 거쳐 마지막으로 결과보고서를 작성한다. 평가는 결과보고서 작성으로 끝나는 것이 아니라, 보고된 평가 결과가 향후 프로그램 개선에 반영되는 환류 개선 과정을 거쳐야 비로소 완결된다.

2. 다음 중 치유농업 프로그램의 평가목적이 아닌 것은?

① 프로그램 내용 개선 ② 대상자 선정
③ 프로그램 효과 검증 ④ 프로그램 지속여부 결정

정답 및 해설: ②

치유농업 프로그램의 평가목적은 치유농업 프로그램 내용 개선, 대상자 만족도 확인, 프로그램 효과 검증, 프로그램 지속 여부 결정 등으로 각기 다를 수 있다.

3. 다음 중 치유농업 프로그램 운영인력에 대한 평가내용이 아닌 것은?

① 프로그램 운영인력의 외현(연출된 외모) ② 프로그램 운영인력의 의사전달력
③ 프로그램 운영인력의 열의 및 열정 ④ 프로그램 운영인력의 주의 집중도

정답 및 해설: ④

4. 다음 중 평가방법에 영향을 미치는 것이 아닌 것은?

① 평가의 목적 ② 평가의 내용 ③ 대상자 ④ 평가자

정답 및 해설: ③, 평가의 목적, 평가자, 평가의 내용 등에 따라서 평가방법이 달라진다.

5. 치유농업 프로그램 평가자료 수집방법 중 문서나 서류점검을 통해 파악하기 곤란하거나 혹은 프로그램 평가를 위한 평가항목이나 근거 중에서 심층적으로 확인할 필요가 있을 경우 실시하는 방법은?

① 관찰에 의한 방법 ② 자기보고에 의한 방법 ③ 설문조사 ④ 면담을 통한 방법

정답 및 해설: ④

6. 치유농업 프로그램 평가의 역할 및 목적으로 바르지 않은 것은?

① 치유농업 프로그램의 목적 달성 여부를 과학적으로 판단
② 치유농업 프로그램 목표 달성을 위한 진행과정 및 절차 개선
③ 프로그램의 비용/효과를 결정하고, 예산타당성 근거 및 예산절감 방안 제시
④ 치유농업 프로그램 향상을 통한 치유농업 분야의 전문성 향상

정답 및 해설: ①

7. 치유농업 프로그램 이 시행되는 장소와 시기, 치유농업 단위 활동 프로그램 중 운영자와 대상자의 상호관계와 대상자 간의 상호관계, 대상자와 비대상자 간의 상호관계, 프로그램 분위기 등을 파악하고 이를 평가하는

평가는 무엇인가?

① 상황평가 ② 단위 활동 수행능력 평가 ③ 효과 평가 ④ 만족도 평가

정답 및 해설: ①

8. 목적.목표 달성 평가를 위한 성과 측면의 지표에 대한 설명으로 바르지 못한 것은?

① 시설 운영 측면-프로그램 인력 운영의 관리, 운영의 성과를 측정
② 시설 안전 측면-안전관리 대책, 재해 및 질병으로 부터의 안전성을 측정
③ 서비스 운영 측면-서비스 지원 체계, 농장주의 서비스 제공 수준을 측정
④ 이용자 만족도 측면-비용, 음식 및 산물의 수준, 종합만족도, 재방문 및 추천 의사를 측정

정답 및 해설: ①

9. 치유 농업 프로그램 평가시 평가주체에 따른 분류에 해당하는 것은?

① 대상자 평가 ② 외부평가 ③ 치유농업 운영인력 평가 ④ 공식적 평가

정답 및 해설: ②

10. 치유농업 프로그램 평가도구 중 심리정서적 영역에 속하지 않는 것은?

① 스트레스 척도 ② 학업적 자기효능감 척도
③ 일상생활능력 척도(ADL) ④ 자아존중감 척도

정답 및 해설: ③, 일상생활능력 척도(ADL)는 기능적 차원에서의 건강상태로 사회체계 내에서의 개인에게 부과된 역할을 효과적으로 수행할 수 있는지에 대한 능력의 여부로 평가하기 위해 개발한 척도이며, 신체적 영역에 해당됨

11. 치유농업 프로그램 운영 평가항목과 관계가 먼것은?

① 사전준비   ② 진행능력   ③ 안전대책   ④ 대상자 만족도

정답 및 해설: ③, ①, ②, ④ 외 프로그램 운영, 상황 대처 및 서비스 총 5개가 있음

12. 다음 중 1인당 교육장 시설기준은?

① 1 제곱미터   ② 2 제곱미터   ③ 3 제곱미터   ④ 4 제곱미터

정답 및 해설: ④

13. 요구파악을 위한 서베이 방법 중 응답에 대한 높은 통제력을 갖는 방법은?

① 우편조사   ② 전화조사   ③ 인터넷조사   ④ 대면조사

정답 및 해설: ②, 2권 241p에 나온 수련시설의 설치 기준은 인당 1 제곱미터 및 150명 이하

14. 참여자의 요구조건을 분석하기 위한 기법 중 전문가들의 식견, 직관 및 판단력을 효과적인 자원으로 활용하는 방법은?

① 무형식 요구분석기법   ② 결정적 사건분석법   ③ 서베이 기법   ④ 델파이 기법

정답 및 해설: ④

15. 델파이 기법에 관한 내용 중 옳지 않은 것은?

① 1950년대 미국의 Rand Corperation에서 개발된 의견조사방법이다.
② 일련의 질문지의 개발 및 응답수렴 과정을 통해 특정 주제에 대한 요구와 관련된 합의점을 도출해 내는 집단 의견수렴의 한 형태이다.
③ 미래를 예측했던 고대 그리스의 델파이 신전으로 거슬러 올라간다.
④ 프로그램 개발 전문가가 참여자와 매일 일상적인 접촉을 통해 이들의 요구를 파악하는 방법이다.

정답 및 해설: ④

16. 치유농업 프로그램 평가의 역할과 목적에 대한 설명이 잘못 된 것은?

① 치유농업 프로그램 대상자의 요구 충족 여부를 파악한다.
② 치유농업 프로그램 목표 달성을 위한 진행과정 및 절차를 개선한다.
③ 치유농업 프로그램의 지속 또는 폐지 의사결정 자료로 사용한다.
④ 치유농업 프로그램 평가의 역할 및 목적이 중복되어서는 안 된다.

정답 및 해설: ④

17. 치유농업 대상자 요구의 우선순위 설정과정 순서가 올바른 것은?

ⓐ 요구의 보편성과 중요도에 따라 순위별로 나열한다.
ⓑ 프로그램으로 개발될 요구를 선정하고, 이에 대한 당위성을 간략히 기술한다.
ⓒ 프로그램의 목표로 기술될 내용이 기관의 목적과 부합되는지를 점검한다.
ⓓ 측정된 모든 요구의 리스트를 작성한다.
ⓔ 요구분석의 결과를 프로그램의 구체적인 목표로 전환한다.

① ⓓ, ⓐ, ⓑ, ⓔ, ⓒ ② ⓐ, ⓑ, ⓓ, ⓔ, ⓒ ③ ⓒ, ⓓ, ⓑ, ⓔ, ⓐ ④ ⓑ, ⓐ, ⓓ, ⓔ, ⓒ

정답 및 해설: ①

18. 다음 질문은 어떤 단계에서 할 수 있는 것인가?

• 대상 집단이 우리 치유 운영기관에서 제공하는 활동에 적합한 사람들인가?
• 어떤 대상 집단이 내가 제공하는 활동을 필요로 하는가?
• 대상 집단에 대한 치유 활동을 위한 재정이 확보 되었는가?
• 평소 염두에 두었던 대상 집단에 접근 가능한가?

① 참가자 집단 선택시 ② 기관환경분석시 ③ 소비자 파악시 ④ 프로그램 모형개발시

정답 및 해설: ①

19. 프로그램 개발 상황분석을 위해 함께 이루어져야 하는 분석 중 해당되지

않는 것은?

① 지역사회 분석　② 운영기관 분석　③ 사회적 추세 분석　④ 프로그램 대상자 분석

정답 및 해설: ④

20. 치유농업 프로그램 개발 상황분석에 관한 설명이다. 옳지 않는 것은?

① 치유농업 프로그램 운영기관이 보유하고 있는 자원을 분석하는 것은 치유농업 프로그램 개 발을 위한 첫 과정이다.
② 인지체험 자원이란 신체적 경험이나 신체적 기능향상과 관련된 자극, 운동 뿐만 아니라 장 기적인 행동패턴이나 라이프 스타일을 의미한다.
③ Berned schmitt의 체험을 구성하는 전략적 체험모듈에 기반하여 감각, 감성, 인지, 행동, 관 계, 체험자원으로 구분하여 상황분석을 실시할 수 있다.
④ 관계체험 자원이란 활동을 통하여 타인, 사회, 국가 또는 문화적 의미와 연결하는 경험이며, 혈연이나 집단 소속감과 같이 사회적 범위, 사회적 영향, 사회적 정체성 등에 대해 경험하 는 것이다.

정답 및 해설: ②

21. 다음에 대해 질문하는 어떤 체험의 자원분석에 해당될까요?

〈다음〉

우선, 우리 농장의 인적, 물적, 문화, 활동 자원들을 활용하여 우리 농장을 찾아온 소비자들이 집단 (그룹, 단체) 으로 수행해야 하는 활동과 그 활동을 통해서 깨달을 수 있는 것은 무엇인지 질문해야 한다. 다음으로 우리 농장에서 어떤 활동을 하면 소비자들은 '다른 사람들과, 그들이 속한 사회, 또는 국가에 대해 어떤 생각을 가질 수 있을까? 에 대한 질문을 해야한다. 마지막으로 우리 농장에서 어떤 활동을 하면 소비자들은 '내 역할, 내가 가진 영향력, 소속감' 등에 대해 어떤 생각을 가질 수 있을까? 에 대한 질문을 해야한다.

① 관계체험 자원분석　② 행동체험 자원분석
③ 인지체험 자원분석　④ 감성체험 자원분석

정답 및 해설: ①

22. 치유농업 프로그램 초안 작성 절차에 적합하지 않은 것은?

① 도입 ② 정리 ③ 전개 ④ 평가

정답 및 해설: ④

23. 프로그램의 구성요소가 아닌 것은?

① 대상과 목적 ② 자원과 기술 ③ 예산 ④ 계획된 활동

정답 및 해설: ③

24. 치유농업 프로그램 참여 대상자 정보수집 내용에 속하지 않는 것은?

① 가족 상황 ② 선호하는 음식 ③ 가족력 ④ 선호하는 색

정답 및 해설: ②

25. 치유농업 프로그램 운영자 및 운영인력은 개인정보보호법 및 관련된 법률에 따라 대상자의 개인정보를 안전하게 보관 및 관리해야 한다. 개인정보보호법의 내용 중 옳지 않은 것은?

① 개인정보처리자는 개인정보의 처리 목적을 명확하게 하여야 하고 그 목적에 필요한 범위에 서 최소한의 개인정보만을 적법하고 정당하게 수집하여야 한다.
② 개인정보처리자는 개인정보의 처리 목적에 필요한 범위에서 개인정보의 정확성, 완전성 및 최신성이 보장되도록 하여야 한다.
③ 개인정보처리자는 개인정보를 익명 또는 가명으로 처리할 수 없으므로 실명으로 처리하여 야 한다.
④ 개인정보처리자는 개인정보 처리방침 등 개인정보의 처리에 관한 사항을 공개하여야 하며, 열람청구권 등 정보주체의 권리를 보장하여야 한다.

정답 및 해설: ③

08. 08차시 출제예상문제 및 해설

1. 프로그램 평가과정이 바르게 연결된 것은?

① 평가목적 설정 → 평가계획 수립 → 자료 수집 → 자료 분석 → 결과보고 및 활용방안 도출 → 결과보고서 작성 → 향후 프로그램 개선에 반영
② 평가목적 설정 → 평가계획 수립 → 자료 분석 → 자료 수집 → 결과보고 및 활용방안 도출 → 결과보고서 작성 → 향후 프로그램 개선에 반영
③ 평가목적 설정 → 자료 분석 → 자료 수집 → 평가계획 수립 → 결과보고 및 활용방안 도출 → 결과보고서 작성 → 향후 프로그램 개선에 반영
④ 평가목적 설정 → 자료 수집 → 자료 분석 → 평가계획 수립 → 결과보고 및 활용방안 도출 → 결과보고서 작성 → 향후 프로그램 개선에 반영

정답 및 해설: ①

2. 치유농업 프로그램 평가내용 해당 하지 않는 것은?

① 프로그램 운영인력 ② 프로그램 대상자
③ 프로그램 운영 장소 ④ 치유농업 프로그램 실행과정

정답 및 해설: ③

치유농업 프로그램 평가 시 평가내용은 크게 프로그램 운영인력, 프로그램 대상자, 그리고 치유농업 프로그램 실행과정으로 구분할 수 있다.

3. 치유농업 프로그램 평가자료 수집 방법 중 다음의 방법은 무엇에 해당 되는가?

- 문서나 서류점검을 통해 파악하기 곤란하거나 혹은 프로그램 평가를 위한 평가항목이나 근거 중에서 심층적으로 확인할 필요가 있을 경우
- 참가자와 치유농업사 등을 대상으로 근거자료를 수집하기 위하여 실시하는 방법별 면담이나 집단면담, 포커스 그룹면담 등의 방법을 적용

① 관찰에 의한 방법 ② 면담을 통한 방법 ③ 자기보고에 의한 방법 ④ 기록물 내용분석법

정답 및 해설: ②

4. 효과평가에 대한 설명 중 바르지 않은 것은?

① 목적 · 목표 달성 평가 또는 대상자 평가라고도 한다.
② 실행된 치유농업 프로그램이 대상자들에게 어떠한 영향을 끼쳤는지, 프로그램을 실행하 기 전에 계획했던 목적과 목표에 얼마나 근접했는지를 평가하는 것이다.
③ 치유농업 프로그램 단위활동 수행능력 평가는 대상자가 매회 또는 주기적으로 수행하는 단위 활동 중 수행능력 정도를 평가하는 것이다.
④ 수시로 대상자 진단평가를 실시하여 프로그램 수행능력에 대한 변화를 파악하여 최적 상태에서 프로그램이 수행될 수 있도록 한다.

정답 및 해설: ③

치유농업 프로그램 단위활동 수행능력 평가는 대상자가 매회 또는 주기적으로 수행하는 단위 활동 중 수행능력 정도를 평가하는 것으로 일종의 효과평가에 해당한다.

5. 치유농업 프로그램 평가 주체는 크게 내부평가와 외부평가로 나누지만, 평가 주체를 사람 을 대상으로 구분할 때 그 대상에 해당 하지 않는 경우는?

① 치유농업 담당 공무원이 응답하는 경우
② 자격을 갖춘 전문가가 평가를 하는 경우
③ 치유농업 운영자가 실시하는 경우
④ 대상자의 상태를 잘 알고 있는 가족이나 교사 등

정답 및 해설: ①

평가를 받는 대상자가 직접 평가도구를 자가 응답하는 경우, 자격을 갖춘 전문가가 평가를 하는 경우, 치유농업 운영자가 실시하는 경우, 대상자의 상태를 잘 알고 있는 가족이나 교사 등으로도 구분할 수도 있다.

6. 효과영역별 평가도구 설명으로 바르지 않은 것은?

① 신체적 영역의 효과 평가도구 및 평가지는 일상생활능력, 신체활동, 손 기능에 대 한 측정을 한다.
② 생리적 검사의 측정 변인은 체온, 혈압, 심박변이도 코디졸, 손전기전도도, 뇌파, 근

전도 가 있다.
③ 심리적 영역의 효과 평가도구의 측정변인은 기분 상태, 고독감, 우울, 불안, 자아 존중감의 측정이 있다.
④ 사회적 영역의 효과 평가를 위한 측정 변인 중 대인관계의 측정은 친구, 가족, 주요 타 인을 하위차원으로 하여 개인이 지각하는 사회적지지 정도를 측정하는 것이다.

정답 및 해설: ④, 대인관계는 다른 사람과의 지속적인 상호작용을 측정하는 것이다. '친구, 가족, 주요 타인을 하위차원으로 하여 개인이 지각하는 사회적 지지 정도를 측정'은 사회적 지지를 측정하는 것이다.

7. 심리 정서적 영역의 효과 평가도구의 측정 변인으로 바르지 않은 것은?

① 대인관계 ② 자아존중감 ③ 자기 통합 ④ 삶의 질

정답 및 해설: ①, 대인관계는 사회적 영역. 심리정서적 영역: 기분상태, 고독감, 무력감, 우울, 불안, 자아존중감, 자아 통합, 자기효능감, 회복력, 통제감, 스트레스, 직무스트레스, 삶의 질 등

8. 신체적 영역 설명으로 바르지 않은 것은?

① 수정 바델 지수(Modified Bathel Indes, MBI)는 1965년 Mahoney가 개발한 Barthel Indes를 Shah, Vanclay와 Cooper(1989)가 수정·보완한 일상생활 평가도구로서 점 수가 낮을수록 의존도가 높다는 것을 의미한다.
② 수단적 일상생활 수행능력(K-IADL)은 치매의 진행 정도를 파악하기 위해 사용되고 있다.
③ 기능적 독립수행 평가(FIM)은 일상생활동작 수행능력을 측정하는 도구로서 운동영역과 인지영역, 정서영역의 3개 하위영역으로 분류되고 있다.
④ 수단적 일상생활 수행능력(K-IADL)의 점수가 높을수록 일상생활 수행능력이 어려운 것으로 판단 한다.

정답 및 해설: ③, 기능적 독립수행 평가는 운동영역과 인지영역의 2개 영역을 측정한다.

9. 다음 설문검사의 설명으로 바르지 않은 것은?

① 1997년 world Health Organization(WHO)에서 Barbara Ainsworth 등이 개발한 척도로 일주일 동안 수행한 신체 활동 정도를 수치화한 것으로서 상대적 비교가 용이 하다.
② 노인의 신체활동 평가 척도(K-PASE)는 노인의 일상생활과 관련된 구체적 문항들을 활동 정도와 빈도에 따라 수치화하여 신체활동 수준을 측정한다. 총점이 높을수록 신체활동이 많은 것을 의미한다.
③ 체질량 지수척도(BMI)는 WHO에서 비만의 진단 기준 척도이며, 대상자의 키와 몸무게 에 따른 비만도를 측정하는 수치이다.
④ 체질량 지수에 따라 저체중(BMI 〈 18.5), 정상(18.5 ≤ BMI 〈 23), 과체중(23 ≤ BMI 〈 25)로 구분된다.

정답 및 해설: ④, 저체중, 정상, 과체중, 비만(BMI ≥ 25)으로 구분된다.

10. 신체적 영역 검사의 설명으로 바르지 않은 것은?

① 장악력 검사: 쥐기 검사(Grip strength)와 집기 검사(Pinch strength)는 근력과 신경의 기능 을 측정하는 중요한 지표이다.
② 장악력 검사는 신경 및 뇌기능의 이상 여부를 확인해 볼 수 있다.
③ Grooved Pegboard 검사는 시각-운동 협응능력을 필요로 하는 손의 기민성을 검사하는 것이다.
④ 간이치매검사(MMSE-K)는 지남력, 기억등록, 기억회상, 주의집중 및 계산, 언어기능, 이해 및 판단 등으로 구성되어 있다.

정답 및 해설: ④, 간이치매검사는 인지적 영역 검사이다. 나머지는 신체적 영역 검사임

11. 스트레스 척도, 학업적 자기효능감 척도는 치유농업 프로그램 평가도구 중 어느 영역에 포 함되는 것인가?

① 심리정서적 영역 ② 인지적 영역 ③ 사회적 영역 ④ 신체적 영역

정답 및 해설: ①

12. 치유농업 프로그램 평가도구 중 신체적 영역에 속하지 않는 것은?

① MBI ② K-IADL ③ POMS ④ FIM

정답 및 해설: ③, 기분 상태 측정척도 (Profile of States : POMS)- 심리정서적 영역

13. 치유농업 프로그램 평가도구 중 신체적 영역에 속하는 것은?

① 스트레스 척도 ② 학업적 자기효능감 척도 ③ 체질량지수 척도 ④ 자아존중감 척도

정답 및 해설: ③

14. 치유농업 프로그램 평가도구 중 사회적 영역에 속하는 것은?

① 의사소통 능력 척도 ② 삶의 질 척도 ③ 일상생활능력 척도 ④ 여가만족 척도

정답 및 해설: ①

15. 다음 괄호 안에 들어갈 적절한 말은?

> (   )는(은) 평가의 편리함, 높은 정확성, 일관성, 민감도, 그리고 통계 처리의 용이함 등으로 널리 사용되며 자조 활동과 운동성에 대한훈련 시 지표가 되고 있으며, 개발 당시의 검사-재검사 신뢰도는 .89, 검사자간의 신뢰도는 .95이다.

① 수단적 일상생활 수행능력(K-IADL) ② 기능적 독립수행 평가(FIM)
③ 일상생활능력 척도ADL) ④ 수정 바델 지수(MBI)

정답 및 해설: ④

16. 치유농업 프로그램 효과영역별 검사방법 중 성격이 다른 하나는?

① 집기 검사(Pinch strength) ② 인지선별검사(CIST)
③ Perdue Pegboard 검사 ④ Grooved Pegboard 검사

정답 및 해설: ②, 손기능 검사 아님

17. 치유농업 프로그램 평가도구 중 심리정서적 영역에 속하는 것은?

① 간이치매검사(MMSE-K) ② Grooved Pegboard 검사
③ 인지능력 선별 검사(CCSE) ④ 자아존중감 척도

정답 및 해설: ④

18. 치유농업 프로그램 평가도구 중 사회적 영역에 속하지 않는 것은?

① 대인관계 문제 척도(KIIP) ② 의사소통 능력 척도(PCI)
③ 양육스트레스 척도(PSI) ④ 재활용 환경의식 척도(kSI)

정답 및 해설: ④, 재활용 환경의식 척도(기타 영역)

19. 치유농업 프로그램 평가방법 중 통계분석 척도와 관계가 먼 것은?

① 독립척도 ② 서열척도 ③ 등간척도 ④ 비율척도

정답 및 해설: ①, 독립척도

20. 치유농업에서 사용가능한 통계 검정방법 중 성격이 다른 하나는?

① 만휘트니 U검정(Mann-Whitney U test) ② 피어슨상관(Pearson Correlation)
③ 크루스칼왈리스검정(Kruskal-Wallis test) ④ 카이제곱검정(Chi-square test)

정답 및 해설: ②

21. 치유농업의 통계 측정수준에 있어서 독립변수의 성격이 다른 하나는?

① 스피어맨의 로(Spreaman's Rho) ② t-검정(independent)
③ 중위수검정(median test) ④ 분산분석#(ANOVA)

정답 및 해설: ①

22. 치유농업 프로그램 평가 중에서 의사결정에 영향력이 가장 큰 것은 무엇인가?

① 운영인력에 의한 평가 ② 전문가에 의한 평가 ③ 참여자에 의한 평가 ④ 효과평가

정답 및 해설: ③

치유농업 프로그램 계획과정에서 가장 중요한 요소는 프로그램 참여자로, 그들의 요구를 반영하고, 참여자의 질환이나 장애 등 상황에 맞는 목적과 목표를 수립하여 참여자들의 만족도를 높이는 것이 중요하다.

23. 치유농업 프로그램 운영인력의 평가내용이 적절하지 않은 것은?

① 행동 ② 열의 및 열정 ③ 의사전달력 ④ 비용-효과 접근성

정답 및 해설: ④

프로그램 운영인력을 평가하는 항목으로는 참여자를 대하는 태도를 포함하여 프로그램 진행과정 중 운영인력에 의해 보여지는 모든 것이 평가내용이 될 수 있다.

24. '목표달성평가(효과평가)'에 대한 설명 중 틀린 것은?

① 프로그램 전후에 수집된 자료의 분석을 통해 이루어진다.
② 대부분 검사지 및 전문도구를 통한 측정결과는 수량화하기 어렵다.
③ 인터뷰나 관찰을 통해 수집된 수량화가 어려운 자료는 코딩작업으로 정리한다.
④ 치유농업 프로그램에 대한 만족도 평가를 시행할 수 있다.

정답 및 해설: ②

25. 다음 치유농업 프로그램 평가내용 중 그 성격이 다른 하나는?

① 수행능력 평가 ② 목적·목표달성평가 ③ 효과평가 ④ 대상자평가

정답 및 해설: ①

26. 치유농업 프로그램 평가에 대한 설명 중 틀린 것은?

① 치유농업 프로그램 단위활동 수행능력 평가는 상황평가에 해당된다.
② 제공된 치유농업 프로그램이 목적 달성에 적합했는지 파악할 수 있다.
③ 평가결과는 프로그램의 완성도를 높이는데 활용될 수 있다.
④ 프로그램의 만족도가 낮을 경우 중단 또는 폐지 가능하다.

정답 및 해설: ①, 효과평가에 해당

09. 09차시 출제예상문제 및 해설

1. 개인정보보호법의 제 30조 〈개인정보 처리방침의 수립 및 공개〉에서 개인정보처리자는 다음 각 호의 사항이 포함된 개인정보의 처리 방침(이하 '개인정보 처리방침'이라 한다)을 정 하여야 한다. 다음 각 호에 해당되지 않는 것은?

① 개인정보의 처리 대상
② 정보주체와 법정대리인의 권리 · 의무 및 그 행사방법에 관한 사항
③ 개인정보의 처리 및 보유 기간
④ 개인정보 보호책임자의 성명 또는 개인정보 보호업무 및 관련 고충사항을 처리하는 부서의 명칭과 전화번호 등 연락처

정답 및 해설: ①

2. 현재 처해있는 상태(what is)와 미래의 바람직한 상태(what should be) 사이에 존재하는 격 차 또는 조건을 지칭하는 단어로 프로그램 개발자가 이러한 차이나 조건을 파악해 내는 것 은 무엇인가요?

① 요구분석 ② 요구설계 ③ 요구조건 ④ 요구사건

정답 및 해설: ①

3. IPAQ 점수 환산법으로 옳은 것은?

① 걷기 활동 MET-min/week = 3.3 × 걷기를 한 시간 × 걷기한 걸음 수
② 중간 강도 활동 MET-min/week = 5.0 × 중간 강도 활동을 한 시간 × 중간 강도 활동일 수
③ 격렬한 활동 MET-min/week = 7.0 × 격렬한 활동을 한 시간 × 격렬한 활동일 수
④ 총 신체 활동량 = 걷기 활동 MET-min/week + 중감도 MET-min/week

정답 및 해설: ④

① 걷기 활동 MET-min/week = 3.3 × 걷기를 한 시간 × 걸은 일수
② 중간 강도 활동 MET-min/week = 4.0 × 중간 강도 활동을 한 시간 × 중간 강도 활동일 수
③ 격렬한 활동 MET-min/week = 8.0 × 격렬한 활동을 한 시간 × 격렬한 활동일 수

4. 한국형 UCLA 고독감 척도에 관한 설명이다. 괄호 안에 들어갈 말이 아닌 것은?

> Russell, Peplau, Ferguson(1978)이 개발하고 1980년에 수정 및 보완한 척도를 김옥수(1997)가 한국형으로 표준화한 척도를 인용했다. 사회적 관계를 기반으로 고독감 수준을 측정하기 위한 검사로, (   ),(   ),(   ) 과 같이 3개의 하위영역으로 구성되어 있다.

① 친밀감 부족 ② 부정적인 태도 ③ 사회적 주변인 부족 ④ 소속감 부족

정답 및 해설: ②

5. 일시적이고 변하기 쉬운 정동 상태를 빠르고 간편하게 규명하고자 하는 임상적인 필요성에 개발되었고 자기보고형 척도로서 7년 정도의 공교육을 받은 사람이면 누구나 쉽게 이해하고 검사를 수행할 수 있도록 제작된 심리정서적 평가도구는?

① 한국형 UCLA 고독감 척도 ② 무력감 척도
③ 기분 상태 측정척도 ④ 한국판 CES-D

정답 및 해설: ③

6. 치유농업 대상자의 진단평가에 해당되지 않는 것은?

① 심리적 진단평가 ② 생리적 진단평가
③ 사회적 환경 진단평가 ④ 지역적 환경 진단평가

정답 및 해설: ④

7. 심리검사의 종류는 그 수를 헤아릴 수 없을 정도로 많지만, 유형과 관계없이 다음과 같은 몇 가지 공통적인 특징을 갖고 있다. 특징에 관한 설명 중 틀린 것은?

① 심리검사는 개인의 대표적인 행동표본(behavior sample)을 심리학적 방식으로 측정한다. 개인 행동을 모두 측정해보지 않더라도 소수의 표본 행동을 측정한 결과를 바탕으로 개인의 전체적인 행동을 예견할 수 있게 해준다.
② 심리검사는 표준화(standardization)한 방식에 따른다. 표준화는 검사를 실시하고 채점하는 과정에서 절차의 동일성을 의미한다.
③ 심리검사는 체계적 과정이다. 심리검사 반응이 실시조건이나 채점방식의 차이에 따라 다르게 나타나는 것을 방지해 주고 검사 반응이 순수한 개인차를 나타낼 수 있도록 보장해 준다.
④ 심리검사에 대한 객관적 평가는 신뢰도(reliability)와 타당도(validity)를 결정한다. 신뢰도는 동일한 검사(identical test) 또는 동등한 형태의 검사(equivalent form)로 동일한 사람에게 재검사했을 때 관찰된 점수들의 일관성을 의미하며, 타당도는 그 검사가 측정하고자 한 것을 실제로 정확하게 측정하는지에 관한 정도를 점검하는 것이다.

정답 및 해설: ③

8. 치유농업 대상자의 심리검사 목적으로 맞지 않은 것은?

① 개인 행동의 예측 ② 자기이해의 분석 ③ 분류 및 진단 ④ 조사 및 연구

정답 및 해설: ②

9. 치유농업 프로그램 성과 측면의 지표 중 '이용자 만족도 측면'의 지표와 거리가 먼 것은?

① 체험비용 ② 음식 및 특산물의 수준 ③ 재방문 및 추천 의사 ④ 운영의 관리

정답 및 해설: ④

10. 치유농업 프로그램 평가 중 '외부 평가'에 대한 설명으로 틀린 것은?

① 평가결과에 내부평가에 비해 높은 신뢰도를 얻을 수 있다.
② 전문가들이 제안한 대안은 이상적인 대안을 제시할 수 있어 현장에서 바로 적용하기 어려운 한계가 있다.
③ 내부사정과 현황을 잘 알고 있는 동료 치유농업사들과 문제점을 공유하면 실현가능한 현실적인 대안 제시가 가능하다.
④ 전문가들이 평가를 하기 때문에 의사소통이나 상황 이해에 많은 시간이 소요되지 않는다.

정답 및 해설: ④

11. 치유농업 프로그램 평가절차의 순서는?

> ⓐ 자료분석 ⓑ 평가계획 수립 ⓒ 결과보고 및 활용방안 도출
> ⓓ 자료수집 ⓔ 평가목적 설정 ⓕ 결과보고서 작성 ⓖ 향후 프로그램개선에 반영

① ⓓ → ⓔ → ⓑ → ⓕ → ⓐ → ⓒ → ⓖ   ② ⓔ → ⓑ → ⓓ → ⓐ → ⓒ → ⓕ → ⓖ
③ ⓓ → ⓐ → ⓔ → ⓑ → ⓒ → ⓖ → ⓕ   ④ ⓔ → ⓐ → ⓑ → ⓓ → ⓕ → ⓒ → ⓖ

정답 및 해설: ②

12. 치유농업 프로그램 평가방법에 대한 설명 중 틀린 것은?

① 평가내용이 만족도를 조사하는 것인지, 프로그램에 대한 수정을 위해서 조사하는 것인지에 따라 평가방법이 달라질 수 있다.

② 객관적인 효과검증을 위해서 평가내용에 맞은 신뢰도와 타당도가 검증된 설문지를 사용해 야 한다.
③ 검사지 또는 전문도구를 통한 효과평가는 결과를 정량화하기 어렵다.
④ 만족도나 프로그램 개선사항에 관한 평가 시에는 제한된 질문으로 구성된 설문지 보다는 인터뷰를 통해 구체적인 정보와 대안을 얻는 것이 바람직하다.

정답 및 해설: ③

13. 치유농업 프로그램 평가 결과보고서에 대한 설명 중 맞는 것은?

① 치유농업 프로그램을 계획한 후 결과보고서를 작성한다.
② 진행된 프로그램을 프로그램 평가 결과보고서에 상세히 기술한다.
③ 환류 과정을 거치는 것은 평가에 꼭 필요한 것은 아니다.
④ 치유농업 프로그램을 개선에 반영하는 것이 중요하다.

정답 및 해설: ④

14. 치유농업 프로그램의 효과영역별 평가도구에 대한 설명이다. 옳지 않은 것은?

① 수정 바델 지수(MBI)는 일상생활 동작을 10개의 세부항목으로 나누고 점수가 낮을수록 의존도가 낮다는 걸 의미한다.
② 수단적 일상생활 수행능력(K-IADL)은 노인의 신체적 기능을 평가하기 위해 사용되며 점수가 높을수록 일상생활 수행능력이 어려운 것으로 판단한다.
③ 일상생활동작 수행능력을 측정하는 도구인 기능적 독립수행 평가(FIM)은 총 18문항으로 구성되어 있고, 신뢰도가 높은 편이다.
④ 일상생활능력 척도(ADL)는 노인의 생활능력 수준을 평가하며 총점이 높을수록 일상생활 능력이 높은 것을 의미한다.

정답 및 해설: ①

15. 프로그램의 효과를 정확하게 평가하기 위해서는 알맞은 평가도구 선정이 중요하다. 평가도구는 각 영역별로 구분할 수 있는데 인지적 영역에 대한 설명 중 옳은 것을 고르시오.

① 간이치매검사(MMSE-K)는 Folstein이 개발한 MMSE를 한국 실정에 적합하도록 번안된 것으로 정상 인지점수 범위는 20-30점 이다.
② 알츠하이머병 평가척도(ADAS-cog-K)는 기억, 언어, 시공간, 구성능력, 행위능력 등을 평가하며 총점이 높을수록 인지기능이 높은 것을 의미한다.
③ 인지능력 선별검사(CCSE)는 인지능력의 손상 정도를 평가하는 것으로 총 20문항으로 이루어져 있다.
④ 주관적 기억문제 호소 평가척도(SMCQ)는 노인의 주관적 기억문제 호소를 평가한다. 총점이 높을수록 주관적 기억 감퇴 수준이 낮은 것을 의미한다.

정답 및 해설: ②
　　　　　① 간이치매검사는 총 30점 만점으로 정상 인지점수 범위는 24-30점 이다.
　　　　　③ 인지능력 선별검사는 총 30문항으로 이루어져 있다.
　　　　　④ 주관적 기억문제 호소 평가척도는 총점이 높을수록 주관적 기억 감퇴 수준이 높은 것을 의미한 다.

16. 치유농업 프로그램 평가도구 중 심리정서적 영역의 설명으로 틀린 것은?

① 기분상태 측정척도(POMS)는 자기보고형 척도로 1점에서 4점까지 네 단계로 기분상태를 평가한다.
② 무력감 척도(Powerlessness Scale)는 자신의 삶의 사건에 대한 자신의 결정 능력이 없다고 느끼는 정도를 측정하며 총 16문항으로 구성된다.
③ 한국판 BDI 우울증 척도(K-BDI)는 우울증의 여부 및 생활 속에서 경험하는 우울한 감정의 수준을 평가하기 위한 목적으로 개발되었다. 총점은 63점으로 총점이 높을수록 우울감이 높은 것을 의미한다.
④ 아동용 우울 척도(CDI)는 아동 또는 청소년이 주관적으로 느끼는 우울한 감정 상태를 측정한다. 총 27문항으로 구성되며 총점이 높을수록 우울 정도가 심한 것으로 해석 한다.

정답 및 해설: ①

　　　기분상태 측정척도(POMS)는 0점에서 4점까지 다섯단계로 기분 상태를 평가한다.

17. 스트레스 측정도구에 대한 설명 중 바르지 않은 것은?

① 단축형 사회심리적 측정도구(PWI-SF)는 정신과적 문제진단을 위한 것으로 총점이 높을 수록 스트레스 수준이 낮은 것을 의미한다.
② 노인 스트레스 척도는 노인의 스트레스를 경제 영역, 관계 영역, 신체 영역, 생활 영역으로 세분화하여 살펴 볼 수 있는데 총점이 높을수록 스트레스 수준이 높은 것을 의미한다.
③ 초등학생용 학교 스트레스 척도는 아동기의 발달 특성을 고려하여 문항이 제작되었으며 총점이 높을수록 스트레스 수준이 높은 것을 의미한다.
④ 직무스트레스 측정도구 단축형(KOSS-SF)은 직무요구, 직무자율, 직무불안정, 관계갈등, 조직체계, 보상부적절, 직장문화 등 7개 영역을 100점으로 균등하게 환산하는 방식이다.

정답 및 해설: ①

　　　단축형 사회심리적 스트레스 측정도구(PWI-SF)는 정신과적 문제 진단이 아닌 일반인의 스트레스의 수준을 측정하기 위한 목적으로 총점이 높을수록 스트레스 수준이 높은 것을 의미한다.

18. 자아존중감과 자기효능감 척도에 대한 설명으로 옳은 것은?

① 한 개인의 자기 자신에 대한 가치 판단 또는 의식적인 평가 수준을 측정하는 것으로 Rosenberg 자아존중감 척도(RSES)를 사용하는데 점수가 높을수록 자아존중감이 낮은 것을 의미한다.
② 아동청소년 자아존중감척도(SEI)는 8개의 역채점 문항이 포함되어 있고 점수가 높을수록 자아존중감이 높은 것을 의미한다.
③ 유아용 자아존중감 척도(SLCS-R)는 상반되는 두 가지의 그림 중 유아가 자기 자신과 가 까운 상태의 그림을 하나 선택하게 한 후, 크기가 작은 사각형으로 그 해당 정도를 응답 하게 한다. 평가 점수가 높을수록 유아의 자아존중감이 낮다.

④ 학업적 자기효능감 척도는 중학교 3학년 대상으로 학업적 자기효능감 척도 개발 및 표준 화한 척도이다.

정답 및 해설: ②

① Resenberg 자아존중감 척도(RSES)는 총 10문항으로 구성되어 있으며 점수가 높을 수록 자아존 중감이 높은 것을 의미한다.
③ 유아용 자아존중감 척도(SLCS-R)는 자기 자신과 가까운 상태의 그림을 하나 선택하게 한 후, 크기 가 작고 큰 원으로 그 해당 정도를 응답하게 한다.
④ 중학생 3학년이 아닌 고등학생 1학년 대상

19. 치유농업프로그램의 프로그램의 효과를 평가할 때 아래의 척도 중 사회적 영역을 평가하 는 척도로 적절하지 않은 것은?

① 사회적 지지척도(MOS-SSS) ② 대인관계 문제척도 (KIIP)
③ 한국판 CES-D(CES-D) ④ 가족 응집성 및 적응성 척도

정답 및 해설: ③

: 사회적 지지도 척도(Medical Outcome Study Social Support Survey: MOS-SSS) Sherbourne과 Stewart(1991)에 의해 개발된 원 척도를 임민경(2003)등이 우리나라의 만 18세 이상 일반 성인에게 적용 가능하도록 수정 및 번안했다. 주변과의 정서적, 물질적 등의 상호작용을 평가하기 위한 문항으로 구성

: 대인관계 문제 척도(Korean Inventory of Interpersonal Problem: KIIP) Horowitz 등(1988)이 대인관계 문제 척도(IIP)를 개발하고 Alden, Wiggins와 Pincus(1990)가 문항수를 64문항으로 재구성한 것을 김영환 등(2002)이 한국 실정에 맞게 표준화 및 문항을 단축시켜 한국형 대인관계 문제 척도(KIIP)로 재구성했다. 주변인들과의 관계에서 자신이 느끼는 어려움 정도를 측정

: 한국판 CES-D(Center for Epide-miological Studies-Depression: CES-D) 미국정신보건연구원에서 개발된 Radloff(1977)의 우울 척도를 한국의 실정에 맞게 번안한 척도

: 가족 응집성 및 적응성 척도(Family Adaptability and Cohesion Evaluation Scale Ⅲ: FACES Ⅲ) Olson, Portner와 Levee이 1985년에 가족의 응집성 및 적응성 측정을 위해 개발한 원척도를 전귀연(1993)이 국내 실정에 맞게 수정 및 번안한 척도

20. 치유농업프로그램의 효과를 평가하기 위한 다양한 영역 중 기타영역에 대한 평가도구에 해 당되지 않는 것은?

① 원예치료 평가표 ② 국제신체활동 설문 검사
③ 곤충관찰일지 ④ 재활용 환경의식 척도

정답 및 해설: ②

* 국제신체활동 설문 검사(International Physical Activity Questionnaire, IPAQ)는 신체적 영역 평가도구로 일주일 동안 수행한 신체 활동 정도를 수치화하여 상대적 비교가 용이하다.
* 기타영역 평가도구는 농업 및 원예활동 관련 수행능력, 동물, 곤충관련 설문지, 친환경 재활용 관련 등 효과 영역별로 구분되지 않았지만 치유농업 프로그램에 사용되었거나 확장 가능한 평가도구를 소개한다.

21. 가설을 검증하는 방법인 추리통계 분석방법이 아닌 것은?

① SPSS ② t검정 ③ ANOVA ④ F검정

정답 및 해설: ①

* 추리통계는 가설을 검증하는 방법으로 t검정, F검정, 분산분석(ANOVA), 회귀분석 등의 통계 분석방 법이 있다
* 평가 자료의 통계분석은 주로 통계패키지 프로그램(SPSS: statistical package for social science)을 활용한다.

22. 치유농업에서 사용 가능한 통계방법 중 독립변수의 측정수준이 다른 통계 방법은 무엇인가?

① t-검정(independent) ② 크루스칼왈리스검정 (Kruskal-Wallis test)
③ 카이제곱검정(Chi-square test) ④ 스피어맨의 로(Spreaman's Rho)

정답 및 해설: ④

23. 치유농업 프로그램 결과보고서에서 평가 세부항목으로 옳지 않은 것은?

① 개요 작성 ② 확대 대상자 평가 ③ 현황분석 및 평가 ④ 개선 방안

정답 및 해설: ②
  * 치유농업 프로그램 결과보고서 세부 항목-개요작성, 현황분석 및 평가, 시설운영 평가, 프로그램운영 평가, 대상자 효과 평가, 만족도 수준 평가, 개선 방안 등

24. 통계의 유형은 기능에 따른 분류에서 기술통계 분석 방법과 거리가 먼 것은?

① 평균 ② 표준편차 ③ 백분율 ④ 분산분석(ANOVA)

정답 및 해설: ④, 기술통계 : 수량적 자료들을 있는 그대로 제시, 자료의 특성 및 집합을 효과적으로 요약 기술하는 방법으로 집단의 특성을 수량화하여 제시한다. 평균, 표준편차, 백분율, 빈도분포, 중앙치, 변량(분산) 등

25. 치유농업프로그램 평가 방법 중 기타 영역에 대한 평가도구에 해당되지 않는 것은?

① 원예치료 평가표 ② 곤충관찰일지
③ 대인관계 문제 척도(KIIP) ④ 재활용 환경의식 척도

정답 및 해설: ③, 기타영역 평가도구는 농업 및 원예활동 관련 수행능력, 동물, 곤충관련 설문지, 친환경 재활용 관련 등 효과 영역별로 구분되지 않았지만 치유농업 프로그램에 사용되었거나 확장가능한 평가도구를 소개하였다.

10. 10차시 출제예상문제 및 해설

1. 치유농업 서비스 평가시 이용자 만족도 관련 지표가 아닌 것은?

① 교통 접근성 ② 시설 입장료 ③ 프로그램 비용 ④ 주변 관광지 연계성

정답 및 해설: ④

2. 치유농업의 구성요소 중 활용자원이 될 수 없는 것은?

① 동·식물 ② 농촌 환경 및 문화 ③ 농산가공물 ④ 수산작업활동

정답 및 해설: ④

치유농업의 활용자원은 식물, 농작업장, 농촌 환경 및 경관, 농산가공물, 동물 등 농업이나 농촌자원과 관련된 모든 것이 치유농업의 자원이다.

3. 통계의 유형은 기능에 따른 분류에서 추리통계 분석 방법과 거리가 먼 것은?

① t검정 ② F검정 ③ 빈도분포 ④ 분산분석(ANOVA)

정답 및 해설: ③

추리통계 : 기술통계에서 더 나아가 주어진 자료를 통해 일반적인 현상을 추리하는데 초점을 둔다. t검정, F검정, 분산분석(ANOVA), 회귀분석 등

4. 치유농업 프로그램 평가 결과보고서 세부항목과 거리가 먼 것은?

① 개요 작성

② 신체기능 평가

③ 현황분석 및 평가

④ 프로그램 운영 평가

정답 및 해설: ②, 치유농업 프로그램 결과보고서 세부 항목: 개요작성, 현황분석 및 평가, 시설운영 평가, 프로그램운영 평가, 대상자 효과 평가, 만족도 수준 평가, 개선 방안 등

5. 치유농업 프로그램 평가결과 분석에서 비모수 검정에 대한 설명이 바른 것은?

① 모집단 분포에 관한 특정한 가정이 필요하지 않다. 명목척도이거나 서열척도가 적당하다.
② 모집단에서 표집한 표본의 분포가 정규분포를 이루어야 하며, 표본이 무작위로 선정되어야 하고, 점수들이 서로 독립적이어야 하며, 표본들의 분산이 동일해야 한다.
③ 치유농업 프로그램 참여군과 치유농업 프로그램 비참여군의 평가 점수를 집단 간 비교하 기 위해 활용한다.
④ 치유농업 프로그램의 효과 평가를 위한 집단 수에 따라 1개 집단은 대응표본 t-검정(Paired t-test), 2개 집단은 독립표본 t검정(dependent t-test)으로 달리 이용된다.

정답 및 해설: ①

6. 참가자의 생애주기별 목표 설정 중 노인을 위한 치유농업 프로그램 목표가 아닌 것은?

① 사회성 증진 ② 미세운동 기술 유지 ③ 불균형 영양섭취 ④ 생활환경 만족도 향상

정답 및 해설: ③

노년기를 위한 치유농업 활동을 계획할 때는 대상 어르신의 건강상태, 생활환경, 원예활동 경험 유무, 일생생활의 독립성 정도를 고려하여 신체적인 건강유지 및 증진, 인지기능 및 기억력 증진유지, 심리적 안정 및 고립감 해소, 여가활동 및 사회성 향상에 목적을 고려한다.

7. 치유농업 체험프로그램 개발 시 추구하는 바가 아닌 것은?

① 안전한 먹을거리 생산 ② 생산물의 품질이 높아야 함
③ 참여자 수준에 맞는 눈높이 ④ 신체적, 정신적, 사회적 건강

정답 및 해설: ②

치유농업은 전문적인 농업이 아닌 치유대상자의 건강 개선을 위해 눈높이에 맞는 활동을 제공하는 것이중요함

8. 치유농업 프로그램 활동 계획시 준비단계에서 고려해야 할 사항이 아닌 것은?

① 치유농업 프로그램 목표 설정 ② 치유농업 프로그램 목적의 명확화
③ 치유농업 자원 파악 및 확보 ④ 치유농업 프로그램 참여자 파악

정답 및 해설: ①, 치유농업 프로그램 운영시 준비단계에서는 치유농업 프로그램 참여자 파악, 치유농업 프로그램 목적의 명확화, 치유농업 자원파악 및 확보이다.

9. 농장형 치유농업 프로그램 개발절차이다. 보기 중 순서가 맞는 것은?

> ㄱ. 농장 보유 자원분석   ㄴ. 대상자 분석   ㄷ. 프로그램 초안 작성
> ㄹ. 치유문제와 관련된 체험 강화   ㅁ. 시나리오 작성
> ㅂ. 대상자 특징 및 수준에 따른 내용 조정   ㅅ. 프로그램 완성 및 개요 작성
> ㅇ. 자원활용 정도, 체험모듈의 균형도 분석 및 조정

① ㄱ, ㄴ, ㄷ, ㅇ, ㄹ, ㅁ, ㅂ, ㅅ   ② ㄱ, ㄴ, ㄹ, ㄷ, ㅂ, ㅁ, ㅇ, ㅅ
③ ㄴ, ㄱ, ㄹ, ㄷ, ㄹ, ㅇ, ㅅ, ㅂ   ④ ㄴ, ㄱ, ㅅ, ㄷ, ㅁ, ㄹ, ㅇ, ㅂ

정답 및 해설: ①, 농장형 치유농업 프로그램 개발시 절차는 농장 보유 자원분석, 대상자 분석, 프로그램 초안 작성, 자원활용 정도, 체험모듈의 균형도 분석 및 조정, 치유문제와 관련된 체험 강화, 시나리오 작성, 대상자 특징 및 수준에 따른 내용 조정, 프로그램 완성 및 개요작성 이다. 준비단계에서는 치유농업 프로그램 참여자 파악, 치유농업 프로그램 목적의 명확화, 치유농업 자원파악 및 확보이다.

10. 다음은 농업체험 프로그램의 유형 중 하나입니다. 무엇을 설명하는 내용일까요?

> • 시각, 청각, 촉각, 후각 미각 등의 오감을 자극할 수 있는 자원
> • 즐거움, 흥분, 아름다움, 만족감 등 제공
> • 감각은 명확하고 확실히 구별되며, 생생하고 또렷할 수록 좋음

① 감각체험자원 ② 감성체험자원 ③ 인지체험자원 ④ 행동체험자원

정답 및 해설: ①

Schmitt B.(1999)는 "감각적 체험은 시각, 청각, 후각, 미각, 촉각, 이 다섯 가지 감각기관을 자극함으로써 아름다움과 흥분감, 만족감을 전달하는 것이 주된 목적"이라고 말하고 있다.

11. 다음은 농업체험 프로그램의 유형 중 하나입니다. 설명에 해당되는 체험은?

"놀라움, 호기심, 흥미를 통한 창조적으로 문제를 해결하고자 하는 체험"

① 감각체험 ② 행동체험 ③ 인지체험 ④ 감성체험

정답 및 해설: ③

인지체험은 어떤 사실을 인정하여 알아가는 것으로, 놀라움, 호기심, 흥미를 통한 창조적 인지력과 문제 해결적 체험을 말한다.

12. 다음은 농업체험 프로그램의 유형 중 하나입니다. 무엇을 설명하는 내용일까요?

가. 가벼운 기분에서부터 강한 감정상태까지 자극의 변화를 느끼는 성질

나. 즐거움, 감동, 자부심, 쾌락, 사랑, 낭만, 흥분, 향수, 행복감, 만족감, 안심, 평화로움 등

다. 기분과 감정을 자극하는 체험

① 감각체험 ② 감성체험 ③ 인지체험 ④ 행동체험

정답 및 해설: ②

감성체험은 가벼운 기분에서부터 강한 감정에 이르기까지 자극의 변화를 느끼는 성질로, 사람들의 긍정적 감정, 즐거움, 감동, 자부심 등과 같은 기분과 감정을 자극하는 체험이다.

13. Bernad Schmitt의 체험을 구성하는 전략적 체험 모듈 중 이용자들에게 육체적 경험의 강화뿐만 아니라 행동 패턴 생활방식이나 새로운 상호작용에 관련된 자극이 주어지는 체험은 무엇일까요?

① 감각체험 ② 감성체험 ③ 인지체험 ④ 행동체험

정답 및 해설: ④

행동체험은 이용자들에게 육체적 경험의 강화뿐만 아니라 행동 패턴 생활방식이나 새로운 상호작용에 관련된 자극이 주어지는 체험을 말한다.

14. Bernad Schmitt의 체험을 구성하는 전략적 체험 모듈 중 감각, 감성, 인지, 행동 체험을 종합한 체험으로 다른 사람 혹은 사회, 문화와 같은 추상적인 집단과의 연결고리를 의미하는 것은 무엇일까요?

① 감각체험 ② 감성체험 ③ 인지체험 ④ 관계체험

정답 및 해설: ④

관계체험은 감각, 감성, 인지, 행동 체험을 종합한 것으로 다른 사람 혹은 사회, 문화와 같은 추상적인 집단과의 연결고리를 의미한다. 주말농장 참여자 및 운영자 간의 유대감과 공감대 형성, 나를 기준으로 한 인간관계를 떠올리는 모습 등 관계 형성에 가치를 두는 체험유형으로 말할 수 있다.

15. 실내에서 재배되는 독성식물 중 잎을 먹으면 입과 혀가 부어서 음식물을 삼키거나 말하는 데 어려움이 생기고 체내에 흡수되면 점막에 염증을 유발하는 것은?

① 꽃기린 ② 잉글리쉬 아이비 ③ 디펜바키아 ④ 포인세티아

정답 및 해설: ③

실내에서 재배되는 독성식물은 디펜바키아, 꽃기린, 포인세티아, 란타나, 잉글리쉬 아이비, 크로톤 등이 있다.

16. 천연 항생제라고 불릴 만큼 항생물질이 내재되어 있는 약용식물로 청혈, 해독, 이뇨폐렴, 말 라리아, 수종, 습진치료에 효과가 있으며, 태평양 전쟁 당시 일본군이 주둔하던 방영지 주변 에는 항시 재배하여 사용하였다는 물고기의 비린내가 나는 식물은?

① 로즈마리 ② 달맞이꽃 ③ 작약 ④ 약모밀

정답 및 해설: ④

삼백초과의 식물로 메밀의 잎과 비슷하고 약용식물이므로 약모밀이라 하며, 물고기의 비린내가 난다고 하여, 물고기 어(魚), 비릴 성(腥), 풀 초(草)를 써서 어성초(魚腥草) 라고도 한다. 정유의 주성분은 '데카노일 아세트 알데히드'(Decanoil acet aldehyd)이다.

17. 실외에서 조심해야 할 독성이 있는 식물이 아닌 것은?

① 복수초 ② 수선화 ③ 크로톤 ④ 디기탈리스

정답 및 해설: ③

실외에서 재배되는 독성식물은 미나리아재비, 복수초, 수선화, 콜치쿰, 디기탈리스, 두드러기쑥, 델피늄, 아주까리, 은방울꽃, 주목, 덩굴옻나무, 옻나무, 버섯, 쐐기풀, 마취목, 프리뮬러 등이 있다.

18. 정원에서 기르면 관상가치가 높은 식물이지만 심장 흥분제로 쓰이는 글리세라이드를 함유 하고 있어 건조 상태로 보관하더라도 사람이나 가축이 먹었을 경우 치명적인 식물은?

① 디기탈리스 ② 아주까리 ③ 주목나무 ④ 은방울꽃

정답 및 해설: ①

디기탈리스는 정원에서 기르면 관상가치가 높은 식물이지만 심장 흥분제로 쓰이는 글리세라이드를 함유하고 있어 건조 상태로 보관하더라도 사람이나 가축이 먹었을 경우 치명적인 결과를 가져올 수 있다. 컴프리 잎과 비슷하기 때문에 두 식물을 같은 장소에 심지 말아야 한다.

19. 치유농업 프로그램 작성 시 고려사항이 아닌 것은?

① 대상자의 욕구와 장점을 반영한 프로그램
② 대상자의 상황 및 상태를 고려하여 작성
③ 활동 단계가 범주화·세분화되고 추론적으로 조직화된 프로그램
④ 신체적 활동이 어려운 작업으로 감각자극을 주는 프로그램

정답 및 해설: ④

치유농업 프로그램 작성 시 환자 중심적, 진단과 준비 단계에 기초하여 작성, 목표가 지향적이고 의도적이여 하며, 활동의 모든 단계가 범주화, 세분화되고 추론적으로 조직화된 프로그램, 원예활동 및 식물이 주는 장점을 최대한 활용하고, 기록과 결과 평가가 가능한 프로그램인지 고려한다. 원예활동 및 식물이 주는 장점을 최대한 활용하는 프로그램을 작성시 친숙하고, 살아있는 생명체를 다루고, 신체적 활동, 다루기 쉬운 작업, 감각자극을 고려한다.

20. 치유농업 프로그램 적용 시 신체적 영역의 설정 가능한 목적이 아닌 것은?

① 눈·손의 협응력 향상 ② 미세운동 능력 감소
③ 관절 가동 범위의 증가 ④ 근육 긴장감 향상

정답 및 해설: ②

신체적 영역의 설정 가능한 치유목적으로는 미세운동 능력 향상, 사지 사용 능력 향상, 근육 긴장감 향상, 눈·손의 협응력 향상, 체력 향상, 관절 가동 범위의 증가, 민첩성의 증가, 지구력 증가 등이다.

21. 치유농업 프로그램 적용 시 정서적 영역의 설정 가능한 목적이 아닌 것은?

① 우울감 감소 ② 자존감 향상 ③ 대인관계 능력 향상 ④ 공격성 감소

정답 및 해설: ③

정서적 영역의 설정 가능한 치유목적으로는 우울감, 실망감, 분노, 두려움, 공격성, 초조함, 불안감, 위축감 감소, 자존감, 자신감, 자아 정체감 향상, 행복감, 희망감, 생동감, 인내력 증가 등이다.

22. 치유농업 프로그램 적용 시 인지적 영역의 설정 가능한 목적이 아닌 것은?

① 기억력 증가 ② 지남력 증가 ③ 주의 집중력 향상 ④ 자아 정체감 향상

정답 및 해설: ④

인지적 영역의 설정 가능한 치유목적으로는 기억력 증가, 판단력 증가, 지남력 증가, 집중력 증가, 주의 집중력 향상, 지시 수행 능력 향상 등이다.

23. 치유농업 프로그램 적용 시 사회적 영역의 설정 가능한 목적이 아닌 것은?

① 대인관계 능력 향상 ② 참여도 증가
③ 의사소통 능력 향상 ④ 지시 수행 능력 향상

정답 및 해설: ④

사회적 영역의 설정 가능한 치유목적으로는 대인관계 능력 향상, 타인에 대한 상호작용 증가, 대화 기술 향상, 의사소통 능력 향상, 사회 적응 능력 향상, 참여도 증가, 협동력 증가 등이다.

24. 치유농장의 주요 대상 중 예방 중심형 대상이 아닌 것은?

① 초·중·고 학생 ② 장애인 ③ 노인 ④ 가족 및 단체

정답 및 해설: ②

재활 중심형 치유농장의 주요 대상은 장애인과 장기 실직자, (전)재소자, (전)중독자 등 치유와 함께 재활, 자립을 필요로 하는 대상이다.

25. 치유농장의 주요 대상 중 치료 중심형 대상이 아닌 것은?

① 지적 장애자 ② 치매 노인 ③ 정신 장애자 ④ 아동과 청소년

정답 및 해설: ④

치료 중심형 치유농장의 주요 대상은 장애인과 치매노인, 치료나 보호가 필요한 아동과 청소년이다.

11. 11차시 출제예상문제 및 해설

1. 치유농업 서비스 평가 결과보고서 평가항목이 아닌 것은?

① 시설 운영평가 ② 입지 적정성 평가 ③ 만족도 수준 평가 ④ 프로그램 운영평가

정답 및 해설: ②

2. 치유농업 서비스 평가 결과보고서 작성 시 시설운영평가에 대해 틀리게 기술한 것은?

① 안전에 대한 적합성을 평가한다. ② 운영관리 지표에 대한 평가 결과를 요약한다.
③ 시설의 운영 관리현황을 기술한다. ④ 프로그램 이용객 수의 변화 추이를 평가한다.

정답 및 해설: ④

3. 치유농업 서비스평가 결과보고서 작성시 만족도 수준 평가에 관해 설명한 것중 타당한 것은?

① 이용자 만족도 지표를 요약하여 기술한다.
② 운영 수준과 친절도 수준을 내부 평가한다.
③ 시설의 안전적합성을 전문가 평가한다.
④ 구체적인 개선 방안을 면담 평가한다.

정답 및 해설: ①

4. 치유농업 서비스의 평가시기에 관한 설명 중 틀린 것은?

① 시행 직후 평가와 일정 시간 후 평가는 평가 결과에 영향을 미치지 않는다.
② 일반적으로 사전 및 사후평가를 시행한다.
③ 사전 사후평가는 평가 내용을 비교 분석하기에 적합하다.
④ 평가 직후 평가는 참여자의 참여율이 높다.

정답 및 해설: ①

5. 치유농업 프로그램 운영자 성과 측면의 지표내용이 적절하지 않은 것은?

① 시설 운영 ② 시설 안전 ③ 서비스 운영 ④ 운영자 만족

정답 및 해설: ④, (이용자 만족도 측면) 체험비용, 음식 및 특산물의 수준, 종합만족도, 재방문 및 추천 의사를 측정

6. 치유농업 프로그램의 평가 목적 설정에 부합하지 않는 것은?

① 치유농업 프로그램 내용 개선 ② 운영자 만족도 확인
③ 프로그램 지속 여부 결정 ④ 프로그램 효과 검증

정답 및 해설: ②, 대상자 만족도 확인

7. 다음 괄호 안에 들어갈 적절한 말은?

> (　　　　)은 동일한 집단 내에서 종속변수에 따른 차이 규명시 사용되는 방법으로, 평가집단이 동일할 때(예: 치유농업 프로그램에 참여자로만 구성된 1개 집단) 프로그램 전후의 변화를 검증한다.

① 비모수 검정 ② 독립표본 t-검정 ③ 모수 검정 ④ 대응표본 t-검정

정답 및 해설: ④

8. 다음 치유농업 프로그램 평가 및 결과보고서 작성시 프로그램 목적에 해당되지 않는 것은?

① 치유농업 평가목적 설정 ② 치유농업 평가계획 수립 및 평가도구 선정
③ 자료수집 및 분석 ④ 프로그램 지속 여부 결정

정답 및 해설: ④

9. 치유농업 프로그램 결과보고서 작성순서가 올바른 것은?

① 개요- 치유농업시설 현황분석- 치유농업 운영평가- 치유농업 프로그램 운영평가- 만족도 평가-개선방안
② 개요- 치유농업시설 현황분석- 치유농업 프로그램 운영평가- 치유농업 운영평가- 만족도 평가- 개선방안
③ 개요- 치유농업시설 현황분석- 치유농업 프로그램 운영평가- 치유농업 운영평가- 개선방안- 만족도 평가
④ 개요- 치유농업시설 현황분석- 치유농업 프로그램 운영평가- 개선방안- 만족도평가- 치유농업 운영평가

정답 및 해설: ①

10. 다음 가족관계 문제 척도의 내용와 거리가 먼 것은?

① FACEⅢ(가족 응집성 및 적응성 척도) ② PARQ(자녀가 지각한 부모양육태도 척도)
③ PACI(자녀용 부모-자녀 의사소통 척도) ④ RCS(Relationship Change Scale)

정답 및 해설: ④, RCS(Relationship Change Scale)는 대인관계변화 척도임

11. 다음 괄호 안에 들어갈 적절한 말은?

> Zimet, G.(1988)등이 MSPSS척도를 개발하고 신준섭과 이영분(1999)이 번안하여 사용한 척도이다. 친구, 가족, 주요 타인을 하위차원으로 하여 개인이 지각하고 있는 (   )를 측정하며, 총점이 높을수록(   )가 높은 것을 의미한다.

① 정서적 지지 척도 ② 사회적 지지 척도 ③ 정보적 지지 척도 ④ 평가적 지지 척도

정답 및 해설: ②

12. 국제신체활동 설문 검사(IPAQ)점수 환산법 내용 중 잘못된 것은?

① 걷기활동 MET-min/week = 3.3*걷기를 한 시간*걸은일 수
② 중간 강도 활동 MET-min/week = 6.0*중간 강도 활동을 한 시간*걷기 강도 활동일 수

③ 격렬한 활동 MET-min/week = 8.0*격렬한 활동을 한 시간*격렬한 활동일 수,
④ 총 신체활동량 = 걷기MET-min/week + 중강도MET-min/week + 격렬한 활동 MET-min/week

정답 및 해설: ②, 중간강도 활동 MET-min/week = 4.0*중간 강도 활동을 한 시간*중간강도 활동일 수

13. 다음 중 치유농업 프로그램 대상자 중 도움이 필요한 사람이 아닌 것은?

① Burn-out ② 후천적 뇌손상 ③ 고등학생 ④ 보호 및 관찰

정답 및 해설: ③

치유농업 프로그램 대상자 중 유아, 초, 중, 고등학생 및 일반인 모두는 일반인에 해당하며, 신체적, 정신적 장애, 수감, 중독, 청소년 및 아동, 노인, 스트레스, 실업자 등 도움이 필요한 사람들이이다.

14. 치유농업 프로그램 대상자 중 자립보다는 치료와 돌봄이 필요한 치료중심형 대상자가 아닌 것은?

① 장애인 ② 치매 노인 ③ 치료나 보호가 필요한 아동, 청소년 ④ 알콜중독자

정답 및 해설: ④

치유농업 프로그램 대상자 중 장애인, 장기실직자, (전)재소자, (전)중독자는 재활중심형 치유프로그램 운영 대상자이다.

15. 다음 중 치료중심형 치유농업의 대상자로 적합한 사람은?

① 장기 실직자 ② 치매 노인 ③ 치료나 보호가 필요한 아동, 청소년 ④ 알콜중독자

정답 및 해설: ②

치료중심형 치유농업은 정신/신체적 질환자, 지적/신체적 장애인, 치매 농인, 학습부적응/위기가정 등의 청소년, 심신이 지친 사람들(번아웃증후군), 일시적 공황상태 등)사회적 약자 등 케어 및 도움이 필요한 대상을 중심으로 프로그램이 운영된다.

16. 다음 중 치유농업의 효과 영역에 해당하지 않은 것은?

① 심리정서적 영역 ② 인지 영역 ③ 경제적 영역 ④ 신체적 영역

정답 및 해설: ③, 치유농업의 효과는 신체적, 인지적, 심리정서적, 사회적, 교육적 영역으로 크게 나눌 수 있다.

17. 다음 중 노년기 대상자의 성격특성의 변화가 아닌 것은?

① 우울증의 증가 ② 경직성의 증가
③ 조심성과 의존성의 증가 ④ 의향성과 수동성의 증가

정답 및 해설: ④, 노년기는 에너지가 외부보다 자신의 내면으로 돌려져서 사고나 감정에 의해 사물을 판단하는 경향이 강해진다.

18. 치유농업 활동 준비단계에서 고려해야 할 내용이 아닌 것은?

① 대상자에 대한 정보 ② 프로그램 진행에 대한 상황평가
③ 치유목적 및 목표 설정 ④ 시설 및 치유자원 파악

정답 및 해설: ②, 프로그램에 대한 상황평가는 준비단계와 실행단계를 진행한 뒤 평가단계에서 이루어지는 과정이다.

19. Schmitt B.가 제시한 체험을 구성하는 전략적 체험모듈에 해당하는 않는 것은?

① 감각체험 ② 감성체험 ③ 관계체험 ④ 문화체험

정답 및 해설: ④, Schmitt B.(2013)는 체험을 구성하는 전략적 체험모듈 유형을 감각체험, 감성체험, 인지체험, 행동체험, 관계체험으로 제시하였다.

20. 치유프로그램의 목표대상 중 생애주기별 대상에 해당하지 않는 것은?

① 아동 ② 청소년 ③ 정신장애 ④ 노인

정답 및 해설: ③, 생애주기별 대상은 아동, 청소년, 성인, 노인이다. 치유대상별은 신체장애, 정신장애, 심리·정서장애이다.

21. 아동 대상의 치유농업을 위한 협업 가능한 단체 및 기관이 아닌 것은?

① 장애인복지관 ② 특수학교 ③ 건강가정지원센터 ④ 보건소

정답 및 해설: ④

아동 대상의 치유농업으로 협업 관련 가능한 단체 및 기관은 종합사회복지관, 장애인복지관, 특수학교, 가정폭력상담소, 건강가정지원센터 등이다.

22. 노인 대상의 치유농업을 위한 협업 가능한 단체 및 기관이 아닌 것은?

① 종합사회복지관 ② 장애인복지관 ③ 정신건강복지센터 ④ 치매안심센터

정답 및 해설: ④

성인 대상의 치유농업으로 협업 관련 가능한 단체 및 기관은 종합사회복지관, 장애인복지관, 정신건강복지센터, 보건소 등이다.

23. 치유농장의 이용자 중 노인 질환에 해당하지 않은 것은?

① 지적장애 ② 관절염 ③ 치매 ④ 뇌졸중

정답 및 해설: ①

치유농장의 노인 대상 이용 시 치매, 고혈압, 당뇨, 관절염, 뇌졸중(중풍) 등의 특성을 고려하여야 한다.

24. 치유농장의 이용자 중 치매 노인의 특성 및 고려사항으로 맞는 것은?

① 계절, 날씨, 장소 등을 잘 구분할 수 있다.
② 새로운 활동의 학습을 잘 따라 할 수 있다.
③ 깻잎따기, 담기 등 단순, 명료한 활동을 제공한다.
④ 기억장애가 있어 반복 설명이 필요하지 않다.

정답 및 해설: ③

치매 노인은 단순기억 장애, 날씨, 계절, 장소 등의 지남력 장애, 판단력 장애로 문제행동을 한다. 기억장애로 반복 설명이 필요하고, 단순 명료한 활동을 제공하며, 집중을 유도하는 환경 조성 및 새로운 활동의 학습이 어렵고, 위험한 도구 사용은 금지하여야 한다.

25. 치매 노인을 대상으로 하는 치유농업 프로그램 개발 시 추천 활동으로 옳지 않은 것은?

① 익숙한 식물 및 동물 관련 활동
② 과거의 경험이 있는 농작업 활동
③ 지남력을 유지하기 위한 계절인식 활동
④ 한 자세에서 오래 유지하는 활동

정답 및 해설: ④

관절염 동반 이용자의 경우 작은 손동작을 요하는 활동과 한 자세에서 오래 유지하는 활동이 어렵고 쉽게 피로하며, 무거운 도구의 사용을 제한해야한다.

12. 12차시 출제예상문제 및 해설

1. 뇌졸중 환자를 대상으로 하는 치유농업 프로그램 개발 시 고려해야할 사항이 아닌 것은?

① 편측 팔과 다리의 마비가 있어 낙상을 주의한다.
② 치유농장 조성 시 물리적인 장애물을 제거하여 안전을 고려한다.
③ 지남력을 유지하기 위하여 식물을 이용한 계절인식 활동을 한다.
④ 앉아서 할 수 있는 농작업 활동으로 프로그램을 구성한다.

정답 및 해설: ③, 지남력을 유지하기 위한 계절인식 활동은 치매노인 대상자 이용 시 고려한다.

2. 관절염을 동반한 이용자에 대한 특성 및 고려사항이 아닌 것은?

① 관절 통증, 관절 염증, 부종 및 피로를 호소한다.
② 작은 손동작에도 활동이 가능하다.
③ 한 자세에서 오래 유지하는 활동을 어려워한다.
④ 휴식을 중간 중간에 할 수 있는 농작업 활동을 추천한다.

정답 및 해설: ②, 관절염을 동반한 이용자의 경우 작은 손동작을 요하는 활동 시 통증이 유발되어 활동의 어려움을 호소한다.

3. 주의력결핍 과잉행동증후군 이용자에 대한 특성 및 고려사항이 아닌 것은?

① 충동적이며 산만하여 집중을 못한다.
② 야외활동 시에는 이탈 가능성이 있어 각별한 주의를 해야 한다.
③ 집중적 돌봄은 필요하지 않아 자원봉사자까지는 필요하지 않다.
④ 돌발행동, 위험한 식물, 동물 활동은 금지한다.

정답 및 해설: ③, ADHD(주의력결핍 과잉행동증후군)는 집중적 돌봄이 필요, 자원봉사자를 일대일 매칭하여 위험요인을 사전에 예측 및 제거하여야 한다.

4. 다음 중 치유농업 서비스 평가 방법에 대한 설명 중 틀린 것은?

① 면담 방법은 심층적인 확인이 필요한 경우 사용한다.
② 관찰에 의한 방법을 시행할 경우 객관적인 평가를 위해 1명이 집중관찰한다.
③ 자기 보고에 의한 방법은 자신이 스스로 평가하는 방법이다.
④ 체크리스트 활용하여 평가 근거로 사용할 수 있다.

정답 및 해설: ②

5. 치유농업 서비스 평가 결과보고서 평가항목에 해당하는 것은?

① 이용자 만족도 평가
② 사업 타당성 평가
③ 문화재 영향 평가
④ 환경영향평가

정답 및 해설: ①

6. 치유농업 프로그램 평가 결과보고서와 관련한 설명으로 맞는 것은?

① 치유농업 프로그램을 계획을 토대로 결과보고서를 작성한다.
② 진행된 프로그램을 중심으로 평가 결과보고서에 상세히 기술한다.
③ 환류 과정을 거치는 것은 평가에 꼭 필요한 것은 아니다.
④ 치유농업 프로그램을 개선에 반영하는 것이 중요하다.

정답 및 해설: ④

7. 치유농업 프로그램 평가에 대한 설명이 틀린 것은?

① 최근 단위 활동별 수행능력에 관한 평가는 전적으로 관찰법에 의존하고 있다.
② 효과평가는 목적·목표 달성 평가 또는 대상자 평가라고도 한다
③ 치유농업 프로그램 단위활동 수행능력 평가는 일종의 효과평가에 해당한다.
④ 만족도 평가 중 가장 일반적으로 사용되는 방법은 설문 방법이다.

정답 및 해설: ①

8. 치유농업 프로그램 활동을 위한 프로그램 초안 작성으로 옳지 않은 것은?

① 프로그램 초안은 형식에 크게 구애 받고 자유롭게 작성한다.
② 도입단계는 진행자와 대상자간의 관계 형성하는 단계이다.
③ 전개단계에서는 본격적이 활동이 이루어지는 단계이다.
④ 정리단계에서는 수행했던 활동을 정리하고, 치유 목적을 달성했는지 확인하는 단계이다.

정답 및 해설: ①, 프로그램 초안은 형식에 크게 구애 받지 않고, 프로그램을 수행할 수 서에 따라 자유롭게 나열식으로 작성한다.

9. 치유농업 프로그램 개발자의 대상자 분석에 대한 설명으로 맞지 않은 것은?

① 주 대상자의 나이대와 특징, 인원 등을 간략히 작성한다.
② 확장 가능한 대상자를 작성한다.
③ 주 대상자의 주요 치유문제와 문제의 원인도 함께 작성한다.
④ 원인과 문제는 농장주의 추론에 의하여 작성한다.

정답 및 해설: ④, 치유농업 프로그램 개발자는 대상자의 치유문제뿐만 아니라 원인도 함께 작성하되 그 원인과 문제는 농장의 추론에 의한 것이어서는 안 되며 관련문헌 등을 활용하여 문제와 원인에 대한 근거를 명확히 확보해야 한다.

10. 치유농업 프로그램 완성 후 개요에 포함되지 않은 내용은?

① 프로그램명
② 보조 대상자
③ 프로그램 목적
④ 프로그램에 필요한 준비물

정답 및 해설: ②, 치유농업 프로그램 완성 후 프로그램 개요에는 대표자원(식물, 동물 등), 수행하는 대표 활동, 주대상자, 치유목적, 프로그램에 필요한 준비물 등을 기록하게 한다.

11. 치유농업 프로그램 운영 시 참여자별 유의점으로 잘못 서술한 것은?

① 지적 장애인 : 최소한의 자극재료와 안전 대책
② 고령자 : 어린시절을 회상할 수 있는 재료 사용
③ 정신장애인 : 공격성 완화를 위해 파괴 행동이 허락되는 공간 필요
④ 시각 장애인 : 접근 용이성 및 단순한 활동

정답 및 해설: ①

12. 치유농업 핵심 자원에 해당되는 것은?

① 농촌환경 자원 ② 인적 자원 ③ 예산 ④ 시설 환경

정답 및 해설: ①

13. 치유농업 프로그램 운영자에 대한 안전교육과 안전점검과 관련한 사항 중 올바르지 않은 것은?

① 프로그램 운영자들에게 안전에 관한 정확한 정보 제공해야한다.
② 안전교육 후에는 명확히 숙지했는지 점검해야한다.
③ 안전사항을 습관화 하도록 훈련해야한다.
④ 프로그램 진행 중에는 방해가 되므로 안전점검을 하지 않아야 한다.

정답 및 해설: ④

14. 프로그램 목적과 목표 설정에 대한 설명으로 틀린 것은?

① 프로그램 실행을 위해서는 하나의 명확한 목표가 제시되어야 한다.
② 프로그램 실행을 위해서는 하나의 명확한 목적이 제시되어야 한다.
③ 치유농업 프로그램 준비단계에서는 목적을 명확히 해야 한다.
④ 프로그램 계획단계에서는 구체적인 목표를 설정해야 한다.

정답 및 해설: ①

15. 치료중심형 치유농업에 대한 설명으로 틀린 것은?

① 치료중심 치유농업은 서비스의 목적에 따라 예방중심형, 치료중심형, 재활중심형으로 세분화 된다.
② 치료중심형 치유농업은 질병을 앓고 있는 대상자의 치료가 목적이다.
③ 치료중심형 치유농업은 모든 국민이 대상자이다.
④ 치료중심형 치유농업은 농업 농촌자원과 이와 관련된 활동을 치유농업사가 제공한다.

정답 및 해설: ③

16. 인생에 대한 다양한 경험이 많은 노인을 대상으로 치유농업 프로그램을 실시 할 때 적용 할 수 있는 가장 적합한 기법은?

① 지지 ② 회상 ③ 인정 ④ 보상

정답 및 해설: ②

17. 합리적·정서적·행동적 치료기법인 REBT(Rational Emotive Behavior Therapy)에 대한 설명으로 틀린 것은?

① 인간의 감정과 문제가 대부분 비합리적인 사고로부터 생겨난 것이라는 개념에 기초를 두고 있다.
② 대상자의 정서적, 인지적 왜곡을 해소하여 행동의 변화를 꾀하고자 할 때는 REBT 기법 의 활용이 효과적이다.
③ 인간의 경험에 의한 정서와 행동은 사실자체에 대해 어떤 생각을 갖느냐 보다는 사실자 체에 의한 것이다.
④ 인간의 부적응 행동은 그 사람이 지니고 있는 왜곡되고 부정확한 신념체계 또는 비합리 적 신념 때문에 발생한다.

정답 및 해설: ③

18. 현실치료 RT(Reality Therapy)에 대한 설명으로 바른 것은?

① 통찰이나 감정 등 정신을 행동보다 중요시 한다.
② 전행동은 활동하기, 느끼기, 생각하기, 신체반응으로 구성되어 있다.
③ 자극-반응 이론에 근거하여 행동은 외부자극에 의한 것으로 본다.
④ 통제가 어려운 느낌을 먼저 변화시킴으로써 생각을 변화시킨다.

정답 및 해설: ②

19. 현실치료 단계를 원예치료에 가장 적절히 적용한 것으로 보이는 예는?

① E단계: 희망꽃볼 만들기- 미래를 계획하기
② W단계: 차 마시기- 라포형성
③ P단계: 리스 만들기- 행동이 원하는 방향으로 가고 있는지를 질문하기
④ D단계: 압화 액자 만들기- 행복한 자원을 탐색하기

정답 및 해설: ④

20. 치유농장의 품질을 결정하는 주요 요소가 아닌 것은?

① 대상자의 문제해결에 적합한 유용한 농작업 및 녹색환경
② 대상자와 함께하려는 농장주의 태도
③ 치유농장을 방문하는 방문자의 수
④ 지역사회와의 사회적 소통

정답 및 해설: ③

21. 치유농업 서비스 과정에 대한 설명으로 바르지 않은 것은?

① 참가자의 서비스 요청 또는 필요에 따라 고객을 분석하고 적절한 자원을 선정하여야 한 다.
② 고객에 맞는 프로그램을 기획, 제공하여야 한다.
③ 농업소재나 농촌자원을 활용하는 서비스이므로 농촌에서만 실행 가능하다.
④ 목적 달성을 위해서 고객만족도 평가, 안전성, 편의성 등 서비스의 질에 대한 평가

정답 및 해설: ③

22. 우울감 감소를 위한 치유농업 프로그램 진행 시 나타나는 우울감소의 단계를 올바르게 적은 것은?

① 기분전환 및 향상 → 지지적, 상호 교류적 활동 → 긍정적인 상호교류의 증가, 긍정 요인 강화 → 우울감소 및 개선
② 지지적, 상호 교류적 활동 → 긍정적인 상호교류의 증가, 긍정 요인 강화 → 기분전환 및 향상 → 우울감소 및 개선
③ 긍정적인 상호교류의 증가, 긍정적 요인 강화 → 기분전환 및 향상 → 지지적, 상호 교류적 활동 → 우울감소 및 개선
④ 기분전화 및 향상 → 지지적, 상호 교류적 활동 → 긍정적인 상호교류의 증가, 긍정 요인 강화 → 우울감소 및 개선

정답 및 해설: ②

23. 노년기 대상자의 성격 특성의 변화가 아닌 것은?

① 우울감의 증가
② 경직성의 증가
③ 조심성과 의존성의 증가
④ 외향성과 수동성의 증가

정답 및 해설: ④

24. 다음 중 치유 중심형 치유농업의 대상자로 가장 적합한 사람은?

① 치매노인
② 장기 실직자
③ 재소자
④ 치유나 안정감이 필요한 사람 누구나

정답 및 해설: ④

25. 눈과 손의 협응력 향상을 위한 치유농업의 구체적인 목표로 적합하지 않은 것은?

① 지시하는 가지를 정확하게 자를 수 있다.
② 화분에 흙을 흘리지 않고 담을 수 있다.
③ 정확한 위치에 삽수를 꽂을 수 있다.
④ 화분을 높은 장소로 옮길 수 있다.

정답 및 해설: ④

13. 13차시 출제예상문제 및 해설

1. 지남력 향상을 위한 치유농업 구체적인 목표로 적합하지 않은 것은?

① 1주일의 원예활동 후 치료사를 인식 할 수 있다.
② 2주일의 원예활동 후 치료사와 의도적인 눈 맞춤을 5분 이상 할 수 있다.
③ 3주일의 원예활동 후 활동 장소를 인식 할 수 있다.
④ 4주일의 원예활동 후 계절과 활동시간을 인식 할 수 있다.

정답 및 해설: ②

2. 프로그램에 활용할 식물 선정 시 참여자별 고려 사항으로 틀린 것은?

① 시각 장애인 : 촉감과 향기가 있는 식물 소재 선택
② 지체 장애인 : 부드러운 소재의 식물 활용
③ 휠체어 이용자 : 높임화단 등에 식재된 식물
④ 고령자 : 색이 화려하고 가시가 없는 식물

정답 및 해설: ②

3. 외상성 뇌손상 환자를 대상으로 문제행동 수정과 실행능력 향상을 목적으로 다음과 같은 프로그램을 진행하였다. 어느 영역의 치유 효과를 얻기 위한 것인가?

- 화분에 관수할 때, 물주기 전 시간을 두고(속으로 10까지 숫자를 세고)다음 화분에 물 을 줄 수 있다.
- 치유농업 운영자가 혼합물을 만들 때 필요한 재료를 모아 주면 참여자는 독립적으로 작업수행을 시작할 수 있다.

① 신체적 영역 ② 정서적 영역 ③ 행동적 영역 ④ 사회적 영역

정답 및 해설: ③

4. 프로그램 평가에 관련 된 사항 중 틀린 것은?

① 프로그램 평가, 프로그램 개선 단계로 구분할 수 있다.
② 참여자의 감정, 성취, 만족뿐만 아니라 농장전반에 대한 만족, 불만족도 확인한다.
③ 프로그램의 유익성, 효과 등을 종합적으로 분석하여 개선사항을 도출한다.
④ 평가는 프로그램 참여자들만을 대상으로 할 때 더 정확하다.

정답 및 해설: ④

5. 프로그램 운영인력에 관한 설명 중 틀린 것은?

① 운영인력은 주진행자, 보조진행자, 자원봉사자 등으로 구분된다.
② 운영인력 섭외, 운영인력 결정(인원수, 전문성), 역할분담 및 역할 숙지 순으로 준비한다.
③ 프로그램에 따라 전문성을 고려하여 주진행자, 보조 진행자 역할을 부여 한다.
④ 중증 이상의 장애인을 대상으로 진행 할 때에는 해당 분야의 전문가 등 추가 인력을 확보 한다.

정답 및 해설: ②

6. 치유농업의 자원이 아닌 것은?

① 시설자원 ② 인적자원 ③ 치유농업 프로그램 ④ 예산

정답 및 해설: ③

7. 치유농업의 효과에 대한 설명 중 잘못된 것은?

① 대상별(유아, 아동, 청소년, 가족, 질환자 등) 특성에 따라 다양하게 나타남
② 외국에 비하여 국내에서는 주로 인지적 효과에 대한 보고가 많은 편임
③ 치유농업을 통해 농업인에게는 소득증대, 자기개발과 역량향상, 농업을 통한 사회적 가치를 높이는 점에서 좋음
④ 지역과 국가는 선순환적 경제 구조로 사회시스템을 변화 시키고 삶의 질이 높은 건강한 관계로 발전이 가능함

정답 및 해설: ②

8. 치유농업 발전을 위한 과제가 아닌 것은?

① 치유농업 인프라 및 산업생태계 구축(농업 범위 확장 등 필요)
② 치유농업을 위한 토지 생산성 향상
③ 치유농업의 과학적 효과 입증과 질적인 기준 설정
④ 치유농업 서비스 제공자와 수요자 매칭 시스템(품질관리, 인증 등)

정답 및 해설: ②

9. 우리나라에서 치유농업에 활용한 자원의 분포 순으로 적합한 것은?

① 식물 〉 동물 〉 환경(경관) 〉 농작업 　② 환경(경관) 〉 식물 〉 동물 〉 농작업
③ 식물 〉 환경(경관) 〉 농작업 〉 동물 　④ 동물 〉 식물 〉 농작업 〉 환경(경관)

정답 및 해설: ③

10. 치유농업 서비스 제공자 역량 및 치유농장에 대한 설명으로 틀린 것은?

① 치유농장 서비스에 대한 기대 중 주로 사람(농장주, 운영자)에 관한 항목의 요구가 높다.
② 치유농장을 다시 찾는 이들은 시설의 만족도 때문이라는 비율이 60%이상이다.
③ 때로는 농장방문 고객과 지역주민과의 교류도 중요한 관계를 형성한다.
④ 특별히 도움이 필요한 고객은 오히려 주역주민, 치유농장 방문객 등과 자연스럽게 만나고 교류하는 과정 자체가 중요한 치유과정 일 수 있다.

정답 및 해설: ②

11. 치유농업 서비스의 과정과 일반 농업체험과의 관계를 잘못 기술한 것은?

① 치유농업은 개별적인 서비스가 핵심이므로 서비스 내용이 표준화 되기 어렵다.
② 치유농업 서비스 제공자의 전문성이 요구되고 복잡한 과정이다.
③ 치유농업 서비스를 받는 참여자의 효과 체감이 필수적인 요소이다.
④ 치유농업은 서비스의 요구와 제공시점이 규칙적이고 소요시간도 정해져있다.

정답 및 해설: ④

12. 농촌진흥기관에서 육성하는 치유농장에서 제공하는 서비스를 복지기관 또는 단체와 협력함 으로써 발생하는 장점을 잘 못 기술한 것은?

① 농장주 입장에서 서비스 이용자 규모를 정확히 파악하고 예측할 수 있다.
② 명확한 고객을 대상으로 하기 때문에 서비스 내용을 판단하기 쉬워지며 고객의 만족도 도 높일 수 있다.
③ 이용자 입장에서는 본인이 원하는 농촌진흥기관이나 농장을 개별적으로 찾아가서 치유 농업서비스를 받을 수 있어 만족도가 높다.
④ 이용자입장에서는 개인이 부담하는 비용을 복지비용으로 일부 지원받을 수 있어 장기 간 이용 할 수 있다.

정답 및 해설: ③

13. 치유농업 프로그램 진행 시 도입부분의 설명으로 적합하지 않은 것은?

① 인사나누기, 참여자 소개 ② 지난활동 생각해 보기
③ 준비한 활동 및 활동 소재 소개 ④ 프로그램시간의 5% 정도의 시간을 배정

정답 및 해설: ④

14. 프로그램 진행 전 사전 준비사항으로 적합하지 않은 것은?

① 프로그램 참여자의 특성 파악 ② 치유핵심자원 및 시설환경 점검
③ 프로그램 실행 모니터링 ④ 예행연습(리허설)

정답 및 해설: ③

15. 치유농업 프로그램 안내에 관한 사항 중 부적절한 것은?

① 사전 안전교육 시에는 프로그램 참여자뿐만 아니라 프로그램 운영인력도 참여한다.
② 치유농업 안전 오리엔테이션에서는 치유농업시설 참가자들에 대한 지속적 관찰이 포함된다.
③ 안전에 대한 확신이 없을 때는 임시 대책 후 일정을 추진하며 일정을 미루어서는 안된다.
④ 참여자들 환영 시 자기 소개 시간은 꺼리는 경우 건너 뛸 수 있다

정답 및 해설: ③

16. 치유농업 프로그램 활동 동선으로 바람직한 것은?

① 프로그램 참여자 환영- 시설안내- 프로그램 목적과 일정 설명-프로그램 실행
② 시설안내- 오리엔테이션- 프로그램 참여자 환영- 프로그램 실행
③ 오리엔테이션- 사전 안전교육- 편안한 분위기 조성- 프로그램 실행
④ 간단한 담소 나누기- 프로그램 목적과 일정 설명- 시설안내- 프로그램 실행

정답 및 해설: ①

17. 프로그램 참여자 안전 수칙의 포스터나 팜플렛 내용에 포함되지 않는 것은?

① 대피소 및 피난경로 ② 각 시설별 안전사항
③ 프로그램 운영에 따른 안전사항 ④ 프로그램 진행 방식

정답 및 해설: ④

18. 안전사고 대응 수칙으로 적절치 않은 것은?

① 음식 위생사고 발생 시 원인이 의심되는 음식을 즉시 폐기한다.
② 식중독 발생시 119, 병원 및 보건당국에 신고한다.
③ 프로그램 활동 중 호흡곤란, 화상 등이 발생한 경우 사고자 외 현장에 남아 있는 참여자 들의 안전을 보호해야한다.
④ 음식 위생사고의 경우 현장조사를 통한 보건당국 역학조사에 협조한다.

정답 및 해설: ①

19. 주요 안전사고 대처요령으로 올바른 것은?

① 화상-흐르는 물로 10분 이상 씻은 후 거즈로 화상부위를 덮고 붕대를 밀착하여 감아준다.
② 골절- 부목으로 고정하고 뼈를 맞춘다.
③ 수지절단- 지혈하고 절단 부위는 젖은 거즈로 싸 방수용기에 담고 보온한다.
④ 호흡곤란- 사고자 뒤에서 주먹으로 사고자의 상복부를 강하게 밀쳐 올리고 사고자의 흉부에 손을 두고 압박 실시한다.

정답 및 해설: ④

20. 의식이 없는 환자의 상태 파악에서 가장 먼저 확인해야 하는 것은?

① 기도 확보 ② 출혈 여부 확인 ③ 호흡확인 ④ 심폐소생술

정답 및 해설: ②

21. 안전사고 발생 시 대처사항으로 다음 중 옳은 것은?

① 출혈이 심한 상처는 신체 말단 부위를 묶어 지혈한다.
② 염좌는 손상부위를 고정하고 온찜질한다.
③ 성인 심정지 환자 심폐소생술의 적절한 가슴압박 속도는 60-80회/분이다.
④ 성인 심정지 환자의 맥박 및 호흡확인은 어려우므로 일반인의 경우 확인 없이 바로 가슴 압박을 실시한다.

정답 및 해설: ④

22. 다음 부상 중 적절한 처치방법은?

① 동상- 동상 부위를 움직여 주고 문질러 준다.
② 화상- 물집을 터뜨리고 소독된 거즈를 이용해 드레싱한다.
③ 뱀에게 물림- 상처부위를 비눗물로 깨끗이 씻고 소독거즈로 직접 압박하고 지혈한다.
④ 벌에 쏘인 경우- 침 제거 후 비누와 물로 씻고 따뜻하게 찜질 해 준다.

정답 및 해설: ③

23. 인공지반 형 치유농업 공간조성 효과에 대한 내용 중 틀린 것은?

① 에너지 절감
② 농장 내에 치유 활동 공간
③ 대기환경 개선
④ 원예치료나 치유농업 실현 공간

정답 및 해설: ②, 농장 내에 치유 활동이 가능한 공간조성효과는 농장(노지)형 치유농업 공간사례에 해당됨

24. 프로그램에서 의도하지 않은 효과의 발생 여부 등을 조사하는 평가는?

① 목적·목표 달성평가 ② 대상자 진단평가 ③ 상황평가 ④ 프로그램 계획평가

정답 및 해설: ①

25. 치유농업 프로그램 평가 중 '내부 평가'에 대한 설명으로 틀린 것은?

① 프로그램 계획 및 실행에 참여한 운영인력이 프로그램을 평가한다.
② 직관적이고 즉각적인 평가가 가능하는 장점이 있다.
③ 평가결과에 대한 높은 신뢰도를 얻을 수 있다.
④ 객관적으로 문제점을 파악하거나 해결방안을 모색하기는 어려울 수 있다.

정답 및 해설: ③

14. 14차시 출제예상문제 및 해설

1. 치유농업 서비스 평가 결과보고서 개요의 작성 내용이 아닌 것은?

① 평가 목적 ② 평가 범위 ③ 평가 시설 ④ 평가 시기

정답 및 해설: ③, 평가 결과보고서 개요는 배경 및 목적, 평가의 범위와 방법 시기를 포함한다.

2. 치유농업 프로그램 평가 결과보고서와 관련한 설명으로 맞는 것은?

① 치유농업 프로그램을 계획을 토대로 결과보고서를 작성한다.
② 진행된 프로그램을 중심으로 평가 결과보고서에 상세히 기술한다.
③ 환류 과정을 거치는 것은 평가에 꼭 필요한 것은 아니다.
④ 치유농업 프로그램을 개선에 반영하는 것이 중요하다.

정답 및 해설: ④

결과보고서 작성은 프로그램 계획 및 실행단계에서 진행한 실습내용을 토대로 작성한다. 프로그램이 진행된 시설, 프로그램 서비스 수준, 이용 만족도를 포함하며, 평가 결과 후 프로그램 개선에 반영되는 환류 과정을 거쳐야 프로그램 평가가 향후 개선에 반영되는 환류 과정을 거쳐야 비로소 프로그램 평가가 완결된다.

3 치유농업 서비스 평가 결과보고서 작성시 현황분석에 해당하지 않는 것은?

① 지역 현황 ② 전체 이용자 수 ③ 위치 ④ 이용자 만족도

정답 및 해설: ④

치유농업 현황분석단계에서는 지역 현황(기후, 기온, 주변 경관, 주요 관광자원, 주요농작물, 주요교통편 등)과 치유농업시설현황(위치, 규모, 조성사업비, 전체 이용자 수 및 매출액 등)을 요약 기술하고 종합평가하여 작성한다.

4. 치유농업 서비스 평가 결과보고서 작성시 시설현황분석 항목에 적합한 것은?

① 조성사업비 ② 기후 기온 ③ 주요농작물 ④ 주요교통편

정답 및 해설: ①, 치유농업 현황분석 단계에서는 지역 현황(기후/기온, 주변 경관, 주요 관광자원, 주요 농작물, 주요교통편 등)과 치유농업시설현황(위치, 규모, 조성사업비, 전체 이용자 수 및 매출액 등)을 요약 기술하고 종합 평가하여 작성한다.

5. 치유농업 서비스 평가 결과보고서 작성 중 현황분석에 관한 설명 중 틀린 것은?

① 지역 현황 및 시설현황을 분석한다.
② 지역 현황으로 기후, 주변 경관, 주요 교통편 등을 기술한다.
③ 현황분석은 개괄적이고 일반적인 개선 방안을 도출하기 위함이다.
④ 시설현황으로 위치, 규모, 조성사업비를 기술한다.

정답 및 해설: ③, 치유농업 현황분석 단계에서는 지역 현황(기후/기온, 주변 경관, 주요 관광자원, 주요 농작물, 주요 교통편 등)과 치유농업시설현황(위치, 규모, 조성사업비, 전체 이용자 수 및 매출액 등)을 요약 기술하고 종합 평가하여 작성하여 실제 활용 가능한 개선 방안을 도출하고자 한다.

6. 치유농업 서비스 평가 결과보고서 평가항목이 아닌 것은?

① 시설 운영평가 ② 입지 적정성 평가 ③ 만족도 수준 평가 ④ 프로그램 운영평가

정답 및 해설: ②, 결과보고서의 평가항목은 현황평가, 시설 운영평가, 프로그램 운영평가, 만족도 평가가 있음

7. 치유농업 서비스 평가 결과보고서 평가항목에 해당하는 것은?

① 이용자 만족도 평가 ② 사업 타당성 평가 ③ 문화재 영향 평가 ④ 환경영향평가

정답 및 해설: ①, 결과보고서의 평가항목은 현황평가, 시설 운영평가, 프로그램 운영평가, 만족도 평가가 있음

8. 치유농업 서비스 평가 결과보고서 작성 시 시설운영평가에 대해 틀리게 기술한 것은?

① 안전에 대한 적합성을 평가한다.
② 운영관리 지표에 대한 평가 결과를 요약한다.
③ 시설의 운영 관리현황을 기술한다.
④ 프로그램 이용객 수의 변화 추이를 평가한다.

정답 및 해설: ④, 프로그램 시설 운영평가는 운영관리, 안전에 대한 적합성 등의 지표에 대한 평가 결과를 요약한 후 종합평가에 해당한다.

9. 치유농업 서비스 평가 결과보고서 작성 시 프로그램 운영평가 지표가 아닌 것은?

① 운영자의 친절도 ② 프로그램 운영수준 ③ 주변 지역 경관 ④ 프로그램이용객 수

정답 및 해설: ③, 프로그램 운영평가는 운영수준, 친절도 수준, 프로그램이용객 수 및 매출액 등 지표에 대한 평가 결과를 요약 기술하며 종합 정리한다.

10. 치유농업 서비스평가 결과보고서 작성 시 프로그램 운영평가 대해 바르게 설명한 것은?

① 프로그램 운영 수준에 대해 평가한다.
② 프로그램 시설의 적합성을 평가한다.
③ 농장의 규모를 평가한다.
④ 농장 운영의 사업 타당성을 평가한다.

정답 및 해설: ①, 프로그램 운영평가는 운영수준, 친절도 수준, 프로그램이용객 수 및 매출액 등 지표에 대한 평가 결과를 요약 기술하며 종합 정리한다.

11. 치유농업 서비스평가 결과보고서 작성시 만족도 수준 평가에 관해 설명한 것 중 타당한 것은?

① 이용자 만족도 지표를 요약하여 기술한다.
② 운영 수준과 친절도 수준을 내부 평가한다.
③ 시설의 안전적합성을 전문가 평가한다.

④ 구체적인 개선 방안을 면담 평가한다.

정답 및 해설: ①, 만족도 수준 평가는 이용자 만족도 관련 지표에 따른 결과를 요약하여 기술하며, 종합 및 문제점을 작성한다.

12. 치유농업 서비스 평가시 이용자 만족도 관련 지표가 아닌 것은?

① 교통 접근성 ② 시설 입장료 ③ 프로그램 비용 ④ 주변 관광지 연계성

정답 및 해설: ④, 이용자 만족도 관련 지표는 교통 접근성, 프로그램 및 시설비용, 관련 정보취득의 편리성, 시설 이용 만족도이다.

13. 치유농업 서비스 평가 보고서 작성시 개선방안도출 내용으로 적합한 것은?

① 시설 만족도 평가 결과를 토대로 보완 및 활용방안을 도출한다.
② 만족도 평가 결과의 지표 타당성을 재검토한다.
③ 다른 지역의 치유농장과 비교하여 시설 규모의 적정성을 평가한다.
④ 일반적인 문제점을 도출하여 정책을 제안한다.

정답 및 해설: ①, 개선 방안은 시설, 프로그램, 만족도 부분의 평가 결과와 문제점을 토대로 실제적이고 구체적인 활용방안을 도출한다.

14. 치유농업프로그램 서비스 평가목적으로 적합하지 않은 것은?

① 치유농업 프로그램 지속 또는 폐지 ② 치유농장 지원제도 타당성
③ 치유농업 분야의 전문성 향상 ④ 치유농업 프로그램 서비스 개선

정답 및 해설: ②, 치유농업 프로그램 평가는 치유농업 프로그램의 지속 또는 폐지 의사결정 자료로 사용하며 치유농업 프로그램의 개선을 통한 프로그램 질 향상 및 타당성 확보, 치유농업 프로그램의 목표 달성 여부를 과학적으로 판단,·치유농업 프로그램 목표 달성을 위한 진행 과정 및 절차 개선, 치유농업 프로그램 참여자의 요구 충족 여부 파악, 예산 타당성 근거 및 예산 절감 방안 제시, 치유농업 프로그램 향상을 통한 치유농업 분야의 전문성 향상을 목적으로 한다.

15. 치유농업 서비스 평가에 대한 설명 중 적합하지 않은 것은?

① 평가는 프로그램의 질을 향상하는 것을 목적으로 한다.
② 농장 운영인력의 인원 감축을 목적으로 한다.
③ 프로그램 참여자의 요구 충족 여부를 파악한다.
④ 프로그램의 구체적인 개선 방안을 도출한다.

정답 및 해설: ②, 치유농업 프로그램 평가는 치유농업 프로그램의 지속 또는 폐지 의사결정 자료로 사용하며 치유농업 프로그램의 개선을 통한 프로그램 질 향상 및 타당성 확보, 치유농업 프로그램의 목표 달성 여부를 과학적으로 판단,·치유농업 프로그램 목표 달성을 위한 진행 과정 및 절차 개선, 치유농업 프로그램 참여자의 요구 충족 여부 파악, 예산 타당성 근거 및 예산 절감 방안 제시, 치유농업 프로그램 향상을 통한 치유농업 분야의 전문성 향상을 목적으로 한다.

16. 치유농업 서비스 계획평가 항목에 해당하지 않는 것은?

① 계획과정에서 예상되는 문제가 실제로 존재하는가?
② 비용은 생산된 편익과 비교할 때 적절한가?
③ 이용자들의 요구사항은 무엇이며 요구를 고려하여 설계되었는가?
④ 이용자들의 특성은 무엇이며 이용자를 고려하여 계획되었는가?

정답 및 해설: ②, 비용과 생산 편익은 경제 효율성 평가항목에 해당한다.

17. 치유농업 서비스 운영인력의 평가 내용으로 적절하지 않은 것은?

① 행동 ② 의사 전달력 ③ 연출된 외모 ④ 실행 과정의 연관성

정답 및 해설: ④, 프로그램 운영인 결의 평가항목은 행동, 외형, 열의 및 열정, 의사 전달력, 신뢰, 전문성, 자신감이다.

18 치유농업 참여자의 평가항목에 해당하지 않는 것은?

① 만족도 ② 참여도 ③ 접근성 ④ 건강증진 효과 자극

정답 및 해설: ③, 프로그램 참여자의 평가항목은 만족도, 참여도, 주의집중도, 건강증진 효과, 행동의 변화, 심리적 변화, 신체적 변화이다.

19. 치유농업 서비스 실행과정의 평가항목으로 적합한 것은?

① 행동의 변화 ② 심리적 변화 ③ 프로그램의 타당성 ④ 의사 전달력

정답 및 해설: ③, 프로그램 실행과정의 평가항목은 연관성, 관련성, 적절성 및 타당성, 관심, 구조화 및 조직화, 비용과 효과의 효율성이다.

20. 치유농업 서비스의 평가 시기에 관한 설명 중 틀린 것은?

① 시행 직후 평가와 일정 시간 후 평가는 평가 결과에 영향을 미치지 않는다.
② 일반적으로 사전 및 사후평가를 시행한다.
③ 사전 사후평가는 평가 내용을 비교분석하기에 적합하다.
④ 평가 직후 평가는 참여자의 참여율이 높다.

정답 및 해설: ①, 평가 시기는 프로그램의 평가 결과에 영향을 미친다.

21. 치유농업 프로그램의 끝난 직후에 평가하는 것의 장단점에 대한 설명 중 틀린 것은?

① 참여자가 구체적으로 기억한다.
② 평가 회수율이 높다.
③ 공정한 평가가 이루어진다.
④ 빨리 돌아가고 싶은 마음에 진지한 마음으로 평가에 임하지 않는다.

정답 및 해설: ③, 프로그램 운영자와의 관계 때문에 공정한 평가가 이루어지지 않는다.

22. 치유농업 프로그램 종료 후 일정 시간이 지난 평가의 장단점에 관해 설명한 것 중 틀린 것은?

① 간단하고 짧은 내용을 준비하는 것이 필요하다.
② 상황에 구애받지 않고 객관적 평가를 하는 데 도움이 된다.
③ 시간이 지날수록 기억이 퇴색되어 올바른 평가를 하기에 어려움이 있다.
④ 구체적이고 시간이 필요한 평가를 시행하기에 적합하다.

정답 및 해설: ①, 프로그램 종료 직전에는 간단하고 짧은 평가를 하는 것이 바람직하다.

23. 치유농업 서비스 평가 결과보고서 작성 때 고려하지 않아도 되는 항목은?

① 평가 목적설정 ② 치유농업 정책의 효용성
③ 치유농업 평가 시기와 도구 ④ 자료수집 및 분석 방법

정답 및 해설: ②, 치유농업 프로그램 평 가결과 보고서 작성 때 평가 목적설정, 평가계획 수립 및 평가도구 선정, 자료수집 및 분석, 결과보고서 작성의 순으로 진행한다.

24. 다음 중 치유농업 서비스 평가 방법에 대한 설명 중 틀린 것은?

① 면담 방법은 심층적인 확인이 필요한 경우 사용한다.
② 관찰에 의한 방법을 시행할 경우 객관적인 평가를 위해 1명이 집중관찰한다.
③ 자기 보고에 의한 방법은 자신이 스스로 평가하는 방법이다.
④ 체크리스트 활용하여 평가 근거로 사용할 수 있다.

정답 및 해설: ②, 관찰에 의한 방법은 2~3명의 전문가가 관찰 평가한 자료를 활용해 객관적이고 정확한 평가자료를 수집하는 방법이다.

25. 치유농업 프로그램 평가절차의 순서는?

ⓐ 자료수집 ⓑ 평가목적 설정 ⓒ 결과보고서 작성
ⓓ 자료분석 ⓔ 평가계획 수립 ⓕ 결과보고 및 활용방안 도출

① ⓐ → ⓔ → ⓑ → ⓕ → ⓓ → ⓒ   ② ⓑ → ⓔ → ⓐ → ⓓ → ⓕ → ⓒ
③ ⓐ → ⓓ → ⓑ → ⓔ → ⓕ → ⓒ   ④ ⓑ → ⓐ → ⓔ → ⓓ → ⓕ → ⓒ

정답 및 해설: ②

참고 문헌

- 김진이, "치유농업 육성 및 활성화 방안", 광주전남연구원, 2018. 3
- 농촌진흥청, 2급 치유농업사 양성교육 길라잡이(재개정), 2024. 2
- 전성군 외, "치유농업사 300(비매품)", 모아북스, 2022. 3
- 전성군 외, "생명자원경제론", 한국학술정보, 2014. 11.
- 조록환·전성군, "치유산업경제론", 한국학술정보, 2022. 10.
- 조록환 외, "농업인의 직무스트레스 치유가이드", 농촌진흥청. 2021. 12
- 조록환 외, "농촌치유산업자원 사업화 전략", 농촌진흥청 국립농업과학원, 2018. 3
- 조록환 외, "농촌치유자원 활용기법", 농촌진흥청 국립농업과학원, 2018. 5
- 조록환 외, "농촌치유프로그램개발", 농촌진흥청 국립농업과학원, 2018. 12
- Fridgen, J. D. (1991). Dimensions of Tourism Educational Institute of the
- Howard, J. A. & Sheth, J. N. (1969). The Theory of Buyer Behavior. New York : John Willey & Sons. 145

알 림

본 치유농업사천제 (2025년 개정2판)을 구매한 독자께서는 다음 메일로 연락 주시면 치유농업사 1차시험 모의고사 문제지를 댁으로 보내드립니다.

• 연락메일 : tryjolh@naver.com
• 서비스대상 : 2025년 개정2판 책자 구입자에 한함

치유농업사 천제

초판 발행 2023년 2월 27일

개정2판 2025년 6월 20일

저자 **조록환, 전성군, 김학성**

펴낸곳 **위즈커뮤니케이션즈**

주소 41959 대구광역시 중구 국채보상로 102길 49

전화 053-423-4530

등록 2012년 04월 17일(제 2012-000019호)

ISBN 979-11-89319-15-1(13520)

정가 **29,000원**